WPS AI

ChatGPT

WPS AI智能办公从入门到精通

新镜界 编著

·北京·

内容提要

本书从基础概念入手，逐步引导读者深入了解 WPS AI 的功能应用和操作方法，并通过大量的练习实例和综合实例，帮助读者将理论知识转化为实践能力，从而快速精通 WPS AI 智能办公实战技术。

全书共 9 章，内容涵盖了 WPS AI 的各个方面，包括 WPS AI 账号权益的获取、软件的安装、模板的下载与使用和指令的编写与使用等方法。同时，从行政、财务、人事、商务等行业领域着手，介绍了 AI 生成文档、AI 排版、AI 撰写通知、AI 标记表格数据、AI 智能分类、AI 生成公式、AI 一键生成 PPT、AI 文档模板、AI 分析 PDF 文档以及 ChatGPT 与 WPS AI 结合使用等关键内容，帮助读者全面掌握 WPS AI 的应用技巧，从而能够在实际应用中发挥出更强的创造力，展现 WPS AI 办公的无限可能。

本书赠送大量的学习资料和资源：

（1）180 多分钟同步教学视频。

（2）70 多组 AI 办公生成指令。

（3）150 多个素材及效果源文件。

本书内容讲解精辟，实例丰富多样，图片精美，适合以下人群阅读：一是需要经常使用 WPS Office 等办公软件的人员；二是广大职场人士，如行政、人事、财务、电商、自媒体运营等从业人员；三是相关培训机构、职业院校的学生。

图书在版编目（CIP）数据

WPS AI 智能办公从入门到精通 / 新镜界编著 .
北京 : 中国水利水电出版社 , 2025.1 --ISBN 978-7-
5226-2871-4

Ⅰ .TP317.1

中国国家版本馆 CIP 数据核字第 20243G6Z56 号

书　名	WPS AI 智能办公从入门到精通 WPS AI ZHINENG BANGONG CONG RUMEN DAO JINGTONG
作　者	新镜界　编著
出版发行	中国水利水电出版社 （北京市海淀区玉渊潭南路 1 号 D 座　100038） 网址：www.waterpub.com.cn E-mail：zhiboshangshu@163.com 电话：（010）62572966-2205/2266/2201（营销中心）
经　售	北京科水图书销售有限公司 电话：（010）68545874、63202643 全国各地新华书店和相关出版物销售网点
排　版	北京智博尚书文化传媒有限公司
印　刷	河北文福旺印刷有限公司
规　格	170mm × 240mm　16 开本　13.75 印张　303 千字
版　次	2025 年 1 月第 1 版　　2025 年 1 月第 1 次印刷
印　数	0001—3000 册
定　价	79.80 元

前　言

写作驱动

本书从实用角度出发，对 WPS AI 进行了详细讲解，可帮助读者全面掌握 AI 办公技术。

本书共 9 章，有近百个知识点，在介绍软件功能的同时，还精心安排了 90 多个具有针对性的实例，可帮助读者轻松掌握软件使用技巧和具体应用场景，做到学用结合。同时，本书的全部实例都配有同步教学视频，详细演示了实例操作过程。

本书特色

（1）由浅入深，循序渐进。本书先从 WPS AI 的入门基础讲起，再介绍 AI 生成文档、AI 生成公式、AI 统计数据、AI 生成 PPT、AI 分析 PDF 文档、AI 模板使用等基本 AI 办公技术，最后介绍 WPS AI 在常用领域的实战技巧。本书内容简单易学，读者只要熟练掌握基本的操作，开阔思维，就可以在 WPS AI 的使用上更上一层楼。

（2）实例视频，讲解详尽。本书中的操作技能实例全部录制了带语音讲解的视频，总时长达 180 多分钟，重现书中的所有实例操作，读者可以结合书本学习，也可以独立观看视频演示，让学习更加轻松、高效。

（3）实例典型，轻松易学。本书从“WPS AI 基础 + 行政工作 + 财务数据 + 人事表格 + 商务 PPT + ChatGPT 智能结合”等多个方面，全面介绍了 WPS AI 的用法，共计 90 多个实操案例，让读者更加深入地了解 WPS AI 的应用技巧和办公方法。

（4）精彩栏目，贴心提醒。书中安排了大量的“技巧提示”“知识拓展”“专家提示”等栏目，这些栏目能提供补充说明和实用技巧，帮助读者更好地掌握和应用所学知识。

（5）应用实践，随时练习。书中还提供了“练习实例”“综合实例”“课后习题”等内容，以便让读者通过实践来巩固所学的知识和技巧，同时做到举一反三，为进一步学习 AI 技术做好充分的准备。

特别提醒

提醒 1：本书图片是基于 WPS Office 软件的界面截取的实际操作图片，但本书从编辑到出版需要一段时间，WPS AI 的功能和界面可能会有变动，请在阅读时根据书中的思路举一反三进行学习。注意，本书使用的 WPS Office 版本为 v12.1.0.16120。

提醒 2：在 WPS 中使用 WPS AI 进行办公时，需保持网络通畅，以免操作失败。

提醒 3：指令也称为关键词，与 WPS AI 进行对话时，需要输入指令，WPS AI 才能执行与指令相关的内容，指令需清晰明了、通俗易懂，具体内容书中都有介绍，此处不再赘述。另外，即使用相同的指令，WPS AI 每次生成的内容也会有差别。

提醒 4：在使用本书进行学习时，读者需要注意实践操作的重要性，只有通过实践操作，才能更好地掌握 WPS AI 的应用技巧。

提醒 5：在使用 WPS AI 进行创作时，需要注意版权问题，应当尊重他人的知识产权。另外，读者还需要遵守相关法律法规，确保作品合法合规。

提醒 6：本书中 ChatGPT 生成的内容，可能会有一些不符合规范的表述和符号。为原样展示生成内容，书中未做改动。提醒读者在操作中对生成内容进行仔细审核。

资源获取

如果读者需要获取书中案例素材、效果、视频，请使用微信的“扫一扫”功能按需扫描下列对应的二维码。

扫码看案例素材

扫码看案例效果

扫码看案例视频

扫描下方的二维码，或者在微信公众号中搜索“设计指北”，关注公众号后发送 WPS2871 至公众号后台，即可获取本书的资源下载链接。

关于作者

本书由新镜界编著，参与编写的人员还有刘华敏等人，在此表示感谢。由于编写人员知识水平有限，书中难免有疏漏之处，恳请广大读者批评、指正。

目 录

WPS AI 智能办公基础入门　第 1 章

WPS AI 是金山办公与合作伙伴共同开发的 AI（人工智能，Artificial Intelligence）工作助理。它可以通过自然语言处理技术，自动识别、分析和处理数据，理解用户的意图和需求，提供个性化的解决方案。本章主要介绍 WPS AI 智能办公的基础入门技巧。

本章重点

- WPS 的注册与安装
- 了解 WPS AI 的功能
- 如何对 WPS AI 精准提问
- 综合实例：赋予 WPS AI 身份

1.1 WPS 的注册与安装

WPS AI 可以帮助用户更高效地使用 Office 办公软件，例如智能生成文案内容、智能排版文档、智能处理文秘和行政办公文档、智能处理财务表格数据、一键生成 PPT（演示文稿，PowerPoint 的缩写）以及分析总结 PDF（portable document format，可携带文件格式）图文等，为用户提供了更加智能化、更加便捷的处理服务。

用户要想使用 WPS AI，需要先注册一个账号并获取 WPS AI 体验资格，待获得 WPS AI 使用权益后，即可下载 WPS 客户端或 APP（application，应用程序）进行使用。

1.1.1 登录与注册 WPS 账号

在浏览器中搜索 WPS 官网，进入“金山办公”网页，在上方的导航栏中单击 WPS AI 标签，如图 1-1 所示，即可进入 WPS AI 网页，单击“登录”按钮，如图 1-2 所示。

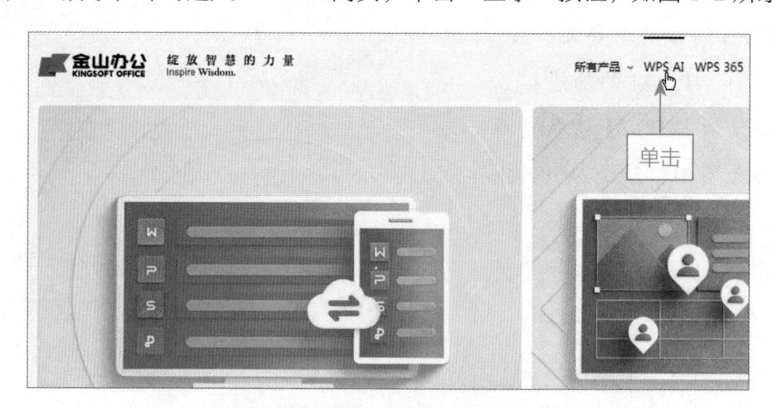

图 1-1 单击 WPS AI 标签

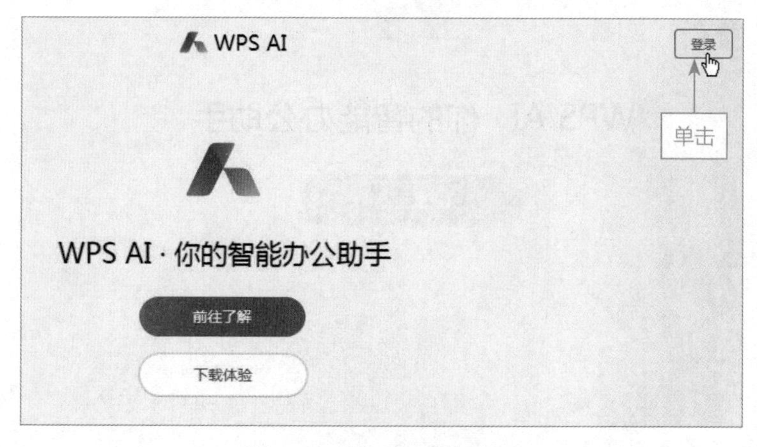

图 1-2 单击“登录”按钮

执行上述操作后，即可进入登录页面，用户可以通过微信扫码、QQ 账号、手机等方式登录账号，也可以单击“更多”按钮，如图 1–3 所示，弹出更多登录方式，选择“账号密码”选项，如图 1–4 所示。

图 1–3　单击“更多”按钮

图 1–4　选择“账号密码”选项

进入“账号密码登录”页面，在此处可以输入账号和密码进行登录，如果还没有注册账号，可以单击“注册新账号”按钮，如图 1–5 所示，进入“账号注册”页面，如图 1–6 所示，输入手机号和密码进行注册即可。

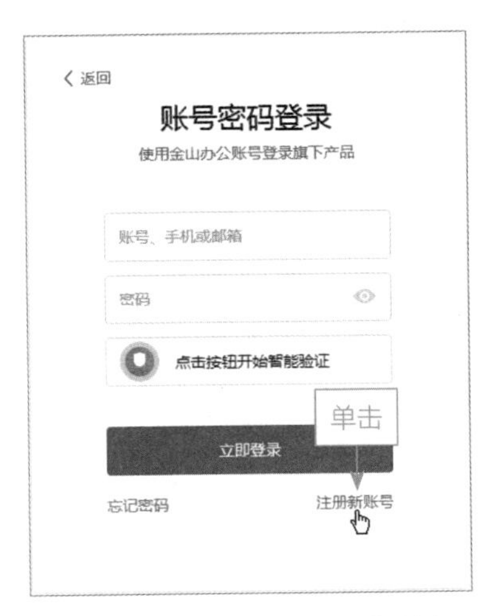

图 1–5　单击“注册新账号”按钮

图 1–6　进入“账号注册”页面

1.1.2　获取 WPS AI 体验权益

不论是 WPS 的企业用户还是个人用户，都可以在线申领 WPS AI 体验资格，领取方法如下。

（1）企业用户。企业用户可以通过购买 WPS 365 会员套餐，获得 3 个月 WPS AI 体验资格。

（2）个人用户。第 1 种方法，在 WPS AI 官网登录账号，单击“快速通道”按钮，如图 1-7 所示，通过购买会员领取 WPS AI 体验资格。第 2 种方法，在 WPS AI 官网，单击“排队申请”链接，进入“智能办公体验官申请表”页面，如图 1-8 所示，在其中填写邮箱、姓名、手机号、行业以及职位等个人信息，越详细越好，提交申请表后等待一段时间，即可收到包含邀请码的邮件或短信通知，获得 WPS AI 体验资格。

图 1-7　单击“快速通道”按钮

图 1-8　“智能办公体验官申请表”页面

扫码看视频

1.1.3　练习实例：下载与安装 WPS Office

在获得 WPS AI 使用权益后，用户可以在 WPS 官网首页下载并安装 WPS Office 进行使用，具体操作方法如下。

步骤 01 在 WPS 官网首页，❶ 单击“所有产品”下拉按钮，❷ 在弹出的下拉列表中选择 Windows 选项，如图 1–9 所示。

图 1–9　选择 Windows 选项

步骤 02 进入下载页面，❶ 在页面中间单击“立即下载”下拉按钮，❷ 在弹出的下拉列表中选择“Windows 版”，如图 1–10 所示。

图 1–10　选择最新版本

步骤 03 弹出“新建下载任务”对话框，单击“下载”按钮，如图 1–11 所示。

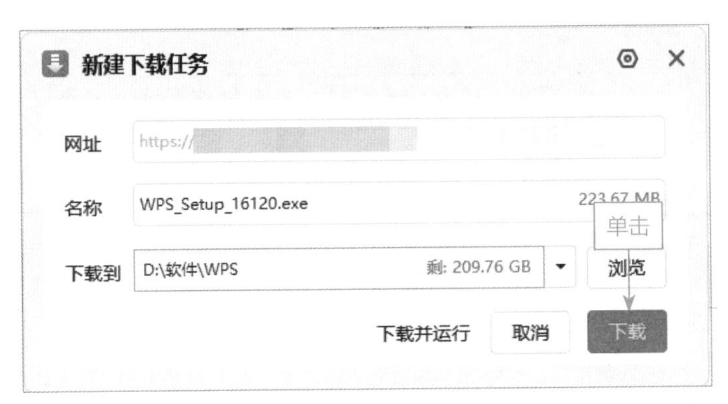

图 1–11　单击“下载”按钮

步骤 04 软件下载完成后，打开所在文件夹，双击安装包，如图 1–12 所示。

步骤 05 弹出安装界面，❶ 选中左下角的复选框，表示同意金山办公软件的许可协议和隐私政策，❷ 单击“立即安装”按钮，如图 1–13 所示。

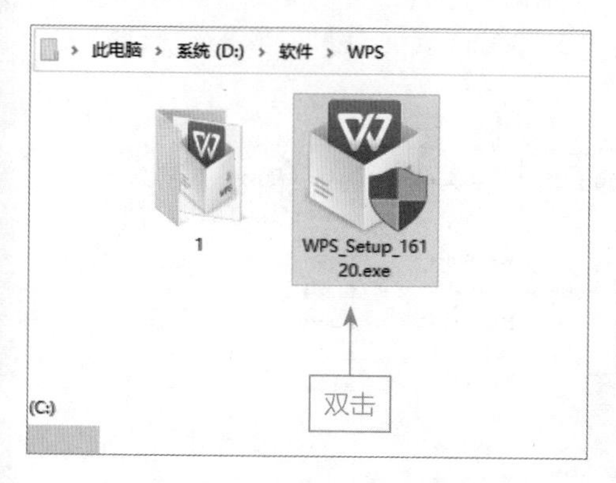

图 1-12　双击安装包

图 1-13　单击“立即安装”按钮

步骤 06 稍等片刻，即可完成安装。打开 WPS Office 首页，在右上角单击“立即登录”按钮，如图 1-14 所示，登录已获取 WPS AI 体验权益的账号即可。

图 1-14　单击“立即登录”按钮

1.2　了解 WPS AI 的功能

WPS AI 是一个强大的智能工作助理，在用户使用 WPS Office 办公软件进行写作、排版、制作表格或者创作 PPT 时，WPS AI 都能提供帮助，有助于用户提高工作效率。本节将帮助读者了解 WPS 的 AI 文字功能、AI 演示功能、AI 表格功能和 AI PDF 功能。

1.2.1　WPS AI 的文字功能

WPS AI 能够理解用户输入的文字需求，并且根据用户的需求提供相应的文字创作服务。例如，在 AI 输入框中，直接输入问题或指令“简单地介绍一下 WPS AI 有哪些办公优势”，按 Enter 发送，即可获得 AI 生成的内容，如图 1-15 所示。

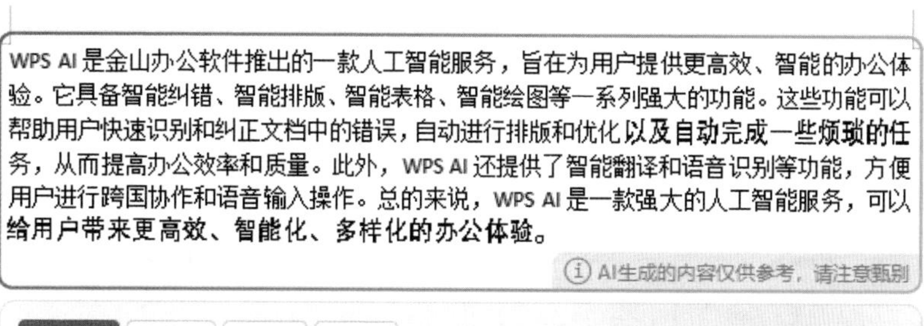

图 1-15　WPS AI 生成的内容

知识拓展

WPS AI 生成内容后还可以进行以下操作

单击“调整”下拉按钮，在弹出的下拉列表中可以选择命令编辑生成的内容，如可以扩充篇幅、缩短篇幅，还可以对生成的内容进行润色修饰，将内容转换为“更正式”风格、“更活泼”风格以及“口语化”风格，如图 1-16 所示；单击“重写”按钮，可以重新生成回复内容；单击“弃用”按钮，可以放弃 AI 生成的内容；用户还可以在下方的文本框中继续输入要求，让 AI 根据新的要求重新生成内容。单击“完成”按钮，即可完成 AI 创作。

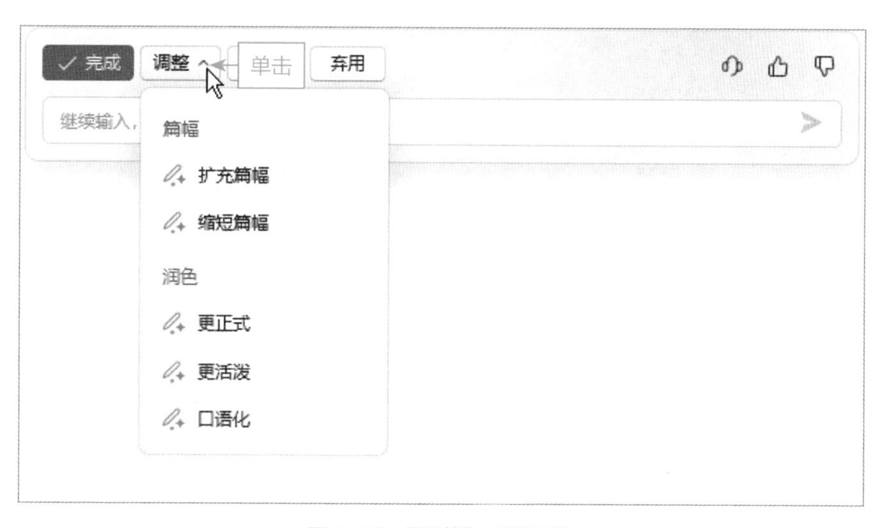

图 1-16　“调整”下拉列表

WPS AI 可以为用户生成文章大纲、会议纪要、活动策划、心得体会、工作证明以及创意故事等多种文本类型，如图 1-17 所示。

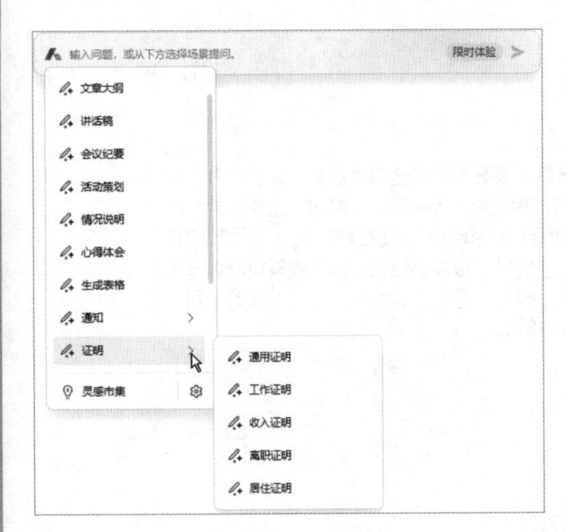

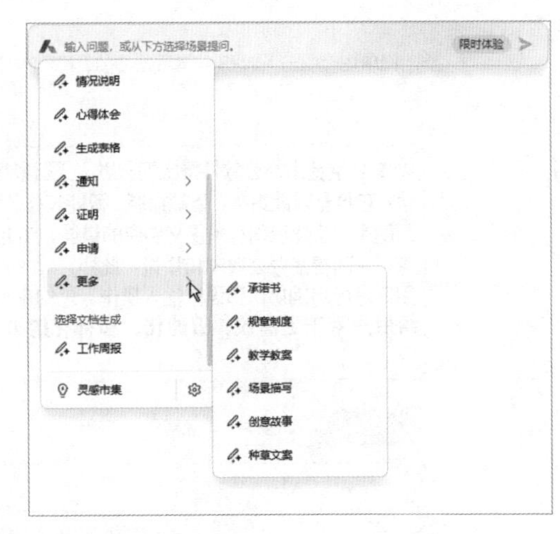

图 1-17 WPS AI 可以生成的多种文本类型

此外，用户在生成工作周报时还可以将已有的文档插入 AI 的输入框中，作为 AI 内容生成的参考素材，如图 1-18 所示，使生成的内容更符合用户的需求和风格。用户可以在文本框中输入 @ 来选择文档，或单击文本框中的按钮来选择文档。

图 1-18 插入已有的文档作为参考素材

1.2.2 WPS AI 的演示功能

WPS AI 具备一键生成、排版美化、内容处理等功能，如图 1-19 所示，可以帮助用户快速制作演示文稿，并提高演示效果。

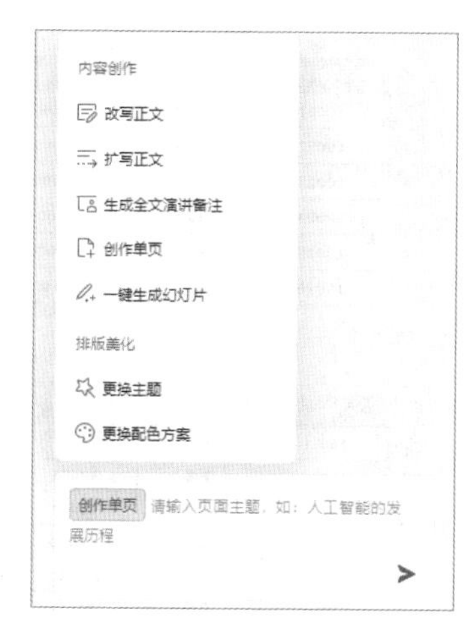

图 1-19 WPS AI 具备的部分演示功能

用户只需输入一个主题，WPS AI 就能根据主题自动生成内容大纲，如图 1-20 所示。

图 1-20 输入主题生成内容大纲

同时还可以根据用户的需求进行一键切换主题、配色、设置字体等操作，使幻灯片更加美观和易读。此外，用户还可以选择生成全文演讲备注，WPS AI 可自动为每一页生成演讲备注，帮助用户快速完成演讲稿，使演讲更加得心应手。

1.2.3 WPS AI 的表格功能

WPS AI 能够在表格中便捷地做数据处理和分析。例如，用户可以直接向 WPS AI 提出计算需求或发送指令，让 WPS AI 帮助编写函数公式并直接给出计算结果，如图 1–21 所示。

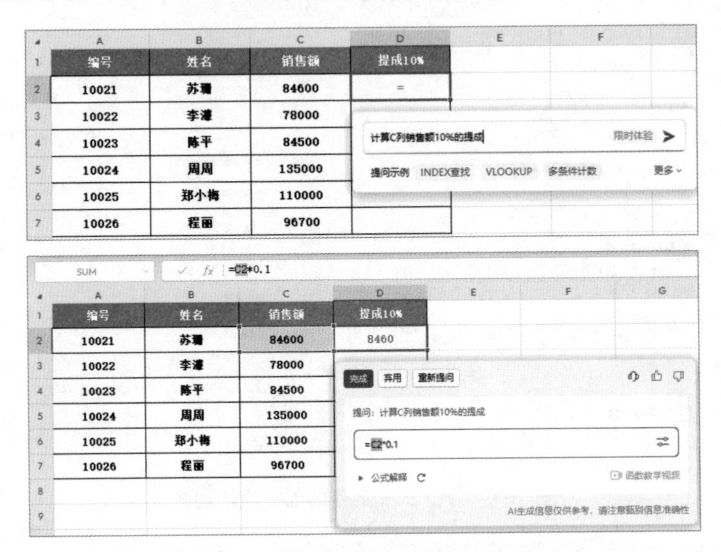

图 1–21　让 WPS AI 帮助编写函数公式并直接给出计算结果

此外，WPS AI 还有按条件标记数据、智能分类、智能抽取以及智能翻译等表格功能，如图 1–22 所示。

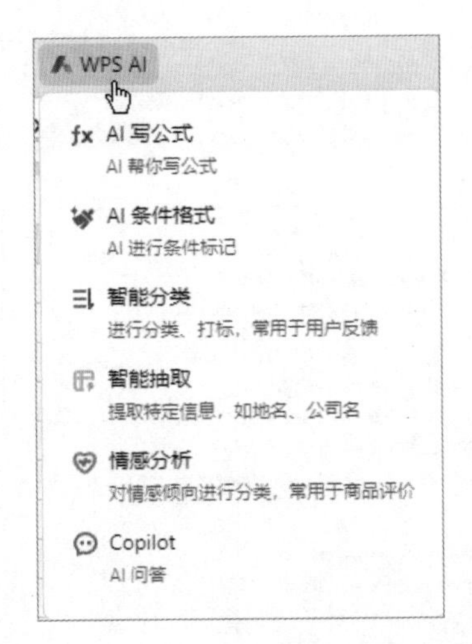

图 1–22　WPS AI 其他表格功能

1.2.4 WPS AI 的 PDF 功能

WPS AI 在 PDF 中提供了“内容提问”功能，可以快速进行文意理解、内容识别与分析，帮助用户提取 PDF 文件中的内容，并实现 PDF 内容的概括、总结和提炼等，还可以根据正文内容向用户推荐可能感兴趣的问题，如图 1–23 所示。

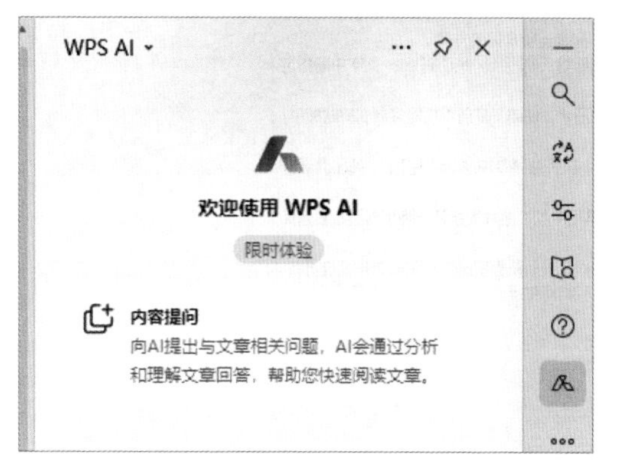

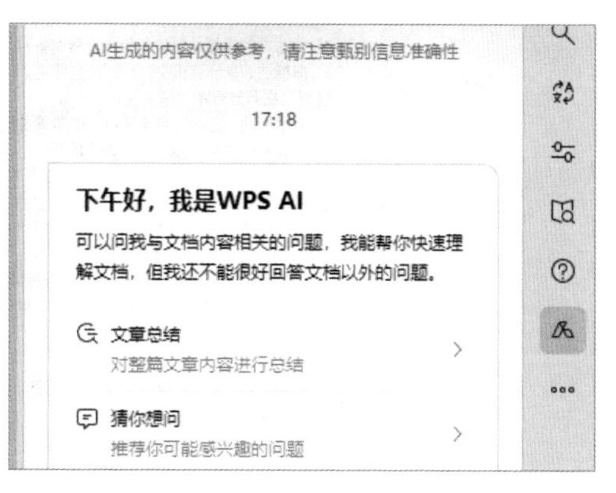

图 1-23　WPS AI PDF 功能

同时，WPS AI 还支持 PDF 内容的问答和溯源等功能，用户可以直接在输入框中输入提问内容或指令，要求 AI 追溯原文并对相应内容进行检索，如图 1-24 所示，使用户能够更加方便地获取 PDF 文件中的信息。

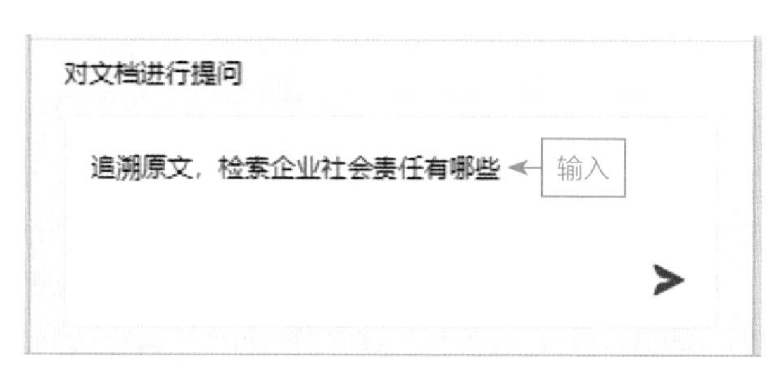

图 1-24　要求 AI 追溯原文并对相应内容进行检索

1.3　如何对 WPS AI 精准提问

WPS AI 是一个基于大语言模型的生成式人工智能应用，支持多轮对话，它能够理解自然语言并生成对应的内容。为了在 WPS AI 中获得需要的内容，首先需要掌握一些精准提问的技巧。

1. 明确问题的主题和内容

在提问前，用户需要清晰地了解自己要询问的是什么问题，问题的主题和内容是什么。需要清晰地整理和描述问题，以确保问题明确、具体和可理解。这样可以帮助 AI 更好地理解用户的需求，并给出更准确的答案。

例如，想询问如何在 WPS 文档中插入图片，应该明确这是关于 WPS 文档操作的问题，并具体说明需要插入图片的操作步骤，可以向 WPS AI 提问“在 WPS 文档中插入图片的操作步骤是？”，稍等片刻即可获得 WPS AI 回复的内容，如图 1-25 所示。可以看到 AI 生成的内容准确回复了在 WPS 文档中插入图片的 5 种方法和操作步骤。

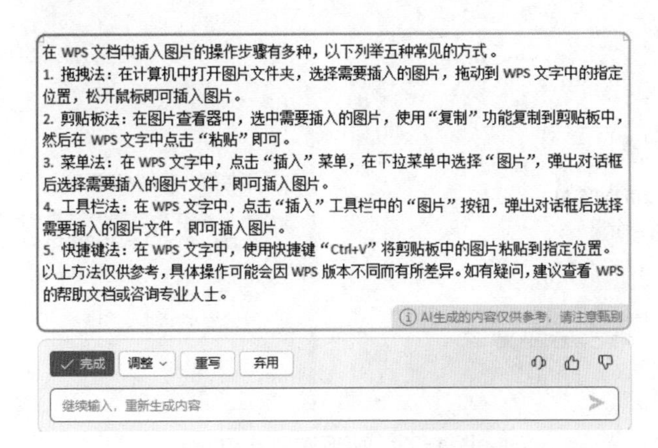
在 WPS 文档中插入图片的操作步骤有多种，以下列举五种常见的方式。
1. 拖拽法：在计算机中打开图片文件夹，选择需要插入的图片，拖动到 WPS 文字中的指定位置，松开鼠标即可插入图片。
2. 剪贴板法：在图片查看器中，选中需要插入的图片，使用“复制”功能复制到剪贴板中，然后在 WPS 文字中点击“粘贴”即可。
3. 菜单法：在 WPS 文字中，点击“插入”菜单，在下拉菜单中选择“图片”，弹出对话框后选择需要插入的图片文件，即可插入图片。
4. 工具栏法：在 WPS 文字中，点击“插入”工具栏中的“图片”按钮，弹出对话框后选择需要插入的图片文件，即可插入图片。
5. 快捷键法：在 WPS 文字中，使用快捷键“Ctrl+V”将剪贴板中的图片粘贴到指定位置。
以上方法仅供参考，具体操作可能会因 WPS 版本不同而有所差异。如有疑问，建议查看 WPS 的帮助文档或咨询专业人士。

图 1-25　向 WPS AI 明确提问并获得回复

2. 使用关键词引导 AI 回答提问

关键词可以帮助 AI 更好地理解用户的需求，并给出更准确的答案。例如，当使用关键词“在 WPS 文档中”时，AI 可以理解这是一个关于 WPS 文档操作的问题，并能够给出对应的回复内容。

3. 尽量避免使用模棱两可的词汇或语句

使用语义明确的词汇和句子有助于避免歧义或误解。在提问时，要尽量避免使用模棱两可的词汇或语句，这将有助于 AI 更准确地理解你的问题。例如，不要问“怎么不添加项目符号”（一种意思是质问 AI 怎么不在文档中添加项目符号，另一种意思是如何删除项目符号），而应该问“如何添加项目符号”，前者与后者提问后的回复效果如图 1-26 所示。

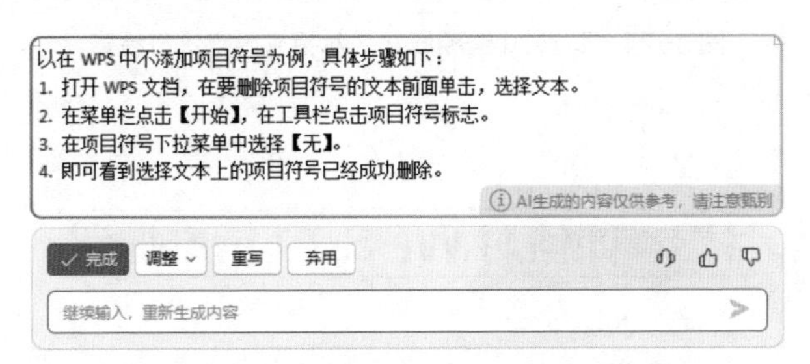
以在 WPS 中不添加项目符号为例，具体步骤如下：
1. 打开 WPS 文档，在要删除项目符号的文本前面单击，选择文本。
2. 在菜单栏点击【开始】，在工具栏点击项目符号标志。
3. 在项目符号下拉菜单中选择【无】。
4. 即可看到选择文本上的项目符号已经成功删除。

（a）提问“怎么不添加项目符号”获得的回复内容

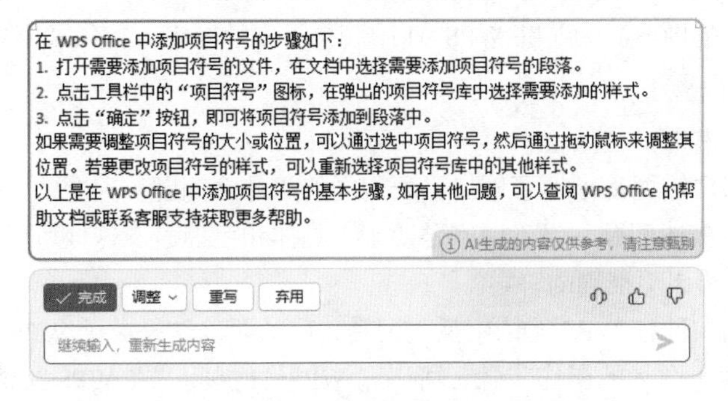
在 WPS Office 中添加项目符号的步骤如下：
1. 打开需要添加项目符号的文件，在文档中选择需要添加项目符号的段落。
2. 点击工具栏中的“项目符号”图标，在弹出的项目符号库中选择需要添加的样式。
3. 点击“确定”按钮，即可将项目符号添加到段落中。
如果需要调整项目符号的大小或位置，可以通过选中项目符号，然后通过拖动鼠标来调整其位置。若要更改项目符号的样式，可以重新选择项目符号库中的其他样式。
以上是在 WPS Office 中添加项目符号的基本步骤，如有其他问题，可以查阅 WPS Office 的帮助文档或联系客服支持获取更多帮助。

（b）提问“如何添加项目符号”获得的回复内容

图 1-26　两种提问方式的回复内容

4. 尽量避免使用俚语和缩写

俚语和缩写可能会使 AI 无法正确理解提问者的意图，从而无法给出准确的答案。因此，应该使用正式和标准的语言来描述问题。例如，不要使用“溜达”代替“散步”，不要使用“人大”代替“中国人民大学”。

5. 检查语法和拼写

在提交问题之前，要检查语法和拼写。如果语法和拼写有误，可能会使 AI 无法正确理解问题的含义。例如，如果用户把“复制”的英文写成 coby，AI 可能无法正确理解用户的意图。

6. 套用固定的指令模板

用户在编写指令时可以参考“你的需求 + 细节要求”指令模板。需求内容生成的影响因素有很多，比如时间、人物、地点等，而在指令中适当加入细节要求，可以让 AI 生成的内容更加详细。例如，向 WPS AI 发送指令“生成一份学习计划”，回复内容如图 1–27 所示。

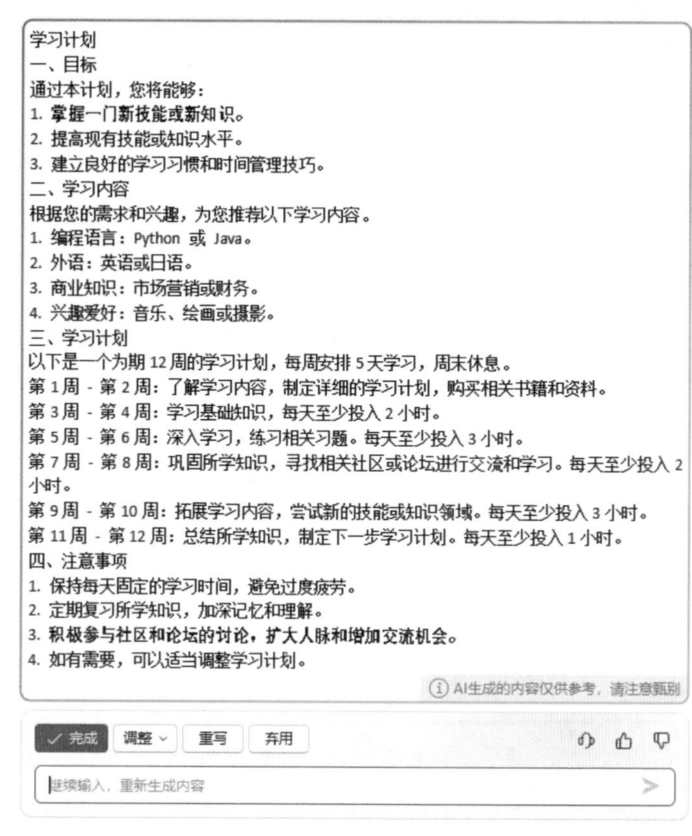

图 1–27　向 WPS AI 发送“生成一份学习计划”指令的回复内容

可以看到，由于没有给 WPS AI 提供细节要求，WPS AI 随机生成了一份学习计划，它能够大致通用却无法针对个人需求和时间进行深度定制。接下来为该指令添加学习目标、学习内容以及学习时间等细节要求，如“生成一份烹饪学习计划，我需要在 7 天内学会做一桌八菜一汤的席面，每天有 2～3 小时的时间可以学习”，WPS AI 即可提供一份更加详细、精准的学习计划，效果如图 1–28 所示。

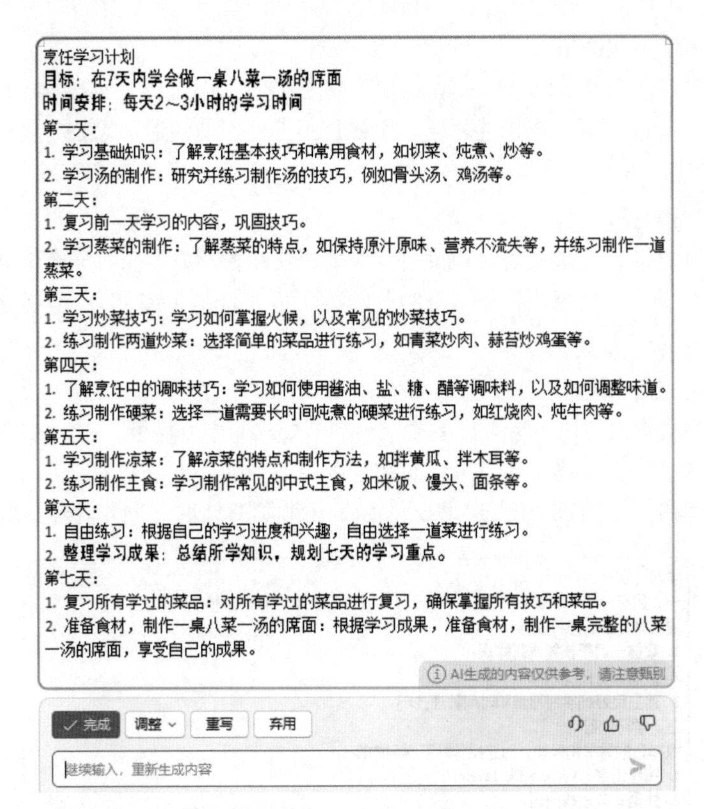
烹饪学习计划
目标：在7天内学会做一桌八菜一汤的席面
时间安排：每天2～3小时的学习时间
第一天：
1. 学习基础知识：了解烹饪基本技巧和常用食材，如切菜、炖煮、炒等。
2. 学习汤的制作：研究并练习制作汤的技巧，例如骨头汤、鸡汤等。
第二天：
1. 复习前一天学习的内容，巩固技巧。
2. 学习蒸菜的制作：了解蒸菜的特点，如保持原汁原味、营养不流失等，并练习制作一道蒸菜。
第三天：
1. 学习炒菜技巧：学习如何掌握火候，以及常见的炒菜技巧。
2. 练习制作两道炒菜：选择简单的菜品进行练习，如青菜炒肉、蒜苔炒鸡蛋等。
第四天：
1. 了解烹饪中的调味技巧：学习如何使用酱油、盐、糖、醋等调味料，以及如何调整味道。
2. 练习制作硬菜：选择一道需要长时间炖煮的硬菜进行练习，如红烧肉、炖牛肉等。
第五天：
1. 学习制作凉菜：了解凉菜的特点和制作方法，如拌黄瓜、拌木耳等。
2. 练习制作主食：学习制作常见的中式主食，如米饭、馒头、面条等。
第六天：
1. 自由练习：根据自己的学习进度和兴趣，自由选择一道菜进行练习。
2. 整理学习成果：总结所学知识，规划七天的学习重点。
第七天：
1. 复习所有学过的菜品：对所有学过的菜品进行复习，确保掌握所有技巧和菜品。
2. 准备食材，制作一桌八菜一汤的席面：根据学习成果，准备食材，制作一桌完整的八菜一汤的席面，享受自己的成果。
AI生成的内容仅供参考，请注意甄别
完成 调整 重写 弃用
继续输入，重新生成内容

图 1-28　WPS AI 提供的一份更加详细、精准的学习计划

综上所述，用户在进行提问时尽量要将问题写得明确、详细，提供的信息资料越精确，越便于 WPS AI 理解用户的需求，从而生成精准的、令用户满意的内容。

7. 使用灵感市集指令模板

在 WPS 文档中唤起 WPS AI，在输入框下方弹出的下拉列表中选择“去灵感市集探索”选项，打开“灵感市集”面板，如图 1-29 所示。其中为用户提供了丰富的指令模板，当用户不知道该如何编写指令时，可以在“灵感市集”面板中进行查找和搜索。

图 1-29　“灵感市集”面板

1.4 综合实例：赋予WPS AI身份

用户在向WPS AI提问时，可以赋予其身份，使其生成更有参考价值的内容。例如，让WPS AI充当人事经理，对招聘规划相关问题给出建议；让WPS AI充当厨师，详细介绍菜肴的烹饪方法等，具体操作方法如下。

步骤 01 打开WPS Office，单击“新建”按钮，在弹出的面板中单击“文字”按钮，如图1-30所示。

步骤 02 进入“新建文档”界面，单击“空白文档”缩略图，如图1-31所示。

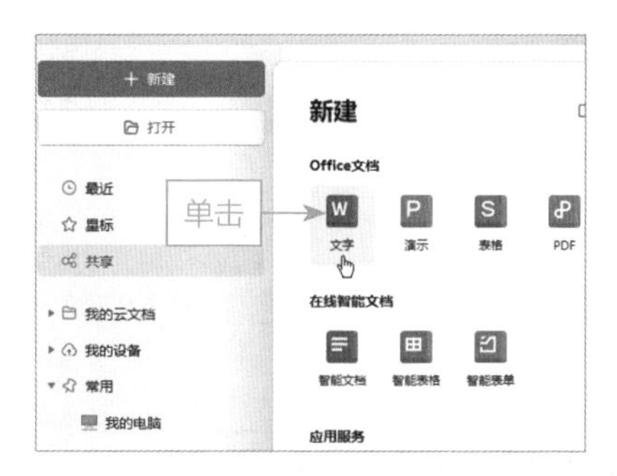

图1-30 单击“文字”按钮

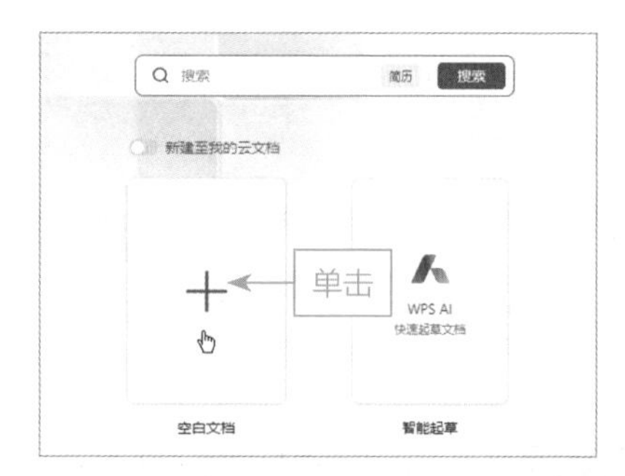

图1-31 单击“空白文档”缩略图

步骤 03 执行操作后，即可新建一个空白文档，连续按两次Ctrl键，唤起WPS AI，在输入框中输入赋予WPS AI身份的指令“你是一名新媒体编辑，专门负责微信公众号文章的写作，现在需要撰写一篇手机摄影技巧相关的文章，关于这个方面的内容和主题你有什么好的建议？”，如图1-32所示。

步骤 04 单击➤按钮或按Enter键发送指令，稍等片刻，WPS AI即可以新媒体编辑的身份生成相关内容，如图1-33所示。单击“完成”按钮，将生成的内容插入文档中。

图1-32 输入赋予WPS AI身份的指令

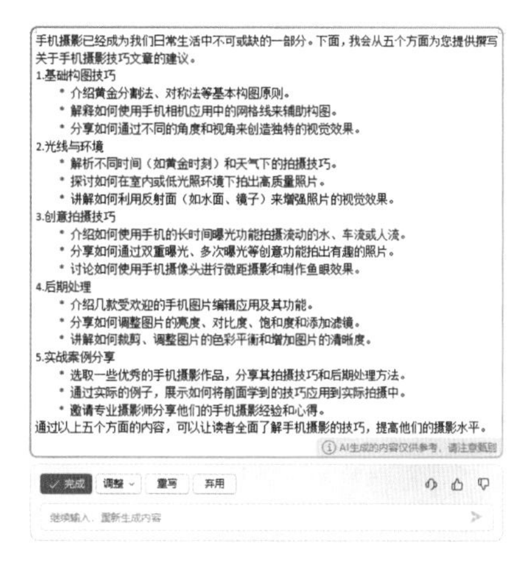

图1-33 WPS AI以新媒体编辑的身份生成相关内容

本章小结

本章主要向读者介绍了 WPS AI 的一些基础入门知识，具体包括登录与注册 WPS 账号、获取 WPS AI 体验权益、下载与安装 WPS Office、了解 WPS AI 功能和如何对 WPS AI 精准提问等基础内容，以及赋予 WPS AI 身份生成内容的实操技巧。通过对本章的学习，读者能够更好地认识 WPS AI。

课后习题

1. 个人用户如何获取 WPS AI 体验权益？

2. 以问答的方式，在 WPS 文档中，使用指令“如何饱含深情地描述乡村的夜晚？”，让 WPS AI 生成内容，效果如图 1-34 所示。

扫码看视频

乡村的夜晚是宁静而神秘的。天空中闪烁着繁星，仿佛是无数眼睛在注视着大地。微风轻拂，带来了田野的清新气息和淡淡的花香。夜晚的乡村仿佛是一幅美丽的画卷，让人心旷神怡。

在这宁静的夜晚，远处的山峦和近处的田野都沉浸在一片朦胧的夜色中。月光洒在村庄的小路上，给路面铺上了一层银色的地毯。偶尔有几声虫鸣和蛙叫，增添了几分生机和活力。

乡村的夜晚也是人们情感交流的时刻。在明亮的星空下，亲朋好友们聚在一起，分享着彼此的故事和心情。他们的笑声和谈话声在夜空中回荡，营造出一种温馨而和谐的氛围。

ⓘ AI生成的内容仅供参考，请注意甄别

图 1-34　使用问答指令让 WPS AI 生成内容

用 WPS AI 助力行政工作

第 2 章

行政工作涉及许多方面，包括文件管理、会议组织、人员协调和报告撰写等。WPS AI 可以根据不同的需求提供相应的功能和解决方案，帮助行政人员更高效地完成工作。本章将探讨如何将 WPS AI 用于行政工作，减轻行政人员的工作负担。

本章重点

- 在文档中用 AI 智能办公
- 使用智能文档在线办公
- 使用 WPS AI 高效办公
- 综合实例：用 WPS AI 制定会议议程

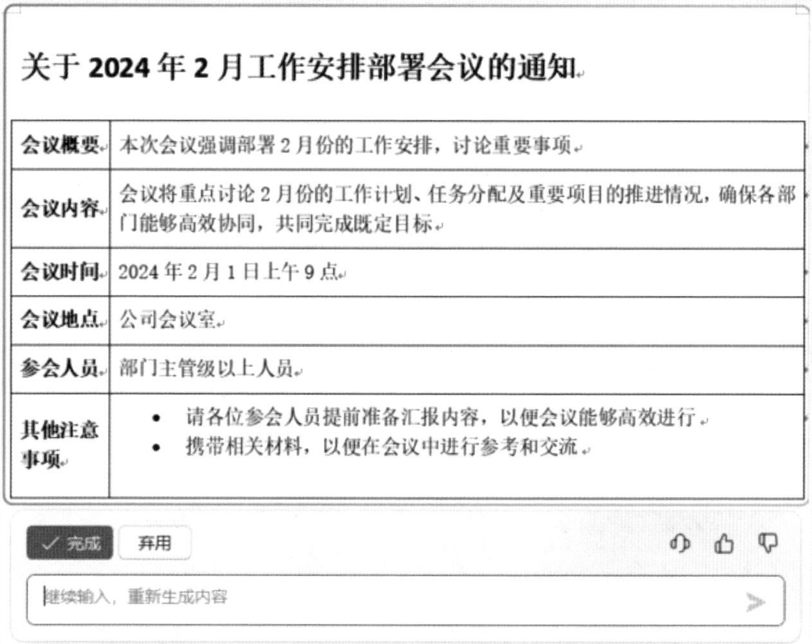

关于 2024 年 2 月工作安排部署会议的通知

会议概要	本次会议强调部署 2 月份的工作安排，讨论重要事项
会议内容	会议将重点讨论 2 月份的工作计划、任务分配及重要项目的推进情况，确保各部门能够高效协同，共同完成既定目标
会议时间	2024 年 2 月 1 日上午 9 点
会议地点	公司会议室
参会人员	部门主管级以上人员
其他注意事项	• 请各位参会人员提前准备汇报内容，以便会议能够高效进行 • 携带相关材料，以便在会议中进行参考和交流

完成　弃用

继续输入，重新生成内容

2.1 在文档中用 AI 智能办公

WPS AI 基于自然语言处理技术，可以理解用户输入的文本，并自动生成回复、报告等文本内容。WPS AI 可以全面覆盖行政工作领域，当用户使用 WPS AI 进行智能办公时，可以通过输入简单的文字指令来传达想法和要求，WPS AI 会根据用户的要求自动生成相应的文档内容，为行政人员提供更高效、智能的工作方式。本节主要介绍在 WPS 文档中使用 AI 技术智能办公的操作方法。

2.1.1 8 种方法唤起 WPS AI 助手

在 WPS 中，使用 WPS AI 助手可以帮助用户编辑文本、回答问题、解决问题和提供有关 WPS 文档的帮助和指导。下面介绍在 WPS 文字文档和智能文档中唤起 WPS AI 助手的 8 种方法。

1. 快捷键唤起

在 WPS 文字文档中，连续按两次 Ctrl 键，即可唤起 WPS AI 助手。

2. 段落柄唤起

在 WPS 文字文档中，❶ 单击页面左侧的“段落柄”按钮⠿；❷ 在弹出的列表中选择 WPS AI 选项，如图 2-1 所示。

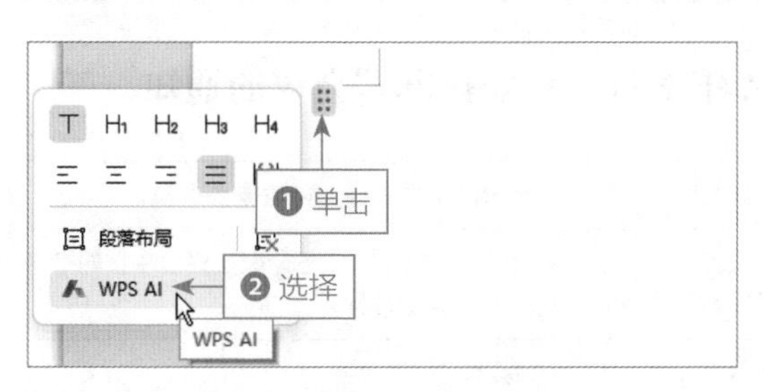

图 2-1 选择 WPS AI 选项

执行操作后，即可唤起 WPS AI 助手，弹出 AI 输入框，如图 2-2 所示。用户可以在 AI 输入框中输入问题进行提问，也可以在弹出的下拉列表中选择相应的场景进行提问。

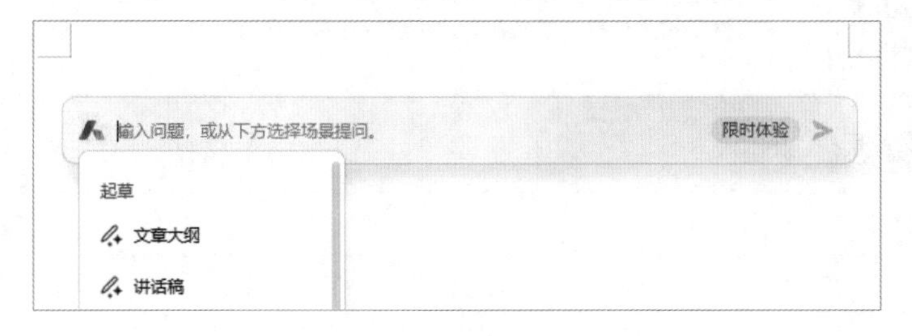

图 2-2 AI 输入框

3. 悬浮面板唤起

在 WPS 文字文档页面中，选择输入的文字，即可弹出一个设置文字的悬浮面板，在面板中单击 WPS AI 按钮，即可唤起 WPS AI 助手，如图 2–3 所示。

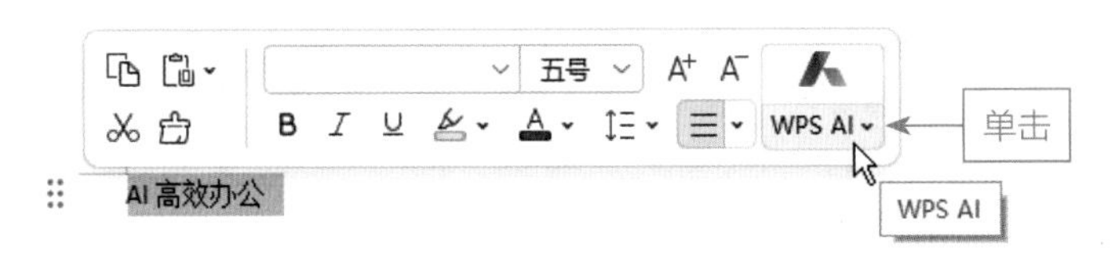

图 2–3　单击 WPS AI 按钮

技巧提示

右键弹出悬浮面板

在 WPS 文字文档页面中，选择输入的文字内容，单击鼠标右键，也会弹出悬浮面板，如图 2–4 所示。

图 2–4　右键弹出悬浮面板

4. 菜单栏唤起

WPS 文字文档页面上方是菜单栏和功能区，在菜单栏中单击 WPS AI 标签，如图 2–5 所示。

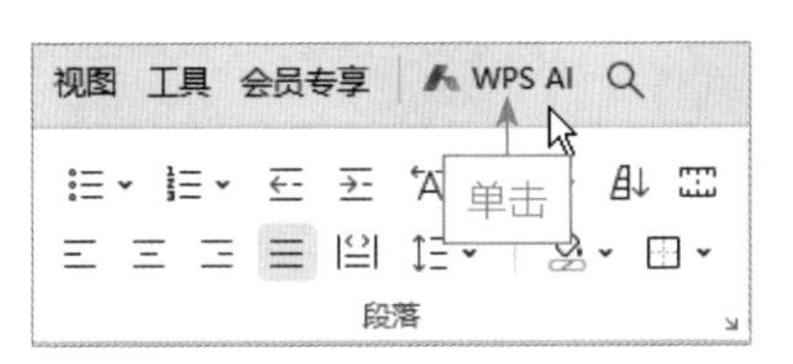

图 2–5　单击 WPS AI 标签

执行操作后，即可弹出 WPS AI 面板，如图 2–6 所示，在其中可以使用 WPS AI 助手执行文档阅读、内容生成和文档排版等 AI 操作。

5. 任务窗格唤起

当用户通过菜单栏打开 WPS AI 面板后，在文档页面右侧的任务窗格中即可显示 WPS AI 按钮，单击该按钮，如图 2–7 所示，即可打开 WPS AI 面板。

6. +按钮唤起

在 WPS 智能文档中，❶ 单击左侧的+按钮；❷ 在弹出的下拉列表中选择 WPS AI 选项，如图 2–8 所示，即可唤起 WPS AI 助手。

7. 输入“/”唤起

在 WPS 智能文档中，❶ 输入“/”符号；❷ 在弹出的下拉列表中选择 WPS AI 选项，如图 2–9 所示，即可唤起 WPS AI 助手。

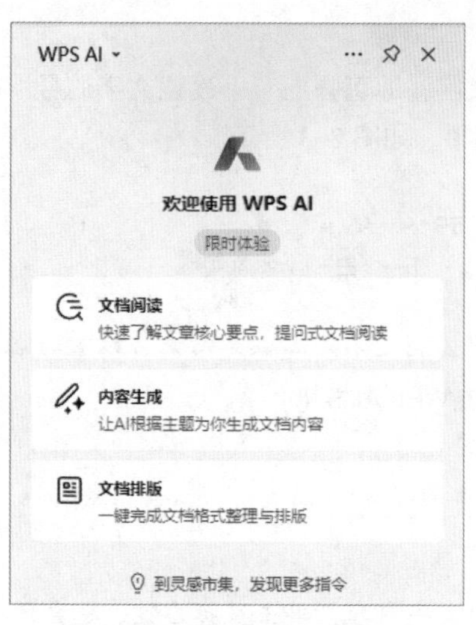

图 2-6　弹出 WPS AI 面板

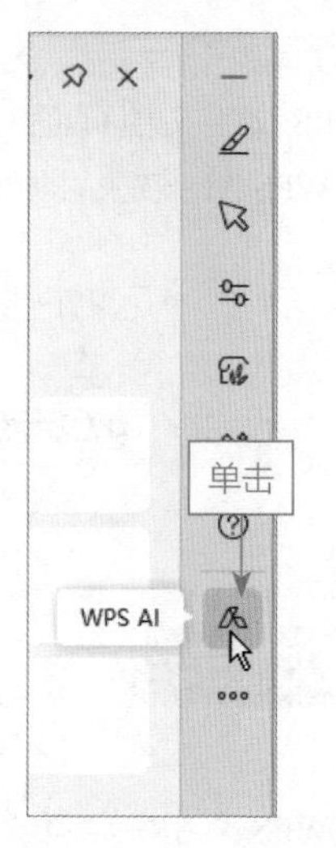

图 2-7　单击 WPS AI 按钮

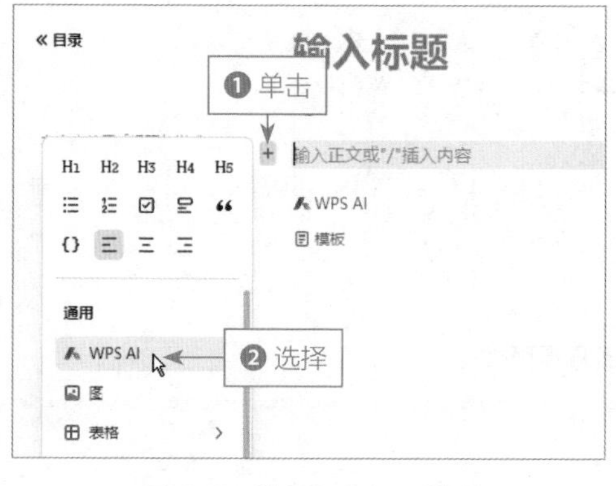

图 2-8　选择 WPS AI 选项

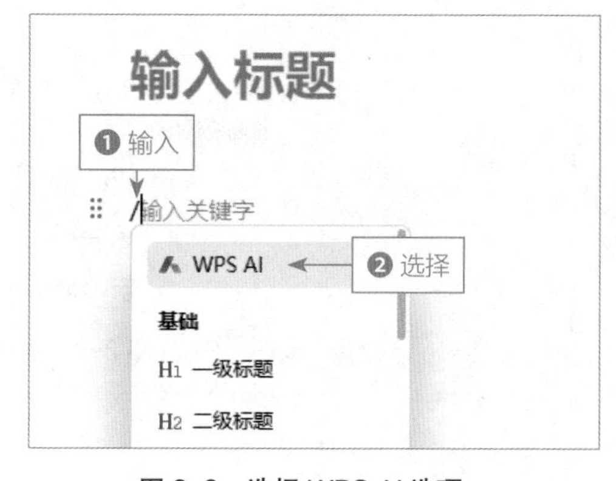

图 2-9　选择 WPS AI 选项

8. 右键唤起

在 WPS 智能文档的空白位置处单击鼠标右键，在弹出的快捷菜单中选择 WPS AI 选项，如图 2-10 所示，即可唤起 WPS AI 助手。

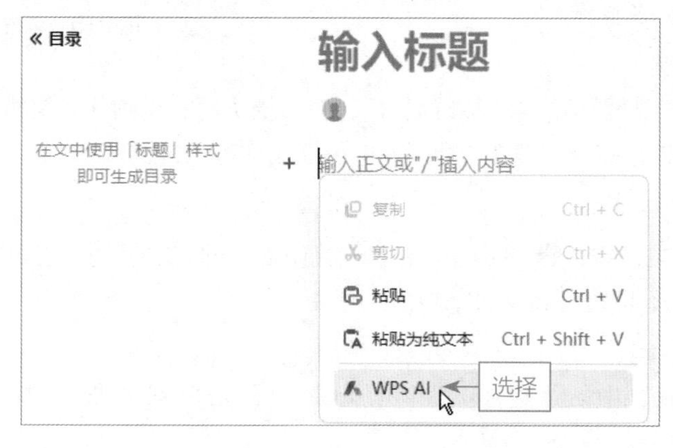

图 2-10　选择 WPS AI 选项

2.1.2 练习实例：用 AI 智能起草劳动合同

在 WPS "新建文档"界面，除了可以通过"空白文档"缩略图创建文档外，用户还可以直接单击"智能起草"缩略图，快速起草文档，这样不仅可以大大节省时间，而且还可以用 WPS AI 直接生成内容，具体操作方法如下。

步骤 01 打开 WPS Office，单击"新建"→"文字"按钮，进入"新建文档"界面，单击"智能起草"缩略图，如图 2-11 所示。

步骤 02 执行上述操作后，即可弹出"智能起草"面板，用户可以直接在输入框中输入需要起草的文档主题和相关指令，还可以单击输入框下方的标签，例如单击"劳动合同"标签，如图 2-12 所示。

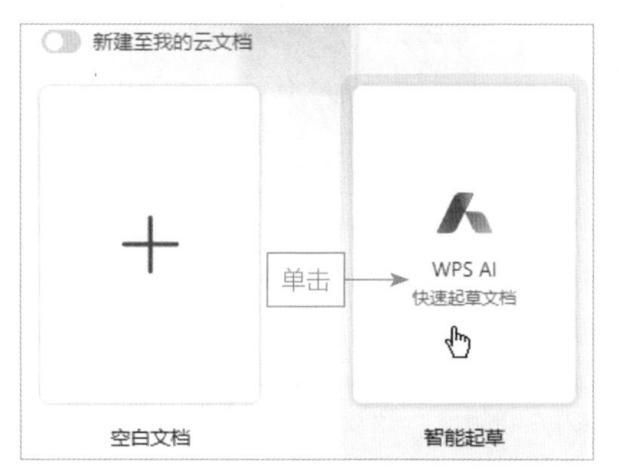

图 2-11　单击"智能起草"缩略图

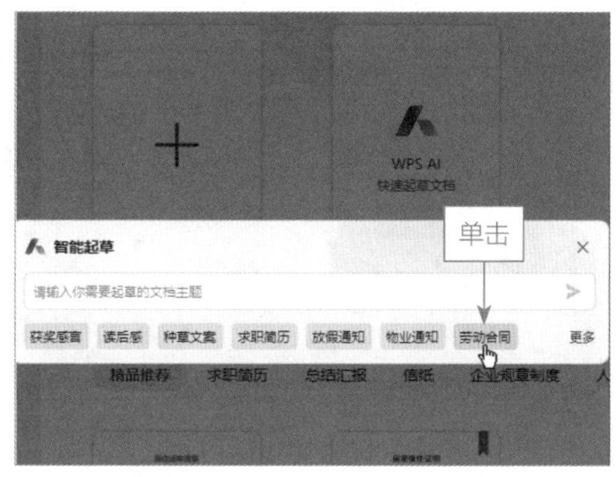

图 2-12　单击"劳动合同"标签

步骤 03 执行操作后，即可进入"劳动合同"起草模式，AI 已在输入框中自动编写了一个指令，输入框下方还有"合同期限""是否全职""可选内容"，以便用户进行细节设置，单击"立即创建"按钮，如图 2-13 所示。

图 2-13　单击"立即创建"按钮

步骤 04 执行操作后，即可创建起草文档，并生成劳动合同，部分内容如图 2-14 所示。单击"完成"按钮，即可将 AI 生成的劳动合同插入文档中，用户可以根据实际需要补充或修改相关条款。

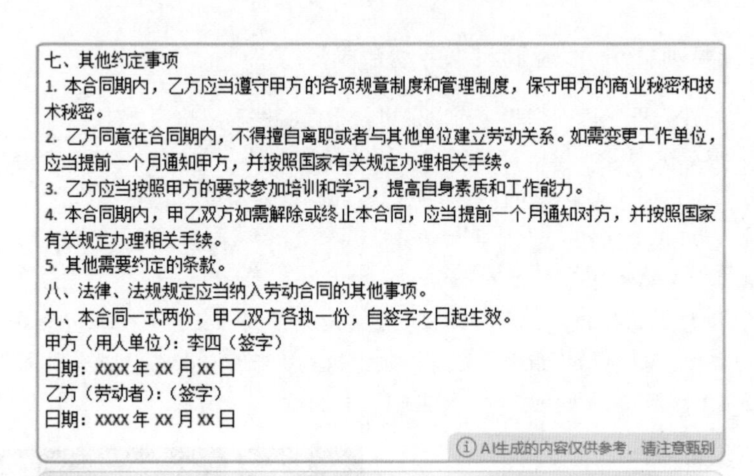

七、其他约定事项

1. 本合同期内，乙方应当遵守甲方的各项规章制度和管理制度，保守甲方的商业秘密和技术秘密。

2. 乙方同意在合同期内，不得擅自离职或者与其他单位建立劳动关系。如需变更工作单位，应当提前一个月通知甲方，并按照国家有关规定办理相关手续。

3. 乙方应当按照甲方的要求参加培训和学习，提高自身素质和工作能力。

4. 本合同期内，甲乙双方如需解除或终止本合同，应当提前一个月通知对方，并按照国家有关规定办理相关手续。

5. 其他需要约定的条款。

八、法律、法规规定应当纳入劳动合同的其他事项。

九、本合同一式两份，甲乙双方各执一份，自签字之日起生效。

甲方（用人单位）：李四（签字）

日期：xxxx 年 xx 月 xx 日

乙方（劳动者）：（签字）

日期：xxxx 年 xx 月 xx 日

AI生成的内容仅供参考，请注意甄别

完成 重写 弃用

图 2-14　AI 生成劳动合同（部分内容）

知识拓展

“劳动合同”起草模式细节设置

在“智能起草”面板中，展开“合同期限”下拉列表，其中显示了“固定期限”“无固定期限”“完成一定工作任务为期限”3 项内容，以供用户选择，如图 2-15 所示。

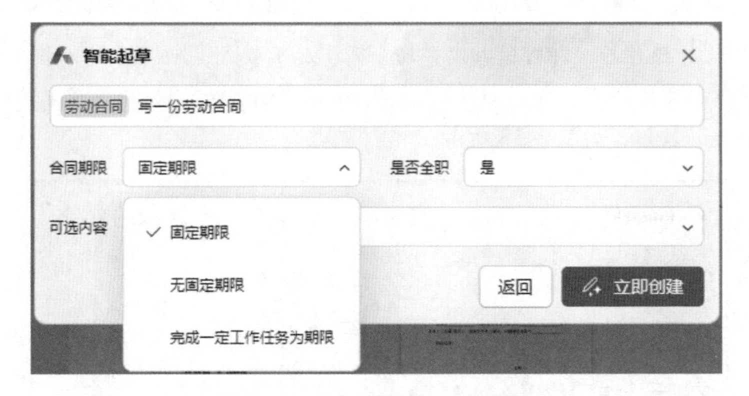

图 2-15　“合同期限”下拉列表

在“是否全职”下拉列表中，则显示了“是”与“否”两个选项以供用户选择。

展开“可选内容”下拉列表，显示了“含试用期条款”“含保密条款”“含竞业禁止条款”3 个条款，以供用户进行单项选择或多项选择，如图 2-16 所示。

图 2-16 “可选内容”下拉列表

2.1.3 练习实例：用 AI 续写线上办公申请

扫码看视频

线上办公申请有助于企业灵活应对各种突发情况，如员工请假、异地办公、紧急事项处理等。企业可以通过线上办公申请快速调整工作安排，确保业务能正常运行。当用户在编写线上办公申请时，可以使用 WPS AI 的“续写”功能，根据需求自动生成完整、合理的办公申请内容，具体操作方法如下。

步骤 01 打开一个 WPS 文档，其中已经编写好了一部分线上办公申请内容，需要利用 WPS AI 续写相关内容，在文本结束位置另起一行，唤起 WPS AI，在输入框下方的下拉列表中选择“续写”选项，如图 2-17 所示。

步骤 02 稍等片刻，WPS AI 即可自动进行内容续写，效果如图 2-18 所示。单击“完成”按钮，即可将 AI 续写的内容自动插入文档中。

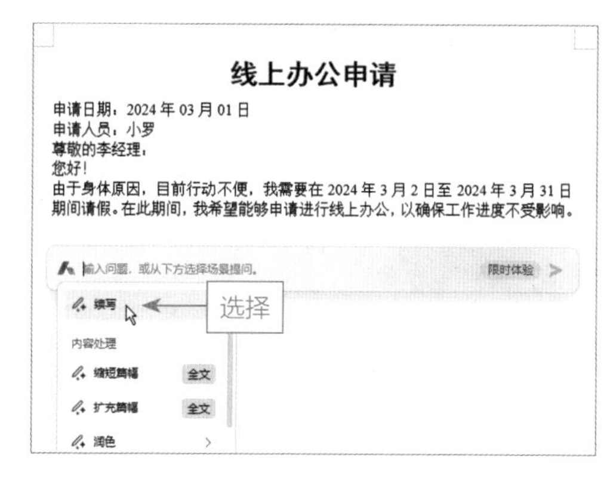

图 2-17 选择“续写”选项

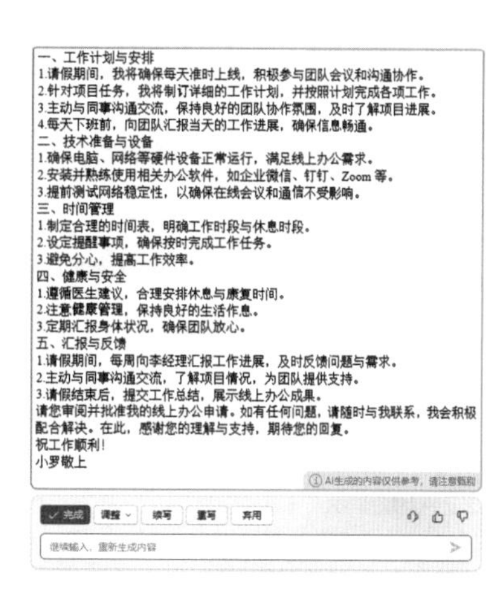

一、工作计划与安排
1.请假期间，我将确保每天准时上线，积极参与团队会议和沟通协作。
2.针对项目任务，我将制订详细的工作计划，并按照计划完成各项工作。
3.主动与同事沟通交流，保持良好的团队协作氛围，及时了解项目进展。
4.每天下班前，向团队汇报当天的工作进展，确保信息畅通。
二、技术准备与设备
1.确保电脑、网络等硬件设备正常运行，满足线上办公需求。
2.安装并熟练使用相关办公软件，如企业微信、钉钉、Zoom 等。
3.提前测试网络稳定性，以确保在线会议和通信不受影响。
三、时间管理
1.制定合理的时间表，明确工作时段与休息时段。
2.设定提醒事项，确保按时完成工作任务。
3.避免分心，提高工作效率。
四、健康与安全
1.遵循医生建议，合理安排休息与康复时间。
2.注意健康管理，保持良好的生活作息。
3.定期汇报身体状况，确保团队放心。
五、汇报与反馈
1.请假期间，每周向李经理汇报工作进展，及时反馈问题与需求。
2.主动与同事沟通交流，了解项目情况，为团队提供支持。
3.请假结束后，提交工作总结，展示线上办公成果。
请您审阅并批准我的线上办公申请。如有任何问题，请随时与我联系，我会积极配合解决。在此，感谢您的理解与支持，期待您的回复。
祝工作顺利！
小罗敬上

图 2-18 AI 自动进行内容续写

2.1.4 练习实例：用 AI 将文本转为表格

扫码看视频

WPS AI 能够智能识别文本中的关键信息并转换为规范的表格格式，使数据或文本内容更加清晰、有序，便于分析和处理。例如，AI 将大段的办公流程文本内容转换成表格，可以减轻行政工作人员负担，同时也可以让读者快速地从表格中提取有用信息，节省宝贵的时间，具体操作方法如下。

步骤 01 打开一个 WPS 文档，其中是编写好的行政办公流程与规定内容，需要利用 WPS AI 将文本内容转换为表格，❶ 按 Ctrl+A 组合键全选文本内容，连续按两下 Ctrl 键，唤起 WPS AI，❷ 在输入框下方的下拉列表中选择“转换为表格”选项，如图 2-19 所示。

图 2-19 选择“转换为表格”选项

步骤 02 执行操作后，即可进入“转换为表格”模式，并自动在输入框中输入指令，如图 2-20 所示。

图 2-20 AI 自动输入指令

步骤 03 发送指令，稍等片刻，WPS AI 即可将文本内容转换为表格，效果如图 2-21 所示。单击“完成”按钮，将 AI 转换的表格自动插入文档中，再将之前的文本内容删除即可。

行政办公流程与规定表

章节	内容
总则	1.1 本流程与规定旨在规范公司行政办公行为，提高工作效率，确保工作有序进行。 1.2 本流程与规定适用于公司所有行政办公人员及相关部门。
办公用品管理	2.1 办公用品的采购：办公用品需求应提前向行政部门提出，行政部门统一采购。 2.2 办公用品的领用：员工须在行政部领取办公用品，并签字确认。 2.3 办公用品的保管：员工应妥善保管办公用品，如有损坏或遗失，须承担相应责任。
文件与档案管理	3.1 文件制作与发放：各部门制作文件须经行政部门审核，确保文件内容准确、格式规范。文件发放应做好记录。 3.2 文件存档：所有重要文件应按规定存档，以备查验。 3.3 档案查询：员工须查询档案时，需填写档案查询申请表，经行政部门批准后方可查询。
会议组织与记录	4.1 会议通知：行政部门负责会议通知的发送，确保参会人员准时参加。 4.2 会议安排：会议安排须提前通知，并准备好会议所需物品。 4.3 会议记录：会议记录应准确、完整，并及时归档。
行政事务处理	5.1 行政事务处理应遵循高效、规范的原则，确保工作顺利进行。 5.2 对于突发事件，行政部应及时处理，并向相关领导汇报。
附则	6.1 本流程与规定自发布之日起执行，如有未尽事宜，由行政部门解释并制定补充规定。

AI生成的内容仅供参考，请注意甄别

完成 替换 重写 弃用

继续输入，重新生成内容

图 2-21 AI 将文本内容转换为表格

2.1.5 练习实例：用 AI 缩短文章篇幅

扫码看视频

在行政办公过程中，撰写文档是非常重要的环节。然而，由于个人文字功底和时间的限制，有时难以保证文档的质量和表达效果。WPS AI 可以智能地缩短文章篇幅，准确地识别冗余文字，并自动进行删减，从而使文档更加简洁，帮助行政办公人员轻松地撰写出高质量的文档，具体操作方法如下。

步骤 01 打开一个 WPS 文档，其中已经编写好了一份社会实践证明，由于篇幅过长，需要将部分内容缩短，❶ 选择需要缩短的文本内容，❷ 右击，在弹出的悬浮面板中单击 WPS AI 按钮，如图 2-22 所示。

步骤 02 唤起 WPS AI，用户可以在输入框下方的下拉列表中直接选择“缩短篇幅”选项，也可以在输入框中输入指令“将所选内容篇幅缩短至 150 字左右”，如图 2-23 所示。

步骤 03 发送指令，AI 即可生成一段新的文本内容，效果如图 2-24 所示。

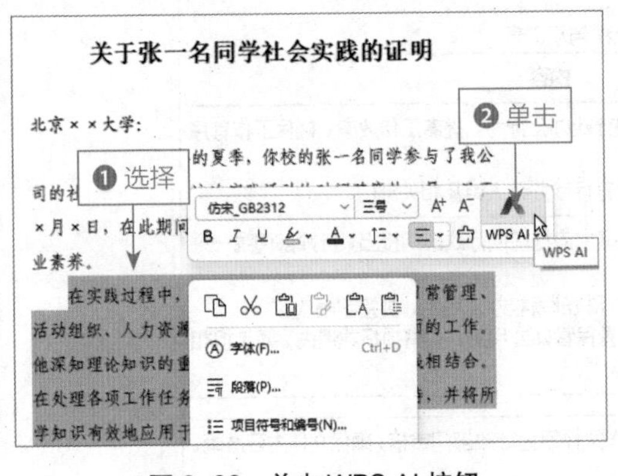

图 2-22　单击 WPS AI 按钮

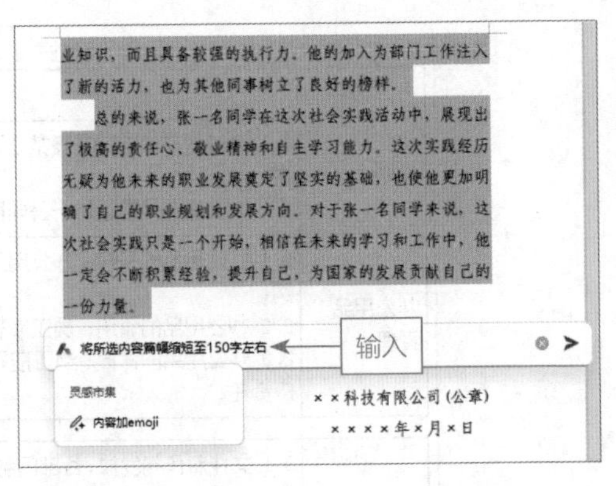

图 2-23　输入指令

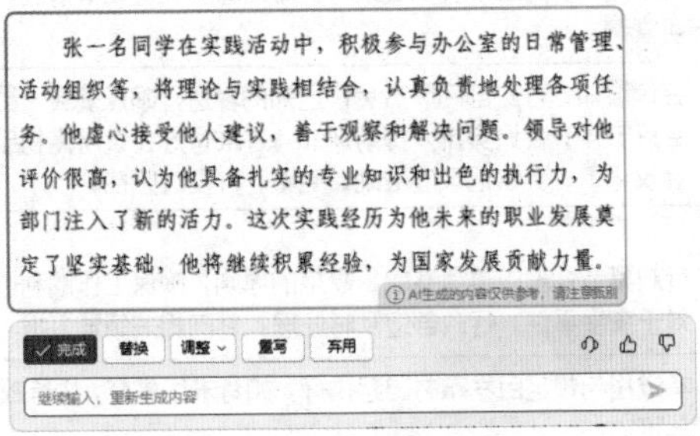

张一名同学在实践活动中，积极参与办公室的日常管理、活动组织等，将理论与实践相结合，认真负责地处理各项任务。他虚心接受他人建议，善于观察和解决问题。领导对他评价很高，认为他具备扎实的专业知识和出色的执行力，为部门注入了新的活力。这次实践经历为他未来的职业发展奠定了坚实基础，他将继续积累经验，为国家发展贡献力量。

AI生成的内容仅供参考，请注意甄别

完成　替换　调整　重写　弃用

继续输入，重新生成内容

图 2-24　生成一段新的文本内容

步骤 04　单击“完成”按钮，即可将 AI 生成的内容插入文档中，将前面选择的内容删除，即可完成操作；也可以单击“替换”按钮，替换所选内容，最终稿效果如图 2-25 所示。

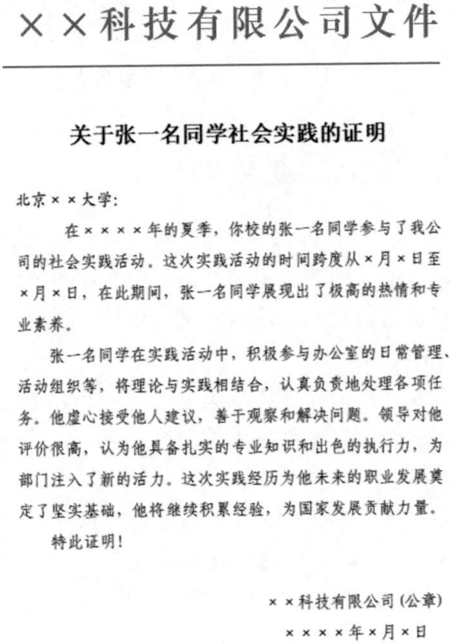

××科技有限公司文件

关于张一名同学社会实践的证明

北京××大学：

在××××年的夏季，你校的张一名同学参与了我公司的社会实践活动。这次实践活动的时间跨度从×月×日至×月×日，在此期间，张一名同学展现出了极高的热情和专业素养。

张一名同学在实践活动中，积极参与办公室的日常管理、活动组织等，将理论与实践相结合，认真负责地处理各项任务。他虚心接受他人建议，善于观察和解决问题。领导对他评价很高，认为他具备扎实的专业知识和出色的执行力，为部门注入了新的活力。这次实践经历为他未来的职业发展奠定了坚实基础，他将继续积累经验，为国家发展贡献力量。

特此证明！

××科技有限公司（公章）

××××年×月×日

图 2-25　最终稿效果

知识拓展

用AI扩充文章篇幅

❶用户也可以选择需要扩充的内容，唤起WPS AI，❷在输入框下方的下拉列表中直接选择“扩写”选项，如图2-26所示，稍等片刻，WPS AI即可扩充文章篇幅。

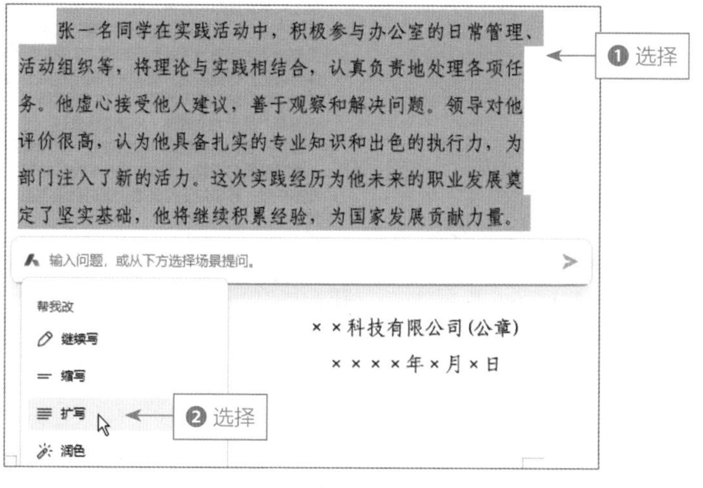

图2-26　选择“扩写”选项

2.1.6　练习实例：用AI进行文档阅读

扫码看视频

利用WPS AI的“文档阅读”功能可以快速解析大量文本信息，自动提取关键数据和知识点。在行政办公中，员工需要经常处理各种报告、文件和资料，而通过WPS AI的文档阅读功能，员工可以迅速找到所需内容，节省翻阅文档的时间，具体操作方法如下。

步骤01 打开一个WPS文档，现需要通过WPS AI阅读文档内容并总结全文，在菜单栏中单击WPS AI标签，如图2-27所示。

步骤02 弹出WPS AI面板，选择“文档阅读”选项，如图2-28所示。

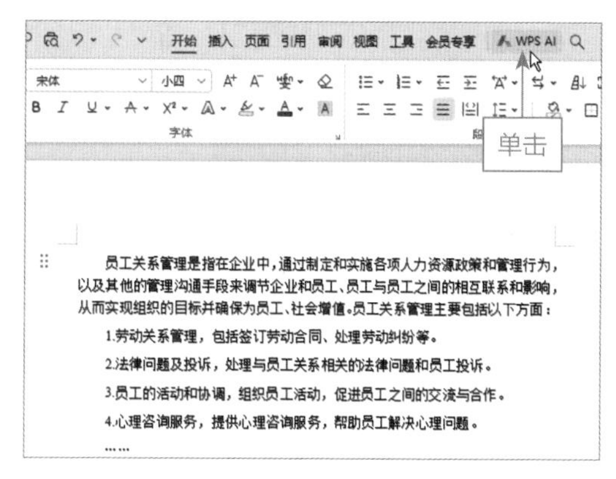

图2-27　单击WPS AI标签

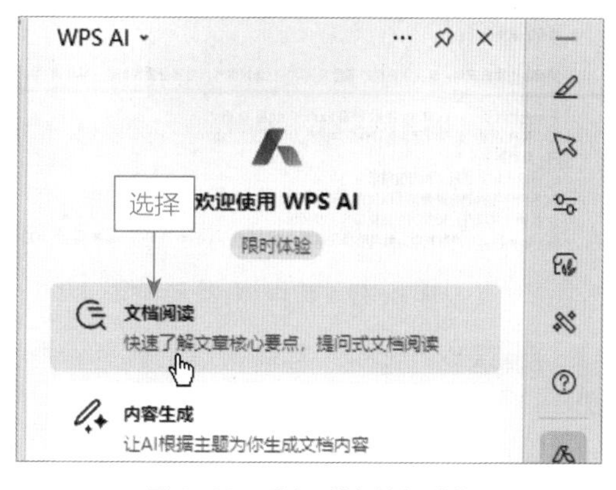

图2-28　选择“文档阅读”

步骤 03 进入“文档阅读”面板，单击“文章总结：对整篇文章内容进行总结”链接，如图 2-29 所示。

步骤 04 稍等片刻，即可生成总结内容，效果如图 2-30 所示。

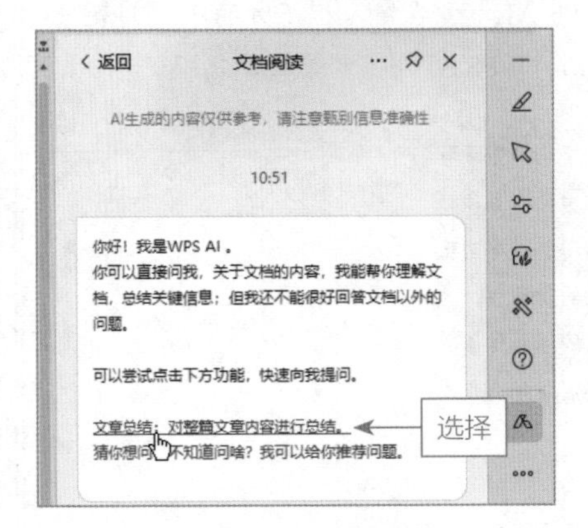

图 2-29 选择相应选项

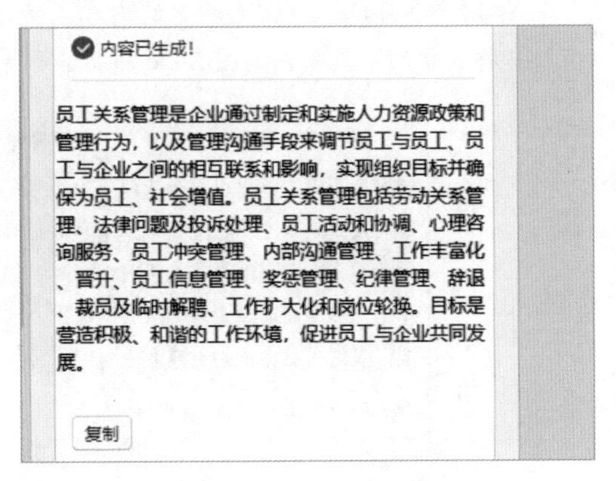

图 2-30 生成总结内容

扫码看视频

2.1.7 练习实例：用 AI 一键排版文档

在 WPS 文档中，使用 AI 技术可以一键排版文档内容。WPS AI 能够根据文本内容自动进行段落划分、标题设置、字体调整等，使文档结构更加清晰，提升阅读体验，具体操作方法如下。

步骤 01 打开一个 WPS 文档，现需要通过 WPS AI 对文档内容进行一键排版，在菜单栏中单击 WPS AI 标签，如图 2-31 所示。

步骤 02 弹出 WPS AI 面板，选择“文档排版”选项，如图 2-32 所示。

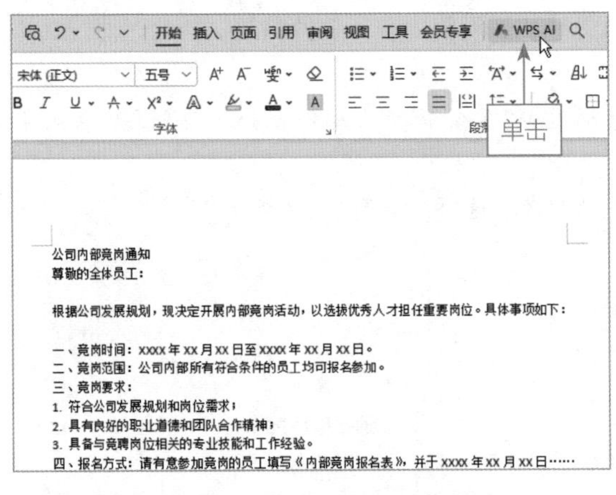

图 2-31 单击 WPS AI 标签

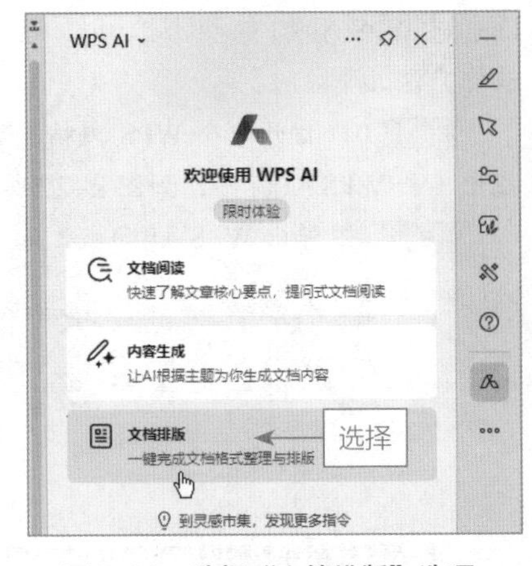

图 2-32 选择“文档排版”选项

步骤 03 进入“文档排版”面板，找到“行政通知”，单击“开始排版”按钮，如图 2-33 所示。

步骤 04 弹出相应面板，单击“确认”按钮，如图 2-34 所示。

步骤 05 稍等片刻，即可完成排版操作，效果如图 2-35 所示。

图 2-33　单击“开始排版”按钮

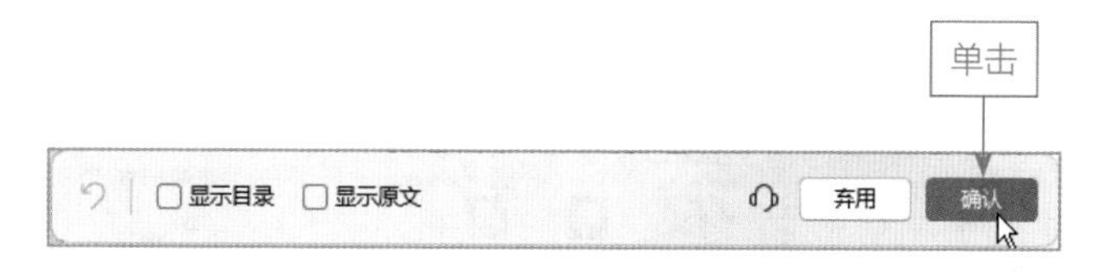

图 2-34　单击“确认”按钮

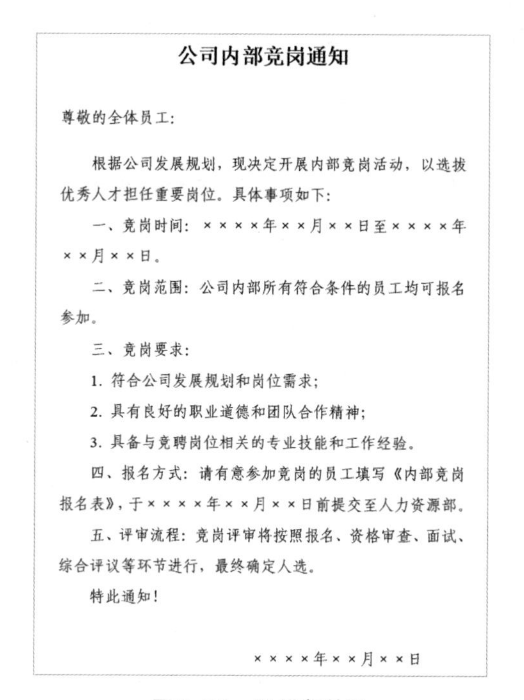

公司内部竞岗通知

尊敬的全体员工:

根据公司发展规划，现决定开展内部竞岗活动，以选拔优秀人才担任重要岗位。具体事项如下:

一、竞岗时间: ××××年××月××日至××××年××月××日。

二、竞岗范围: 公司内部所有符合条件的员工均可报名参加。

三、竞岗要求:

1. 符合公司发展规划和岗位需求;

2. 具有良好的职业道德和团队合作精神;

3. 具备与竞聘岗位相关的专业技能和工作经验。

四、报名方式: 请有意参加竞岗的员工填写《内部竞岗报名表》，于××××年××月××日前提交至人力资源部。

五、评审流程: 竞岗评审将按照报名、资格审查、面试、综合评议等环节进行，最终确定人选。

特此通知!

××××年××月××日

图 2-35　AI 排版效果

2.2　使用智能文档在线办公

WPS 智能文档支持多人协作，可以邀请团队成员共同编辑文档，并实时同步更新。在文档中可以查看历史协作记录、添加评论和批注，方便团队成员之间的交流和讨论。通过

WPS 智能文档在线创作和编辑文档，可以高效地创建、编辑和共享文档，提高团队协作效率。

用户只需要在 WPS 首页，❶ 单击“新建”按钮，❷ 在弹出的面板中单击“智能文档”按钮，进入“新建智能文档”界面，❸ 通过选择不同的模板或单击“空白智能文档”按钮，即可创建智能文档，如图 2-36 所示。

图 2-36　创建智能文档

扫码看视频

2.2.1　练习实例：与 AI 对话生成专业资料

在智能文档中，与在 WPS 文档页面一样，只需要唤起 WPS AI，即可与 AI 进行对话并生成专业的资料内容，具体操作方法如下。

步骤 01 新建一个空白的智能文档，单击文档中的 WPS AI 按钮，如图 2-37 所示。

步骤 02 唤起 WPS AI，在输入框中输入指令“生成办公资产合规使用专业指南”，如图 2-38 所示。

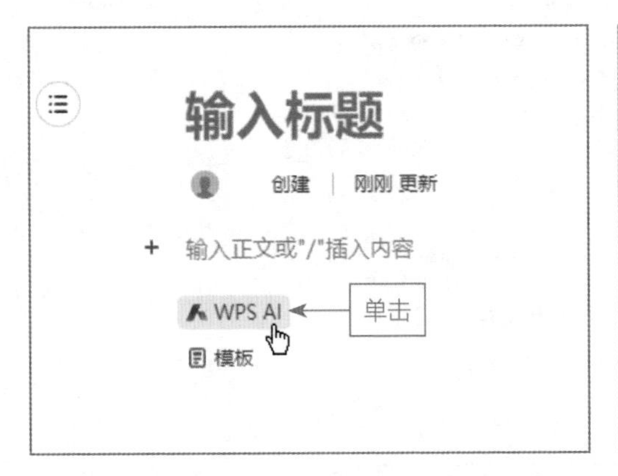

图 2-37　单击 WPS AI 按钮

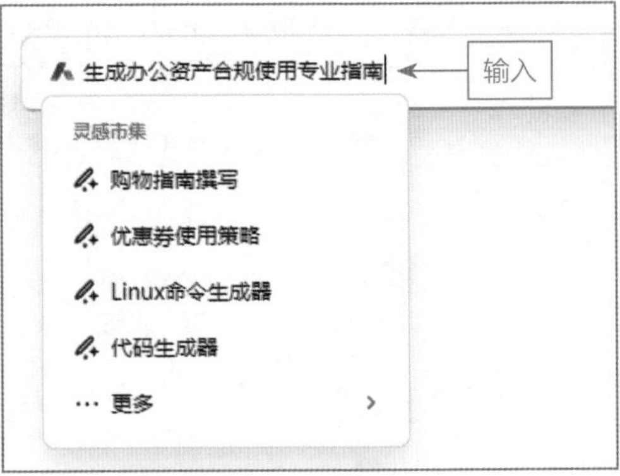

图 2-38　输入指令

步骤 03 发送指令，稍等片刻，WPS AI 即可生成文档内容，效果如图 2-39 所示。单击“保留”按钮，即可将 AI 生成的内容自动插入智能文档中。

步骤 04 ❶ 在文档上方输入标题，❷ 单击“文件操作”按钮☰，❸ 在弹出的面板中单击“下载”按钮，如图 2-40 所示。

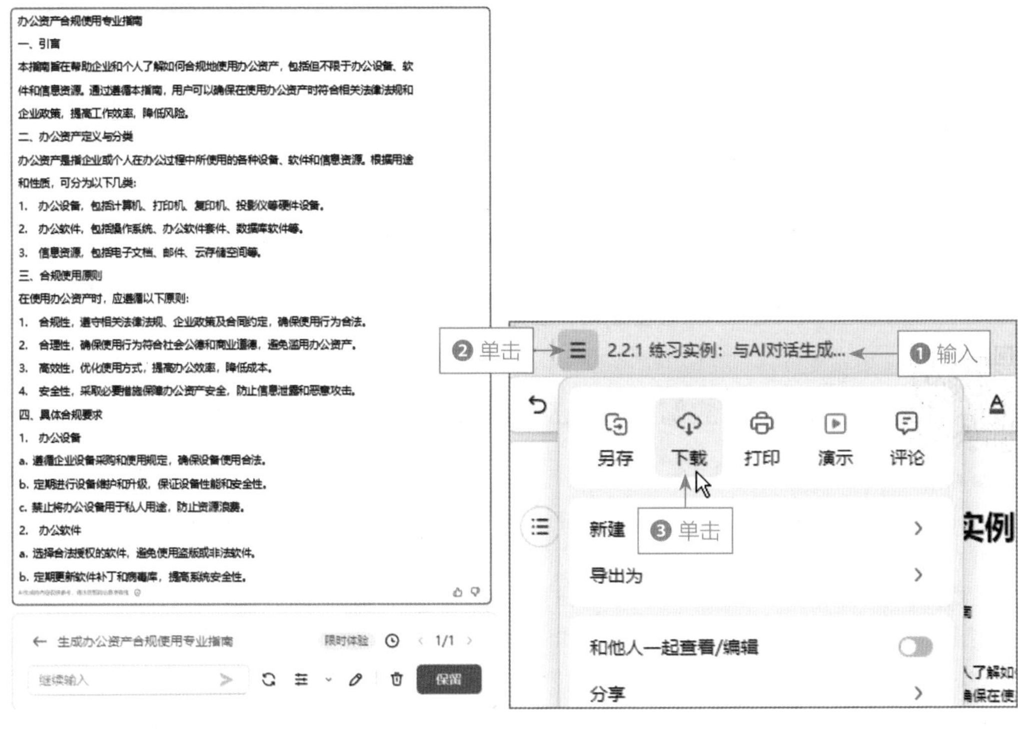

图 2-39 AI 生成文档内容　　　　图 2-40 单击“下载”按钮

专家提示

在“输入标题”输入框中单击鼠标左键，即可在其中输入文档标题。此外，智能文档是在线实时更新和保存的，将页面关闭后，换一台电脑，登录账号后，依旧能在线编辑创建的智能文档。

步骤 05 弹出“下载”对话框，其中提供了 PDF 和 Word 两种文件类型可以选择，这里单击“导出为 Word”按钮，如图 2-41 所示，将文件导出为 Word 文档。

图 2-41 单击“导出为 Word”按钮

步骤 06 弹出“另存为”对话框，设置文件保存路径，如图 2-42 所示，单击“保存”按钮，即可将智能文档下载保存至指定位置。

图 2-42　设置文件保存路径

扫码看视频

2.2.2　练习实例：选择正文进行智能改写

在智能文档中，WPS AI 的“帮我改”功能主要有继续写、缩写、扩写、润色、语病修正和转换风格。例如，用 AI 润色文章，可以帮助用户改进文本内容的质量和可读性，具体操作方法如下。

步骤 01　新建一个智能文档，在文档中插入来访客户与供应商接待流程，❶ 选择需要改写的内容，弹出悬浮面板，❷ 单击 WPS AI 下拉按钮，❸ 在弹出的下拉列表中选择“帮我改”→“润色”选项，如图 2-43 所示。

步骤 02　稍等片刻，WPS AI 即可进行内容润色，部分内容如图 2-44 所示。单击“替换”按钮，即可替换所选内容，保留 AI 改写后的内容。

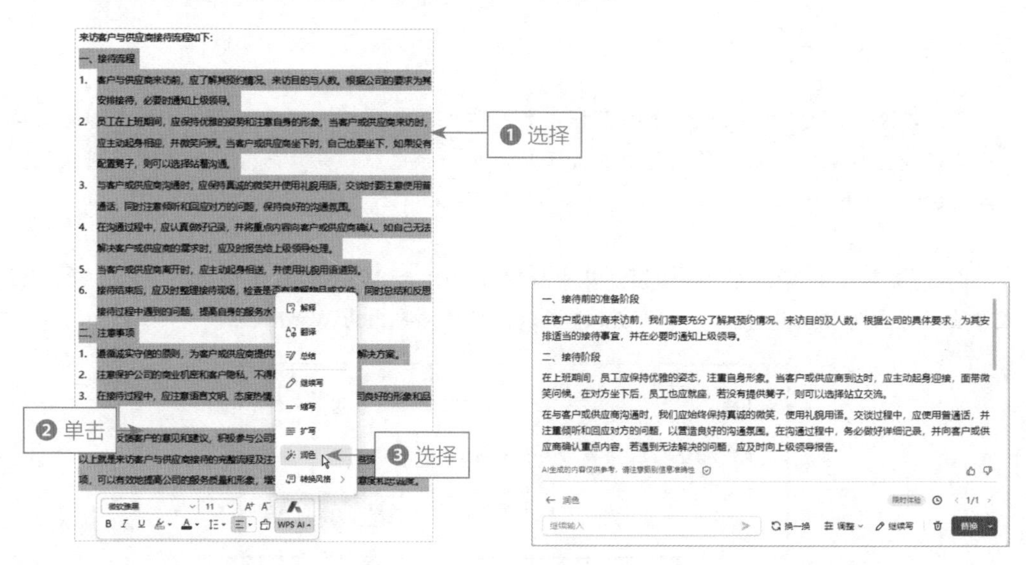

图 2-43　选择“润色”选项　　　　图 2-44　AI 进行内容润色

专家提示

用户可以使用“语病修正”功能检查全文内容是否有病句，如果有病句，AI 会及时进行修改。

2.2.3 练习实例：智能转换正文文档风格

扫码看视频

WPS AI 的“转换风格”功能在行政办公工作中具有广泛的应用前景。通过这一功能，工作人员可以快速、准确地调整文档风格，提高办公效率，提升自身的专业能力，具体操作方法如下。

步骤 01 新建一个智能文档，在文档中插入“办公室绿化管理通知”，现需要修改原文内容，使语言风格更加亲和、有活力。❶ 选择需要改写的内容，弹出悬浮面板，❷ 单击 WPS AI 下拉按钮，❸ 在弹出的下拉列表中选择“帮我改”→“转换风格”→“更活泼”选项，如图 2-45 所示。

步骤 02 稍等片刻，WPS AI 即可转换正文风格，部分内容如图 2-46 所示。单击“替换”按钮，即可替换所选内容，保留 AI 转换风格后的内容。

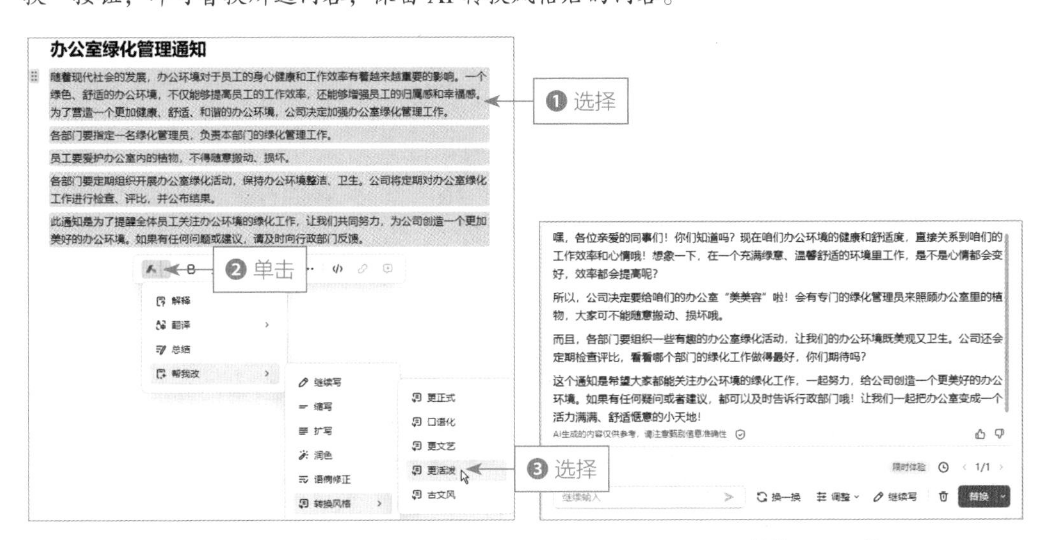

图 2-45　选择“更活泼”选项　　　　图 2-46　AI 转换正文风格

2.2.4 练习实例：选择正文进行智能翻译

扫码看视频

WPS AI 可以协助用户对内容进行中英文翻译，翻译文档中的内容可以帮助用户更好地进行阅读和理解，借助 WPS AI 可以高质量、高效率地完成翻译工作。下面介绍具体的操作方法。

步骤 01 新建一个智能文档，在其中插入需要翻译的内容。❶ 选择需要翻译的内容，弹出悬浮面板，❷ 单击 WPS AI 下拉按钮，❸ 在弹出的下拉列表中选择“翻译”→“英译中”选项，如图 2-47 所示。

步骤 02 稍等片刻，WPS AI 即可将英文内容翻译成流畅的中文，❶ 单击“更多”按钮…，❷ 在弹出的列表中选择“替换”选项，如图 2-48 所示，即可将 AI 翻译的内容自动插入智能文档中。

Dear leader,

On behalf of Maple Maple Company, I would like to express my gratitude for your continuous support and trust.

Recently, Maple Maple Company has achieved excellent performance through the efforts of our team. Sales and market share have steadily increased, and our new products have been warmly welcomed by the market.

In order to better serve the market and customers, we continue to optimize our organizational structure and management system, and focus on improving the professional quality and team cooperation ability of our employees, aiming to provide customers with better quality products and services.

Looking ahead, we will continue to innovate and progress, and at the same time, we hope to receive your support and guidance to help Maple Maple Company grow stronger.

Once again, thank you for your trust, and may all go well for you!

From Maple Maple Company

❶ 选择

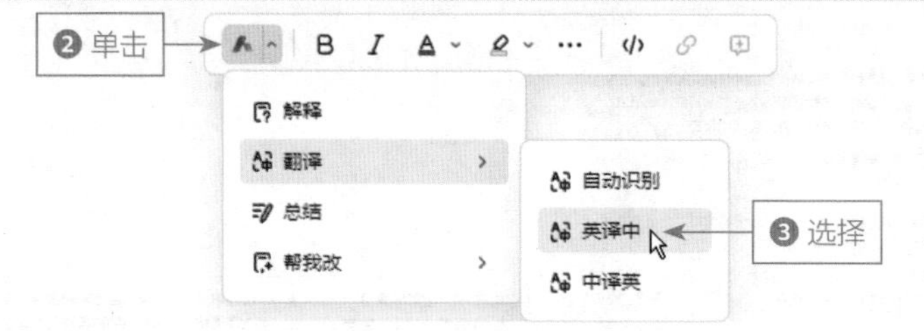

图 2-47　选择“英译中”选项

图 2-48　选择“替换”选项

扫码看视频

2.2.5　练习实例：为智能文档添加封面

在 WPS 智能文档中，用户可以在文档的顶部添加一张图片或一个预设的封面样式，以提升文档的整体外观和吸引力，使其在众多文档中脱颖而出，具体操作方法如下。

步骤 01 新建一个智能文档，在顶部单击“添加封面”按钮，如图 2-49 所示。

步骤 02 执行操作后，即可在文档顶部随机添加一个封面，效果如图 2-50 所示。

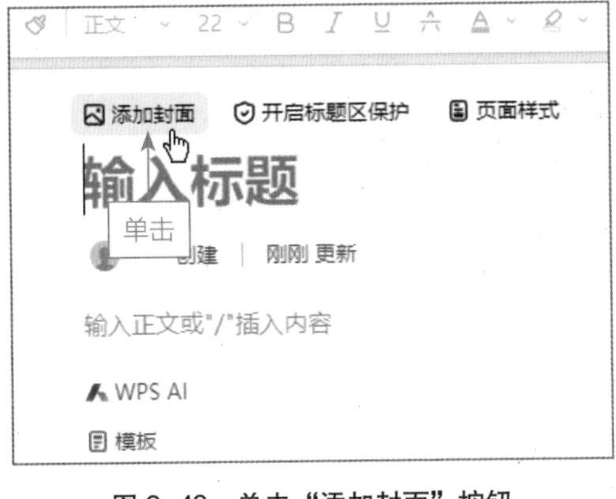

图 2-49　单击“添加封面”按钮

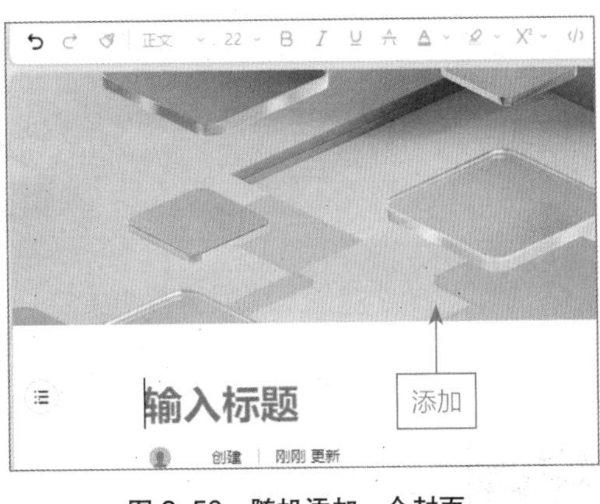

图 2-50　随机添加一个封面

专家提示

当用户设置好标题和封面后，如果不想让其他人修改，可以单击“开启标题区保护”按钮，开启保护，即仅自己可编辑标题和封面。

步骤 03 将鼠标指针移至封面上，即可显示“更换”“调整”“移除”3 个按钮，单击“更换”按钮，如图 2-51 所示，会弹出下拉列表，其中显示了“图库”和“本地上传”两个选项卡，用户可以在“图库”选项卡中选择一张喜欢的图片当作封面，也可以在“本地上传”选项卡中上传其他的图片作为封面。

图 2-51　单击“更换”按钮

知识拓展

“调整”和“移除”按钮的作用

在封面上，单击“移除”按钮，即可移除封面图片；单击“调整”按钮，可以通过拖曳图片，调整图片显示的画面内容，如图 2-52 所示。

图 2-52 “调整”按钮作用展示

扫码看视频

2.2.6 练习实例：查看历史协作记录

WPS 智能文档可以记录文档编辑的历史信息，用户如果想了解有哪些团队成员参与了文档的编辑工作，以及他们编辑的内容和时间，可以通过“协作记录”功能查看。下面介绍具体的操作方法。

步骤 01 打开一个智能文档，部分内容如图 2-53 所示。

行政人员协同办公条款

===============

一、目的

1. 规范行政人员的协同办公行为，提高工作效率
2. 确保工作顺利开展

二、职责

1. 协调公司内部各部门之间的日常事务
2. 制定并维护协同办公的各项流程和制度，及时更新工作指南和文档

图 2-53 打开一个智能文档（部分内容）

步骤 02 单击“文件操作”按钮☰，在弹出的下拉列表中选择“历史记录”→“协作记录”选项，如图 2-54 所示。

步骤 03 弹出“协作记录”面板，其中显示了多项编辑记录，单击编辑记录后面的“查看详情”按钮，如图 2-55 所示。

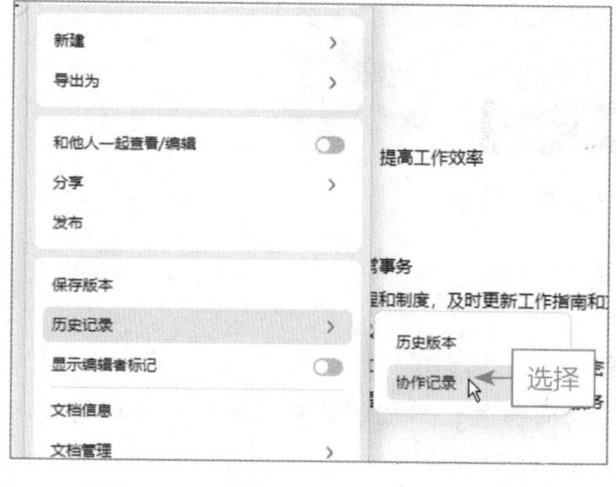

图 2-54 选择“协作记录”选项

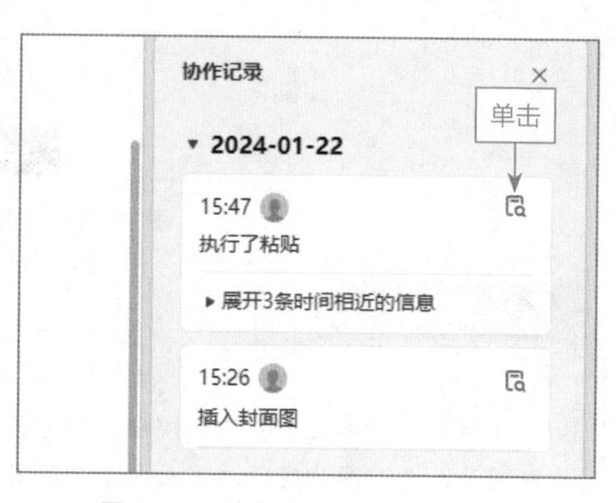

图 2-55 单击“查看详情”按钮

步骤 04 弹出相应面板，其中显示了详细的编辑记录，单击右上角的“内容还原”按钮，如图 2–56 所示，可以还原该操作。

图 2–56　单击“内容还原”按钮

2.2.7　练习实例：添加评论以便协作办公

扫码看视频

使用 WPS 智能文档中的“添加评论”功能，可以在文档中添加评论或标记。这个功能可以用于纠正文字错误、提出建议、回答问题或对文档进行修订，以便团队协作办公。下面介绍在 WPS 智能文档中添加评论的操作方法。

步骤 01 打开一个智能文档，❶ 选择需要添加评论的内容，❷ 在弹出的悬浮面板中单击“添加评论”按钮，如图 2–57 所示。

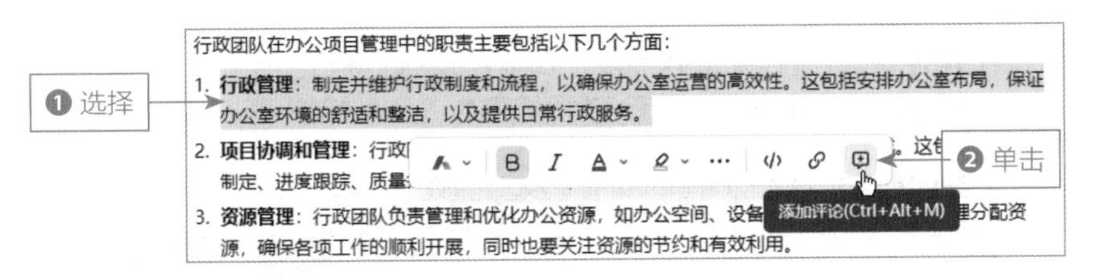

图 2–57　单击“添加评论”按钮

步骤 02 在文档右侧即可弹出“评论”面板，在文本框中输入评论内容“例如，文件和资料的管理、办公用品的采购等”，效果如图 2–58 所示。

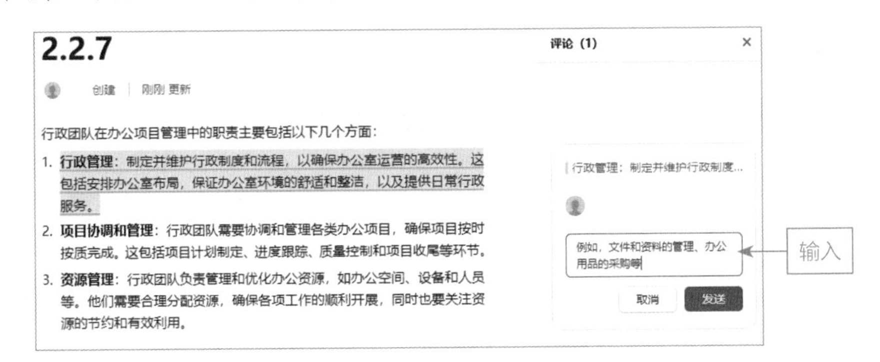

图 2–58　输入评论内容

专家提示

在文本框中输入评论内容时，如果内容过多，需要分段，可以按 Shift+Enter 组合键换行。

步骤 03 单击“发送”按钮，即可添加评论，如图 2-59 所示。

2.2.7
创建 | 刚刚 更新
评论 (1)
行政团队在办公项目管理中的职责主要包括以下几个方面：
1. 行政管理：制定并维护行政制度和流程，以确保办公室运营的高效性。这包括安排办公室布局，保证办公室环境的舒适和整洁，以及提供日常行政服务。
2. 项目协调和管理：行政团队需要协调和管理各类办公项目，确保项目按时按质完成。这包括项目计划制定、进度跟踪、质量控制和项目收尾等环节。
3. 资源管理：行政团队负责管理和优化办公资源，如办公空间、设备和人员等。他们需要合理分配资源，确保各项工作的顺利开展，同时也要关注资源的节约和有效利用。
行政管理：制定并维护行政制度...
刚刚
例如，文件和资料的管理、办公用品的采购等
添加

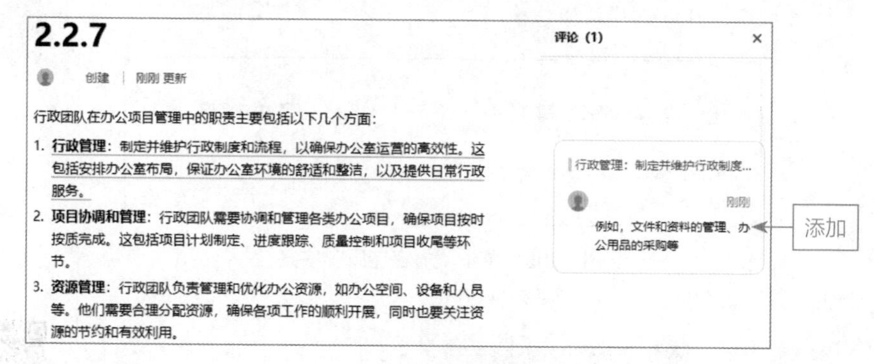

图 2-59　添加评论

技巧提示

其他添加评论的方法

将鼠标指针移至文本内容上，在后面会显示“添加评论”按钮，单击该按钮，如图 2-60 所示，即可添加评论。

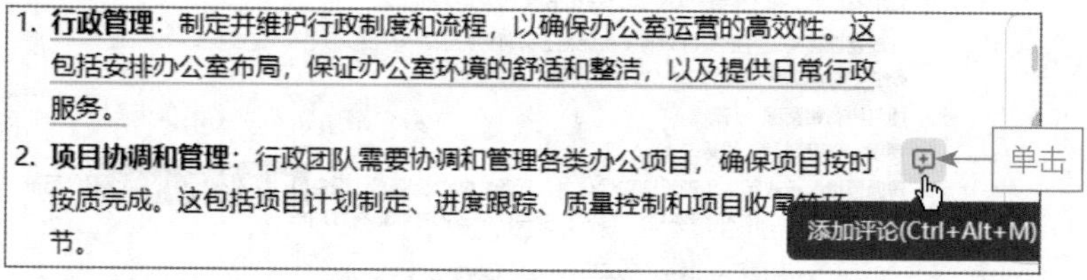

1. 行政管理：制定并维护行政制度和流程，以确保办公室运营的高效性。这包括安排办公室布局，保证办公室环境的舒适和整洁，以及提供日常行政服务。
2. 项目协调和管理：行政团队需要协调和管理各类办公项目，确保项目按时按质完成。这包括项目计划制定、进度跟踪、质量控制和项目收尾等环节。
单击
添加评论(Ctrl+Alt+M)

图 2-60　单击“添加评论”按钮

除此之外，在功能区单击“添加评论”按钮，如图 2-61 所示，也可以添加评论。

单击
WPS AI

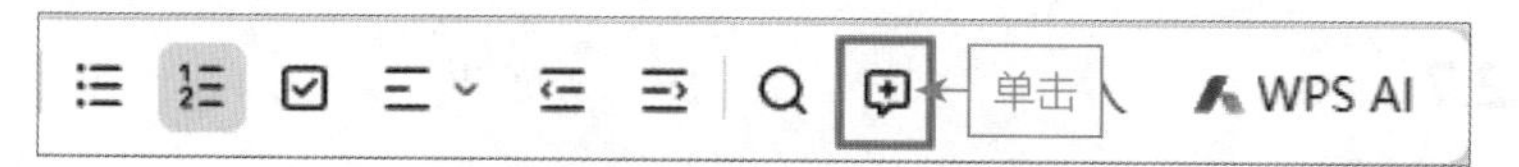

图 2-61　单击“添加评论”按钮

2.3　使用 WPS AI 高效办公

在 WPS 中使用 AI 助手进行办公，可以大大提高用户的办公效率，减少创作时间和精力消耗，同时也可以提高文本的质量和准确性。这种技术可用于处理各种文档，如设计团建游戏、创建员工手册、撰写处罚通知、起草放假通知和起草会议提纲等。

2.3.1 练习实例：用 AI 设计一份团建游戏方案

扫码看视频

团建游戏有助于提高团队凝聚力、激发成员的创新思维，还能促进团队成员之间的交流和沟通。WPS AI 可以根据团队人数和特点等，设计出能够加强团队合作的游戏，帮助团队成员更好地了解彼此，具体操作方法如下。

步骤 01 新建一个 WPS 空白文档，唤起 WPS AI，在输入框中输入指令“设计一份团建游戏方案，参与人数 15 人，游戏目的：增强团队凝聚力、促进交流沟通”，如图 2-62 所示。

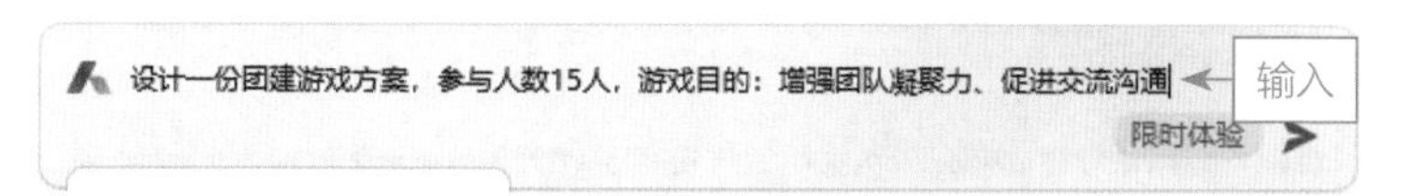

图 2-62 输入指令

步骤 02 单击➤按钮发送，稍等片刻，即可获得 AI 设计的团建游戏方案，如图 2-63 所示。

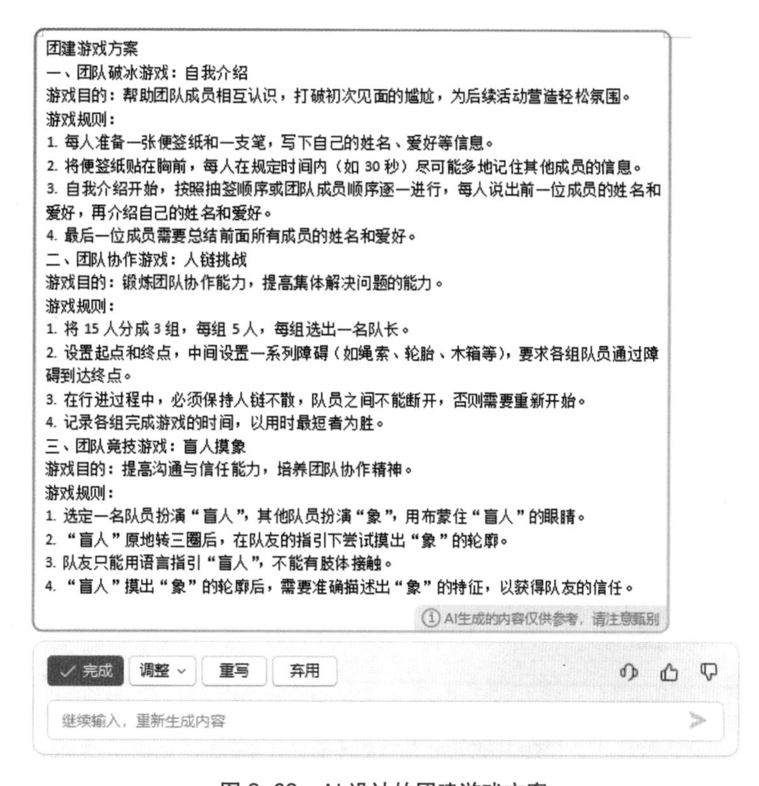
团建游戏方案
一、团队破冰游戏：自我介绍
游戏目的：帮助团队成员相互认识，打破初次见面的尴尬，为后续活动营造轻松氛围。
游戏规则：
1. 每人准备一张便签纸和一支笔，写下自己的姓名、爱好等信息。
2. 将便签纸贴在胸前，每人在规定时间内（如 30 秒）尽可能多地记住其他成员的信息。
3. 自我介绍开始，按照抽签顺序或团队成员顺序逐一进行，每人说出前一位成员的姓名和爱好，再介绍自己的姓名和爱好。
4. 最后一位成员需要总结前面所有成员的姓名和爱好。
二、团队协作游戏：人链挑战
游戏目的：锻炼团队协作能力，提高集体解决问题的能力。
游戏规则：
1. 将 15 人分成 3 组，每组 5 人，每组选出一名队长。
2. 设置起点和终点，中间设置一系列障碍（如绳索、轮胎、木箱等），要求各组队员通过障碍到达终点。
3. 在行进过程中，必须保持人链不散，队员之间不能断开，否则需要重新开始。
4. 记录各组完成游戏的时间，以用时最短者为胜。
三、团队竞技游戏：盲人摸象
游戏目的：提高沟通与信任能力，培养团队协作精神。
游戏规则：
1. 选定一名队员扮演“盲人”，其他队员扮演“象”，用布蒙住“盲人”的眼睛。
2. “盲人”原地转三圈后，在队友的指引下尝试摸出“象”的轮廓。
3. 队友只能用语言指引“盲人”，不能有肢体接触。
4. “盲人”摸出“象”的轮廓后，需要准确描述出“象”的特征，以获得队友的信任。

图 2-63 AI 设计的团建游戏方案

2.3.2 练习实例：用 AI 创建一份物品管理手册

扫码看视频

使用 WPS AI 创建一份物品管理手册，可以帮助企业或个人更好地管理其物品，确保物品的安全性、合规性，具体操作方法如下。

步骤 01 新建一个 WPS 空白文档，唤起 WPS AI，在输入框中输入指令“创建一份物品管理手册”，如图 2-64 所示。

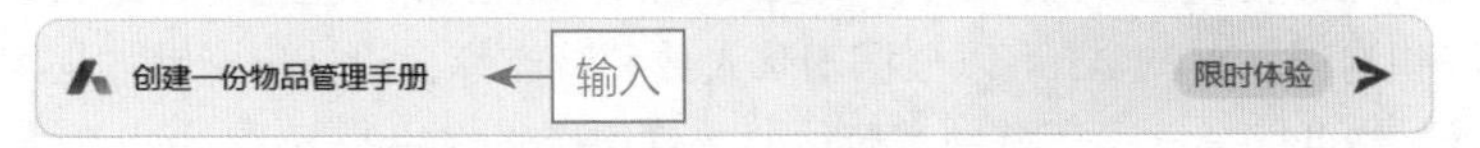

图 2-64 输入指令

步骤 02 按 Enter 键发送指令，稍等片刻，即可获得 AI 创建的物品管理手册，如图 2-65 所示。单击“完成”按钮，即可将 AI 生成的内容插入文档中。

物品管理手册
一、前言
物品管理对于企业的正常运营至关重要。为了提高物品管理的效率和规范性，本手册旨在提供一套完整、实用的物品管理方案，帮助企业实现物品的合理配置、有效利用和规范管理。
二、物品分类与编码
1. 物品分类：根据物品的性质、用途和特点，将物品分为固定资产、低值易耗品、原材料、库存商品等类别。
2. 物品编码：为每类物品分配唯一的编码，便于物品的识别和管理。编码应遵循简单、易记、易输入的原则，并确保一物一码。
三、物品采购与验收
1. 物品采购：根据实际需求制定采购计划，明确采购物品的名称、规格、数量、质量要求等。选择合格供应商，确保采购物品的质量和价格合理。
2. 物品验收：对采购物品进行验收，确保物品符合采购计划要求。如有问题，及时与供应商协商解决。
四、物品保管与保养
1. 物品保管：合理规划仓库布局，分类存放物品，定期对仓库进行整理，确保仓库整洁有序。
2. 物品保养：针对不同物品的特点，制定保养计划，定期对物品进行检查、清洁、润滑等保养工作，确保物品性能良好。
五、物品领用与退回
1. 物品领用：制定领用制度，规范员工领用物品的程序。领用时需填写领用单，注明领用部门、领用人、领用日期等。
2. 物品退回：员工在领用后发现物品损坏或丢失，应及时向仓库管理人员报告，并进行退回处理。退回物品需经过验收，确认无误后方可入库。
六、物品报废与处理
1. 物品报废：对于无法修复或无利用价值的物品，需进行报废处理。报废前需填写报废申请单，经相关部门审批后进行报废处理。
2. 物品处理：报废后的物品可根据实际情况进行处理，如回收、销毁等。处理过程中需注意环保和安全问题。
七、附则
本手册自发布之日起生效，如有未尽事宜，由相关管理部门负责解释并制定补充规定。

ⓘ AI生成的内容仅供参考，请注意甄别

✓完成 调整 重写 弃用

继续输入，重新生成内容

图 2-65 AI 创建的物品管理手册

扫码看视频

2.3.3 练习实例：用 AI 撰写一则处罚通告

WPS AI 能够快速生成处罚通告。在行政工作中，处罚通告往往需要遵循一定的格式和规范，而 WPS AI 能够自动按照预设的模板生成通告，大大节省了工作人员的时间和精力，具体操作方法如下。

步骤 01 新建一个 WPS 空白文档，唤起 WPS AI，在输入框中输入指令“撰写一则员工迟到处罚通告”，如图 2-66 所示。

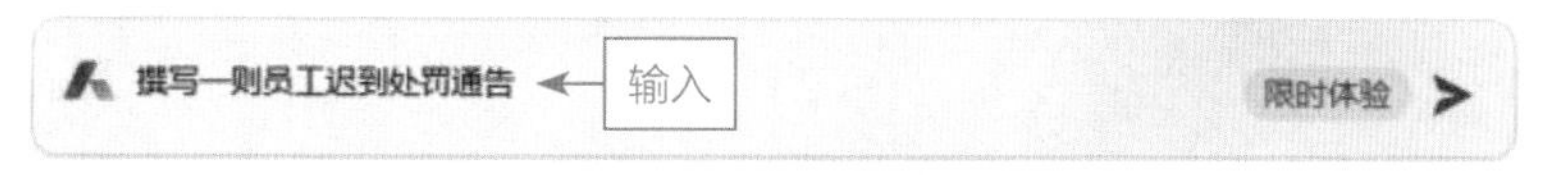

图 2-66 输入指令

步骤 02 按 Enter 键发送指令，稍等片刻，即可获得 AI 撰写的处罚通告，如图 2-67 所示。

步骤 03 单击“完成”按钮，即可将 AI 生成的内容插入文档中，通过 WPS AI 面板中的“文档排版”功能，可一键排版处罚通告，部分内容如图 2-68 所示。

员工迟到处罚通告
尊敬的员工们：
近期，我们注意到公司内部出现了一些员工迟到的现象。尽管大多数员工都能准时到达工作岗位，但迟到现象仍然在一定程度上影响了公司的正常运转。
我们理解每个人都有不可预见的特殊情况，然而，我们也有必要强调准时上班的重要性。员工的准时到达不仅是对自己工作态度的体现，也是对公司其他同事和整个团队尊重的体现。迟到不仅打断了工作的连续性，还可能影响到整个团队的效率。
因此，为了维护公司的正常秩序和良好的工作氛围，公司管理层决定对以下员工进行相应的处罚：
对于连续三次以上迟到的员工，将扣除当月绩效工资的 10%。
对于连续五次以上迟到的员工，将扣除当月绩效工资的 20%，并在公司内部通报批评。
对于严重迟到且影响公司正常运转的员工，将视情况给予更严厉的处罚。
我们希望通过这样的措施，提醒所有员工重视时间管理，准时到达工作岗位。我们期待每位员工都能以高度的责任感和良好的职业素养，共同维护公司的工作秩序和高效运转。
特此通告！
公司管理层
xxxx 年 xx 月 xx 日
AI生成的内容仅供参考，请注意甄别
完成 调整 重写 弃用
继续输入，重新生成内容

图 2-67 AI 撰写的处罚通告

员工迟到处罚通告
尊敬的员工们：
近期，我们注意到公司内部出现了一些员工迟到的现象。尽管大多数员工都能准时到达工作岗位，但迟到现象仍然在一定程度上影响了公司的正常运转。
我们理解每个人都有不可预见的特殊情况，然而，我们也有必要强调准时上班的重要性。员工的准时到达不仅是对自己工作态度的体现，也是对公司其他同事和整个团队尊重的体现。迟到不仅打断了工作的连续性，还可能影响到整个团队的效率。
因此，为了维护公司的正常秩序和良好的工作氛围，公司管理层决定对以下员工进行相应的处罚：
对于连续三次以上迟到的员工，将扣除当月绩效工资的 10%。
对于连续五次以上迟到的员工，将扣除当月绩效工资的 20%，并在公司内部通报批评。
对于严重迟到且影响公司正常运转的员工，将视情况给予更严厉的处罚。
我们希望通过这样的措施，提醒所有员工重视时间管理，准时到达工作岗位。我们期待每位员工都能以高度的责任感和良好的职业素养，共同维护公司的工作秩序和高效运转。

图 2-68 处罚通告排版效果（部分内容）

2.3.4 练习实例：用 AI 起草一则放假通知

扫码看视频

在行政办公工作中，WPS AI 的运用无疑为日常工作带来了极大的便利，它能够高效地协助起草各类文件，例如放假通知，使行政人员能够更加轻松地处理工作事务，具体操作方法如下。

步骤 01 新建一个 WPS 空白文档，唤起 WPS AI，在输入框下方的下拉列表中选择“通知”→“放假通知”选项，如图 2-69 所示。

步骤 02 进入“放假通知”起草模式，根据需要在输入框的各个文本框中输入放假信息，效果如图 2-70 所示。

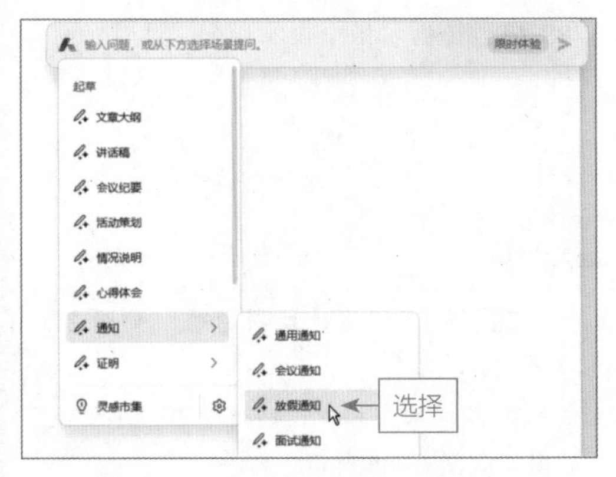

图 2-69　选择“放假通知”选项

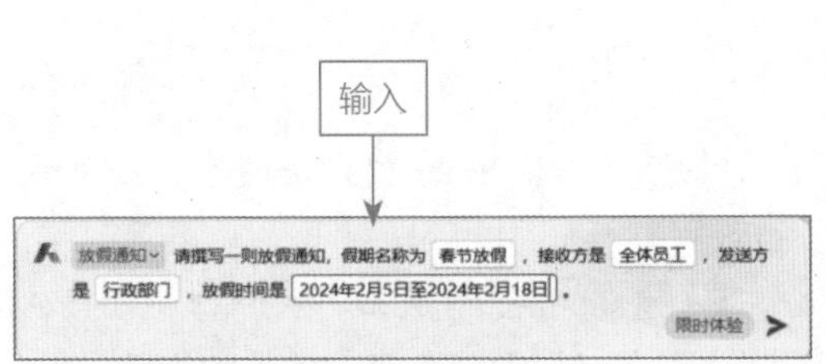

图 2-70　输入放假信息

步骤 03 单击➤按钮发送，稍等片刻，即可获得 AI 生成的放假通知，如图 2-71 所示。单击“完成”按钮，即可将 AI 生成的内容插入文档中。

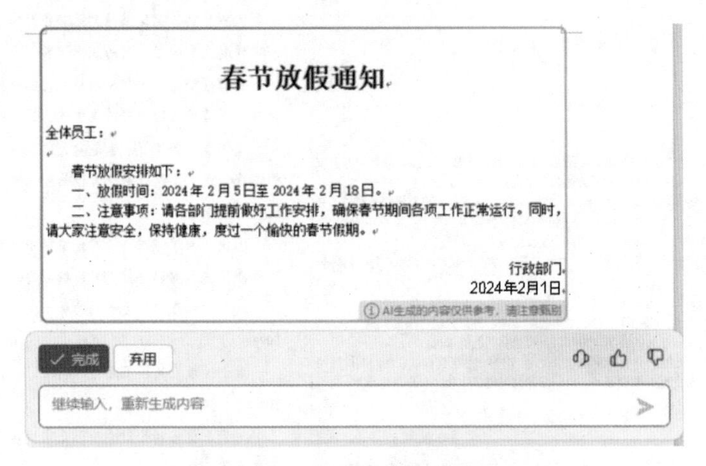
春节放假通知

全体员工：

春节放假安排如下：
一、放假时间：2024 年 2 月 5日至 2024 年 2 月 18日。
二、注意事项：请各部门提前做好工作安排，确保春节期间各项工作正常运行。同时，请大家注意安全，保持健康，度过一个愉快的春节假期。

行政部门
2024年2月1日

图 2-71　AI 生成的放假通知

扫码看视频

2.3.5　练习实例：用 AI 起草一则会议通知

在传统的人工起草会议通知时，需要手动收集、整理和编写会议通知的相关信息，这个过程不仅耗时费力，还容易出错。而 WPS AI 则具有自动化处理的优势，可以通过自然语言处理技术，自动抓取会议相关的信息，如时间、地点、议程等，并快速生成格式规范的会议通知，这大大减少了人们的工作量，提高了工作效率，具体操作方法如下。

步骤 01 新建一个 WPS 空白文档，唤起 WPS AI，在输入框下方的下拉列表中选择“通知”→“会议通知”选项，如图 2-72 所示。

步骤 02 进入“会议通知”起草模式，根据需要在输入框的各个文本框中输入会议信息，效果如图 2-73 所示。

步骤 03 单击➤按钮发送，稍等片刻，即可获得 AI 生成的会议通知，如图 2-74 所示。单击“完成”按钮，即可将 AI 生成的内容插入文档中。

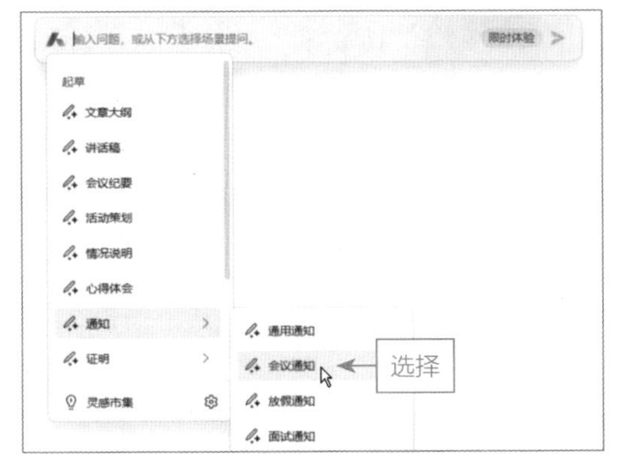

图 2-72 选择“会议通知”选项

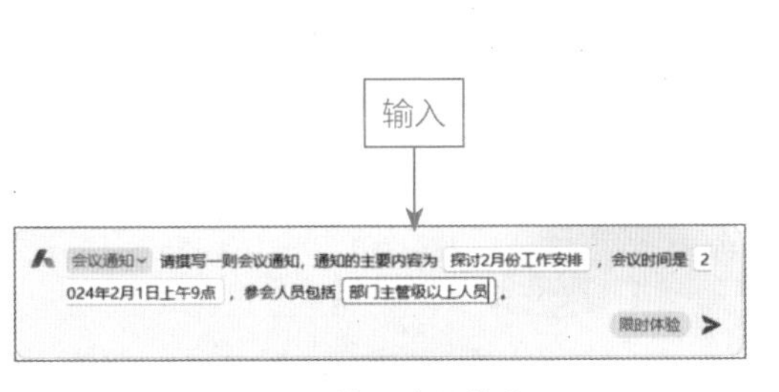

图 2-73 输入会议信息

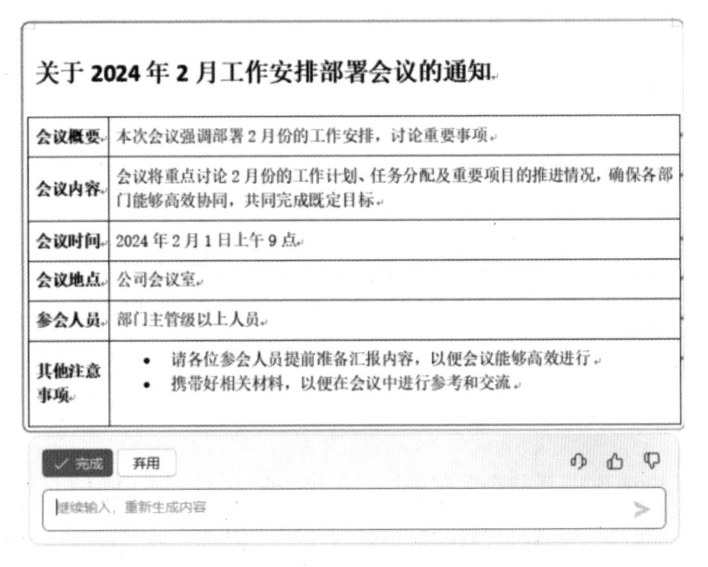

关于2024年2月工作安排部署会议的通知

会议概要	本次会议强调部署2月份的工作安排，讨论重要事项。
会议内容	会议将重点讨论2月份的工作计划、任务分配及重要项目的推进情况，确保各部门能够高效协同，共同完成既定目标。
会议时间	2024年2月1日上午9点
会议地点	公司会议室
参会人员	部门主管级以上人员
其他注意事项	• 请各位参会人员提前准备汇报内容，以便会议能够高效进行。 • 携带好相关材料，以便在会议中进行参考和交流。

图 2-74 AI 生成的会议通知

2.4 综合实例：用 WPS AI 制定会议议程

扫码看视频

行政人员在筹备会议时，往往需要花费大量时间来整理会议议程，而 WPS AI 可以根据会议主题和需求，自动生成合理的会议议程。此外，WPS AI 还能够根据参会人员的职务、工作内容等因素，智能推荐议程安排，使得会议内容更加丰富且有针对性。下面介绍具体的操作方法。

步骤 01 新建一个 WPS 空白文档，唤起 WPS AI，❶ 在输入框中输入指令“议程安排”，❷ 在弹出的下拉列表中选择“议程安排”选项，如图 2-75 所示。

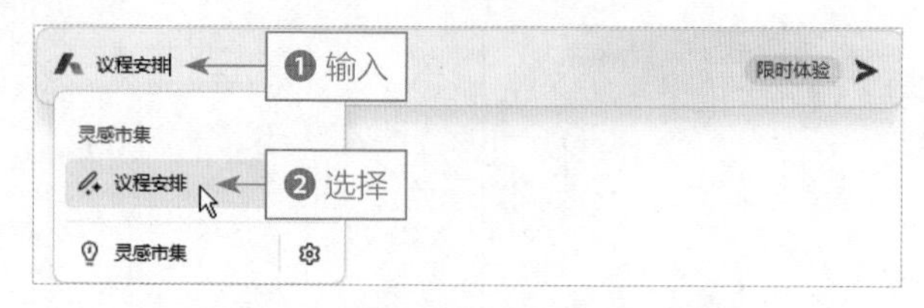

图 2-75　选择“议程安排”选项

步骤 02　进入“议程安排”模式，同时输入框中自动输入了指令模板，如图 2-76 所示。

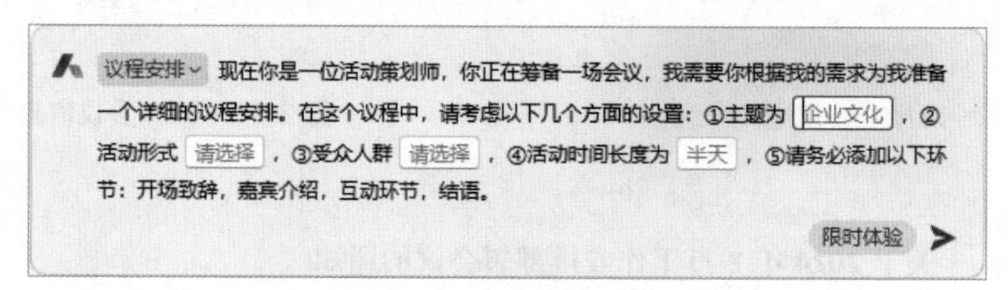

图 2-76　“议程安排”指令模板

步骤 03　参考指令模板，根据需要重新编写一个指令，如图 2-77 所示。

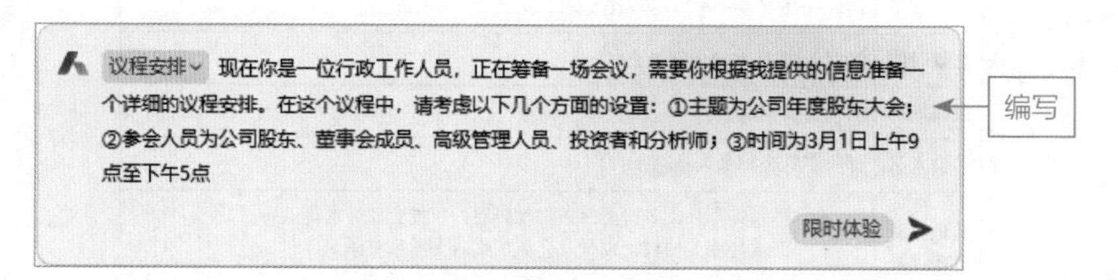

图 2-77　重新编写一个指令

步骤 04　按 Enter 键发送指令，稍等片刻，即可获得 AI 制定的会议议程，如图 2-78 所示。单击“完成”按钮，即可将 AI 生成的内容插入文档中。

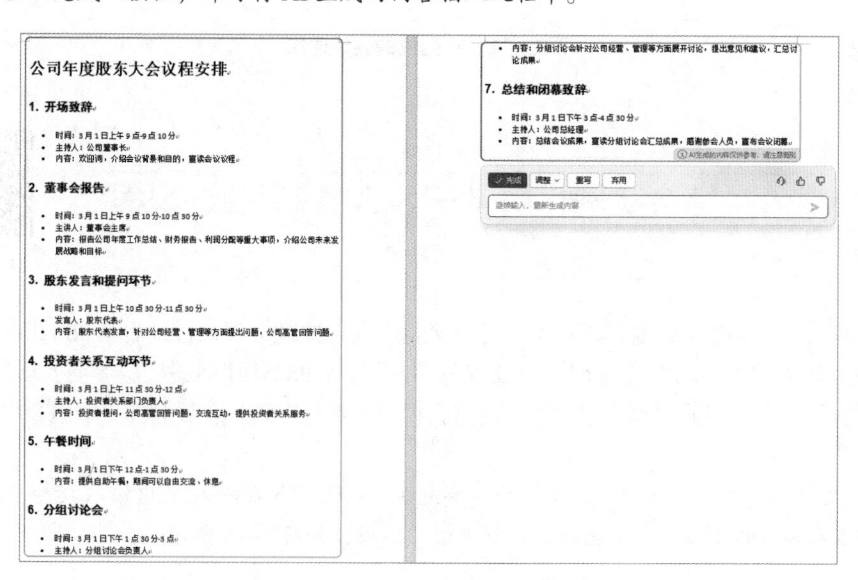
公司年度股东大会议程安排

1. 开场致辞

- 时间：3月1日上午9点-9点10分
- 主持人：公司董事长
- 内容：欢迎词，介绍会议背景和目的，宣读会议议程

2. 董事会报告

- 时间：3月1日上午9点10分-10点30分
- 主讲人：董事会主席
- 内容：报告公司年度工作总结、财务报告、利润分配等重大事项，介绍公司未来发展战略和目标

3. 股东发言和提问环节

- 时间：3月1日上午10点30分-11点30分
- 发言人：股东代表
- 内容：股东代表发言，针对公司经营、管理等方面提出问题，公司高管回答问题

4. 投资者关系互动环节

- 时间：3月1日上午11点30分-12点
- 主持人：投资者关系部门负责人
- 内容：投资者提问，公司高管回答问题，交流互动，提供投资者关系服务

5. 午餐时间

- 时间：3月1日下午12点-1点30分
- 内容：提供自助午餐，期间可以自由交流、休息

6. 分组讨论会

- 时间：3月1日下午1点30分-3点
- 主持人：分组讨论会负责人
- 内容：分组讨论会针对公司经营、管理等方面展开讨论，提出意见和建议，汇总讨论成果

7. 总结和闭幕致辞

- 时间：3月1日下午3点-4点30分
- 主持人：公司总经理
- 内容：总结会议成果，宣读分组讨论会汇总成果，感谢参会人员，宣布会议闭幕

图 2-78　AI 制定的会议议程

本章小结

本章主要向读者介绍了如何将 WPS AI 用于行政工作，具体包括用 AI 起草劳动合同、续写线上办公申请、将文本转为表格、一键排版文档、生成专业资料、智能翻译文本、设计团建游戏方案、创建物品管理手册、撰写处罚通告、起草放假通知以及制定会议议程等实操技巧。通过对本章的学习，读者能够更好地在 WPS 文字文档和智能文档中使用 WPS AI 进行高效办公。

课后习题

1. 在 WPS 文档中，如何用 AI 生成一份培训通知？效果如图 2-79 所示。

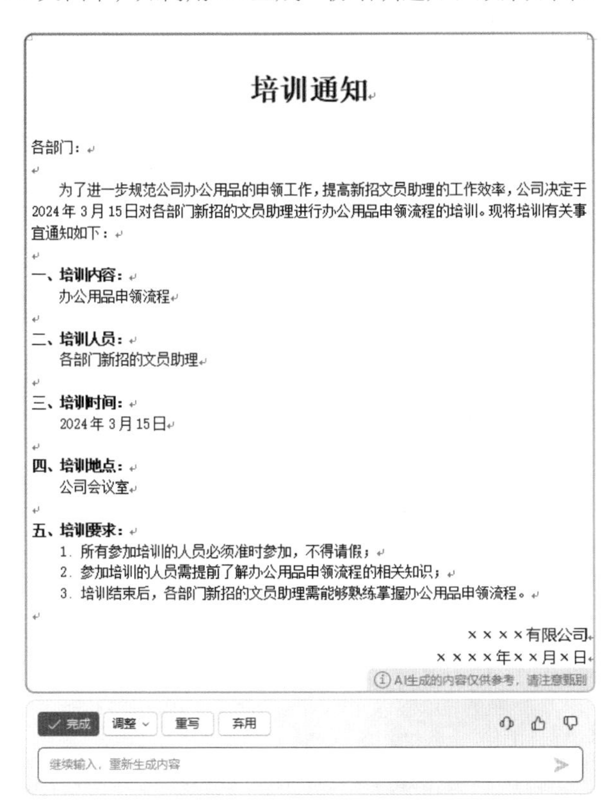

图 2-79　用 AI 生成一份培训通知

扫码看视频

2. 在 WPS 文档中，如何用 AI 生成一份工作证明？效果如图 2-80 所示。

扫码看视频

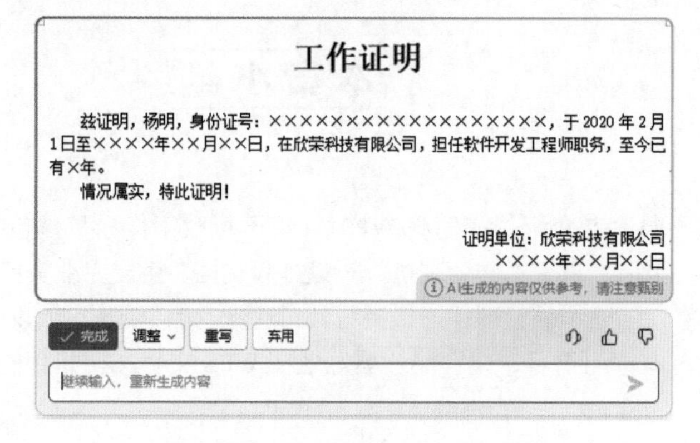

工作证明

兹证明，杨明，身份证号：××××××××××××××××××，于 2020 年 2 月 1 日至××××年××月××日，在欣荣科技有限公司，担任软件开发工程师职务，至今已有×年。

情况属实，特此证明！

证明单位：欣荣科技有限公司

××××年××月××日

图 2-80 用 AI 生成一份工作证明

用 WPS AI 处理财务数据

第 3 章

WPS AI 具备强大的表格数据处理能力，能够快速地整理、筛选和比对财务数据，大大提高了处理财务数据的速度。本章，我们将了解 WPS AI 处理财务数据的优势和操作技巧，为企业制定更为合理的财务预算和决策提供有力支持。

本章重点

- 在表格中使用 WPS AI
- 使用智能表格在线办公
- 使用快捷工具自动处理
- 综合实例：通过 AI 对话交换行列数据
- 综合实例：通过 AI 对话对齐表格数据

	A	B	C	D	E	F
1	销售预算表					AI 正在帮您
2	序号	销售地区	销售产品	销售单价	预计销售量	预计销售额
3	1	北京	产品A	120	1000000	120000000
4			产品B	80	800000	64000000
5			产品C	150	1000000	150000000
6	2	天津	产品A	120	755000	90600000
7			产品B	80	600000	48000000
8			产品C	150	800000	120000000
9	3	上海	产品A	120	1000000	120000000
10			产品B	80	1300000	104000000
11			产品C	150	1500000	225000000
12	预计销售总额					1041600000

3.1 在表格中使用 WPS AI

WPS 的表格 AI 功能可以帮助用户快速实现条件标记、生成公式和进行数据筛选排序等操作，让财务数据分析和处理更加高效。本节将向读者介绍在表格中使用 WPS AI 智能办公的操作方法。

扫码看视频

3.1.1 练习实例：让 AI 按条件标记数据

按条件标记数据是 WPS AI 提供的功能之一，它能够帮助用户高亮标记目标数据，达到用户想要的标记效果，具体操作方法如下。

步骤 01 在 WPS 中打开一个工作表，如图 3-1 所示，现需要将预计销售额少于 100000000 的单元格标记出来。

	A	B	C	D	E	F
1	销售预算表					
2	序号	销售地区	销售产品	销售单价	预计销售量	预计销售额
3	1	北京	产品A	120	1000000	120000000
4			产品B	80	800000	64000000
5			产品C	150	1000000	150000000
6	2	天津	产品A	120	755000	90600000
7			产品B	80	600000	48000000
8			产品C	150	800000	120000000
9	3	上海	产品A	120	1000000	120000000
10			产品B	80	1300000	104000000
11			产品C	150	1500000	225000000
12	预计销售总额					1041600000

图 3-1 打开一个工作表

步骤 02 在菜单栏中单击 WPS AI 标签，唤起 WPS AI，弹出 WPS AI 面板，选择“对话操作表格”选项，如图 3-2 所示。

步骤 03 进入“对话操作表格”面板，在下方的对话输入框中输入问题或指令“将预计销售额少于 100000000 的单元格标记为红色”，如图 3-3 所示。

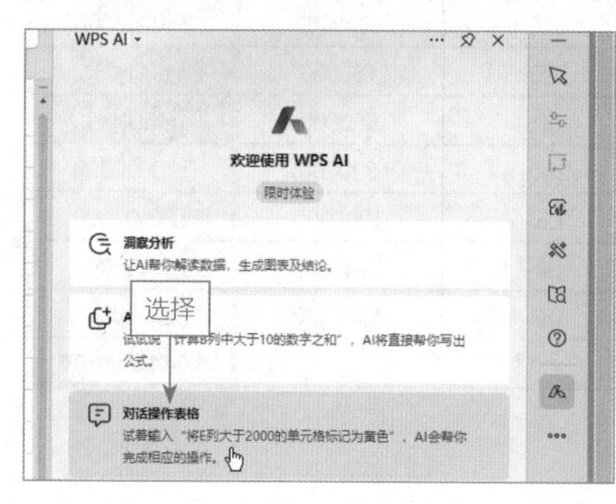

图 3-2 选择“对话操作表格”选项

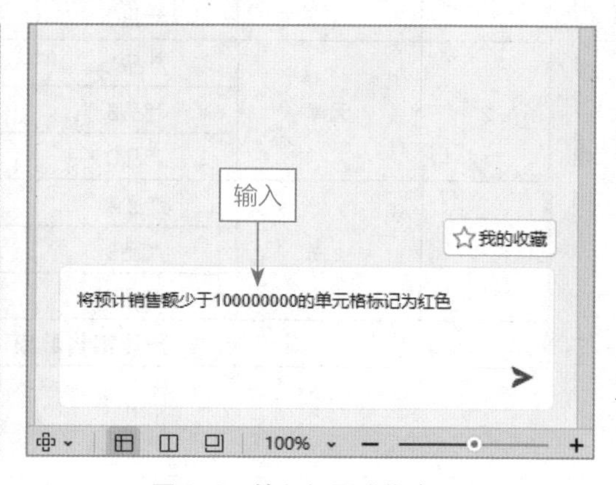

图 3-3 输入问题或指令

步骤 04 发送指令后，AI即可执行指令，在表格中标记符合条件的数据单元格，如图3-4所示。同时，AI会在执行指令操作后，回复用户“已使用条件格式，帮你做好了，请检查。”的信息，用户可以检查表格中被标记的数据，查看AI的操作是否有误。

步骤 05 在“对话操作表格”面板中，单击“完成”按钮，如图3-5所示，即可完成按条件标记数据的操作。

销售预算表					
序号	销售地区	销售产品	销售单价	预计销售量	预计销售额
1	北京	产品A	120	1000000	120000000
		产品B	80	800000	64000000
		产品C	150	1000000	150000000
2	天津	产品A	120	[illegible]	90600000
		产品B	80	[illegible]	48000000
		产品C	150	800000	120000000
3	上海	产品A	120	1000000	120000000
		产品B	80	1300000	104000000
		产品C	150	1500000	225000000
预计销售总额					1041600000

图3-4 AI标记符合条件的数据单元格

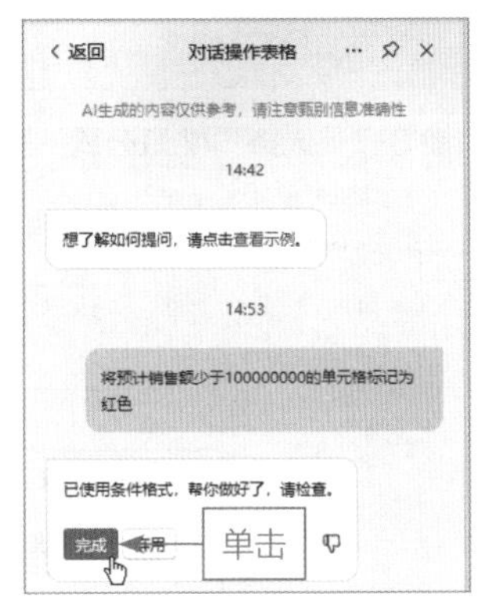

图3-5 单击“完成”按钮

3.1.2 练习实例：通过AI对话生成公式

扫码看视频

通过WPS AI对话生成公式，可以快速实现财务数据的计算和分析，减少人为错误和误差，提高工作效率，具体操作方法如下。

步骤 01 在WPS中打开一个工作表，如图3-6所示，其中显示了4个季度的生产预算，需要在F列中计算各项全年统计值。

生产预算表					
	第1季度	第2季度	第3季度	第4季度	全年统计
预计销售量	880	1200	1500	1400	
预计年末存货	100	150	140	150	
预计上一年结余存货	80	80	80	80	
预计生产量	900	1270	1560	1470	

图3-6 打开一个工作表

步骤 02 选择F3:F6单元格，在菜单栏中单击WPS AI标签，唤起WPS AI，弹出WPS AI面板，选择“AI写公式”选项，如图3-7所示。

步骤 03 执行操作后，弹出WPS AI对话输入框，输入公式描述指令“计算B3:E3单元格数据总和”，如图3-8所示。

步骤 04 按Enter键发送，AI即可生成计算公式，如图3-9所示。

步骤 05 在生成的公式下方，单击“SUM公式解释”按钮，即可展开公式解释信息，了解公式的计算逻辑，如图3-10所示。

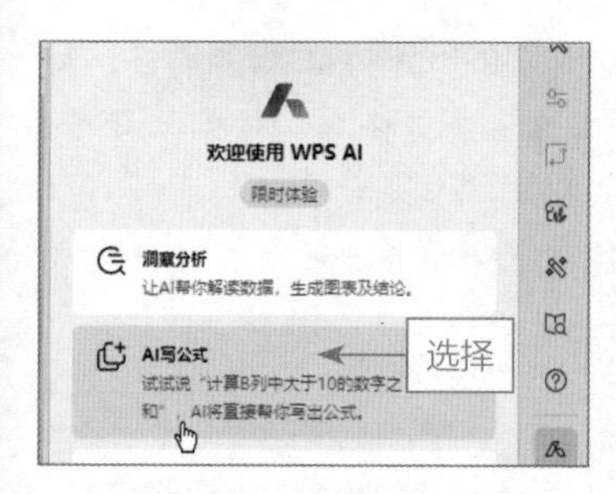

图 3-7　选择“AI 写公式”选项

图 3-8　输入公式描述指令

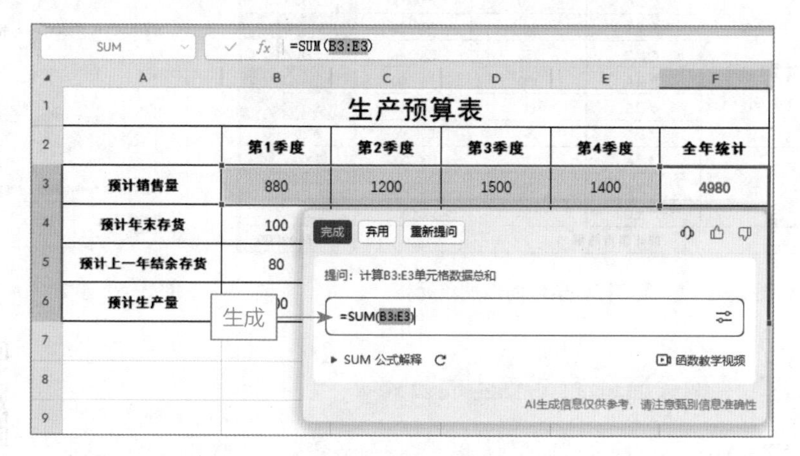

图 3-9　AI 生成计算公式

图 3-10　单击“SUM 公式解释”按钮

步骤 06 单击“完成”按钮，即可在 F3 单元格中填充公式并计算，在编辑栏中单击鼠标左键，按 Ctrl+Enter 组合键，即可将公式批量从 F3 单元格填充到 F6 单元格中，获得各项数据全年统计值，如图 3-11 所示。

	生产预算表				
	第1季度	第2季度	第3季度	第4季度	全年统计
预计销售量	880	1200	1500	1400	4980
预计年末存货	100	150	140	150	540
预计上一年结余存货	80	80	80	80	320
预计生产量	900	1270	1560	1470	5200

图 3-11　各项数据全年统计值

3.1.3　练习实例：通过 AI 对话分类计算

扫码看视频

WPS AI 可以在表格中调用数据透视表功能，对表格中的数据进行分类计算，使数据结果一目了然，具体操作方法如下。

步骤 01 打开一个工作表，如图 3-12 所示，需要分别计算每个商品的净利润和利润率。

序号	材料编号	成本	销售额
1	PL001	1064	2100
2	PL002	1064	2100
3	PL003	470	1000
4	PL004	693	980
5	PL005	1191	3000
6	PL006	1498	3500
7	PL007	693	1300
8	PL008	512	1200

图 3-12　打开一个工作表

步骤 02 唤起 WPS AI，在 WPS AI 面板中选择“对话操作表格”选项，进入“对话操作表格”面板，在面板下方的输入框中单击鼠标左键，在弹出的下拉列表中选择“分类计算”选项，如图 3-13 所示。

步骤 03 进入“分类计算”模式，在输入框中输入指令“分别计算每款材料的净利润和利润率”，如图 3-14 所示。

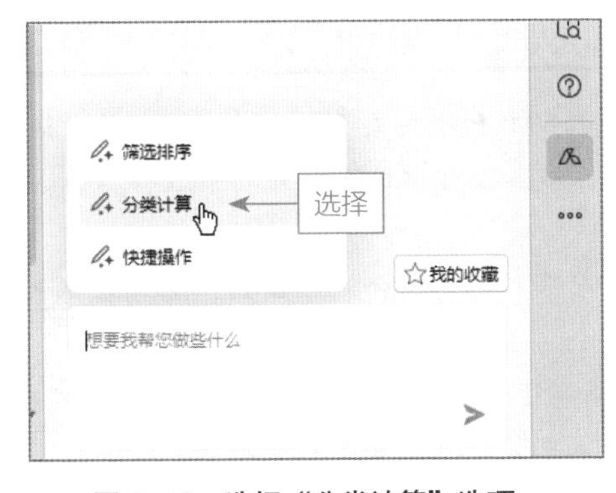

图 3-13　选择“分类计算”选项

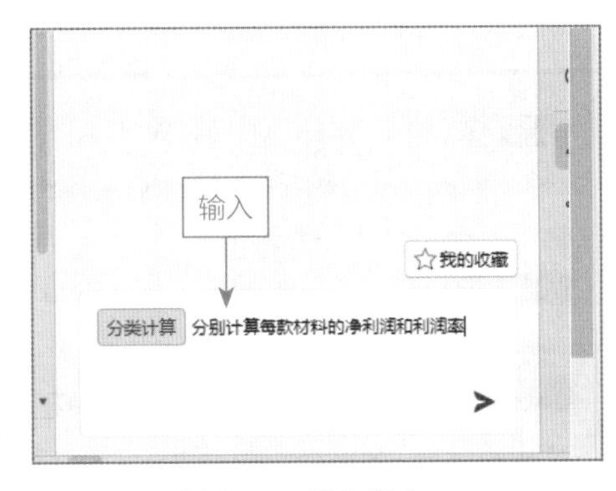

图 3-14　输入指令

步骤 04 按 Enter 键发送，即可执行指令，弹出“数据透视表”面板，计算出每款材料的净利润和利润率，如图 3-15 所示。

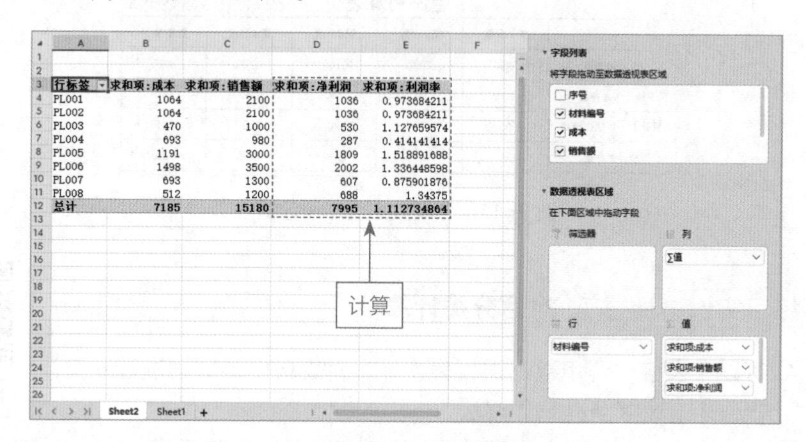

图 3-15　每款材料的净利润和利润率

扫码看视频

3.1.4　练习实例：通过 AI 对话筛选数据

WPS AI 可以快速处理大量财务表格数据，满足特定数据筛选需求，具体操作方法如下。

步骤 01 打开一个工作表，如图 3-16 所示，需要将账号余额为 0 的单元格数据筛选出来。

	A	B	C	D
1	序号	客户	会员账号	账号余额
2	1	张先生	V23330001	13300
3	2	李小姐	V23330002	4320
4	3	华小姐	V23330003	1200
5	4	龙先生	V23330004	0
6	5	郭先生	V23330005	5520
7	6	陈小姐	V23330006	330
8	7	冯小姐	V23330007	0
9	8	洪先生	V23330008	140
10	9	陆先生	V23330009	0
11	10	朱先生	V23330010	3200
12	11	赵小姐	V23330011	0
13	12	毛先生	V23330012	9800
14	13	向小姐	V23330013	12

图 3-16　打开一个工作表

步骤 02 唤起 WPS AI，在 WPS AI 面板中选择“对话操作表格”选项，进入“对话操作表格”面板，在面板下方的输入框中单击鼠标左键，在弹出的下拉列表中选择“筛选排序”选项，如图 3-17 所示。

步骤 03 进入“筛选排序”模式，在输入框中输入对话指令“将 D 列中账号余额为 0 的单元格数据筛选出来”，如图 3-18 所示。

步骤 04 按 Enter 键发送，即可执行指令，将工作表中账号余额为 0 的数据筛选出来，效果如图 3-19 所示。在“对话操作表格”面板中，单击回复内容中的“完成”按钮，即可完成筛选操作。

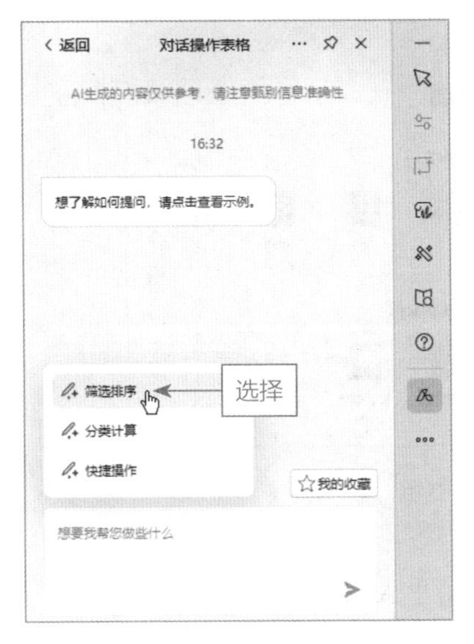

图 3-17　选择“筛选排序”选项

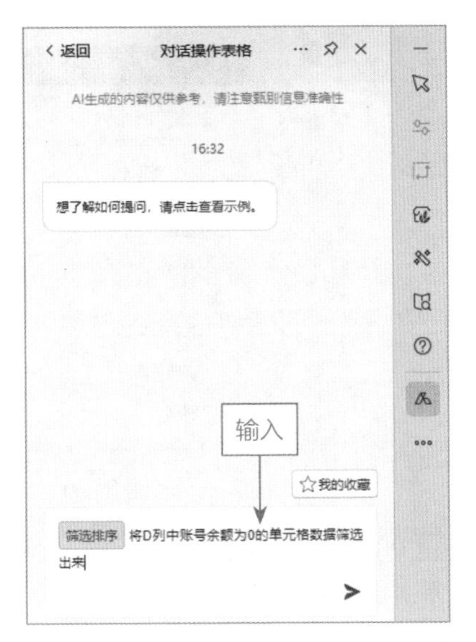

图 3-18　输入对话指令

	A	B	C	D
1	序号	客户	会员账号	账号余额
5	4	龙先生	V23330004	0
8	7	冯小姐	V23330007	0
10	9	陆先生	V23330009	0
12	11	赵小姐	V23330011	0

图 3-19　AI 筛选出的账号余额为 0 的数据单元格

3.2　使用智能表格在线办公

WPS 为用户提供了“智能表格”功能，主要用于处理和分析表格数据，和 WPS 智能文档一样可以在线协同办公。同时，它还提供了更高级的数据处理功能，例如可以使用 WPS AI 进行智能分类数据、智能抽取数据等。使用智能表格，用户可以更高效地处理和分析财务表格数据。

3.2.1　练习实例：通过 AI 对话智能分类数据

扫码看视频

WPS AI 可以根据用户描述的类型，在表格中对文本、数据等内容进行智能分类处理，具体操作方法如下。

步骤 01　打开 WPS 首页，❶ 单击“新建”按钮，❷ 在弹出的“新建”面板中单击“智能表格”按钮，如图 3-20 所示。

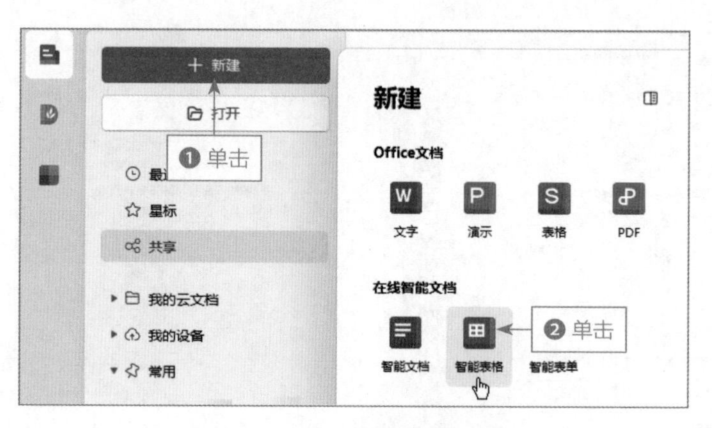

图 3-20　单击“智能表格”按钮

步骤 02 进入“新建智能表格”界面，单击“空白智能表格”缩略图，新建一个智能表格文件，输入表格数据并将数据居中对齐，❶ 选中 A 列，❷ 在列标签上单击显示的 ··· 按钮，如图 3-21 所示。

步骤 03 弹出“列类型”面板，单击“AI 自动填充”按钮，如图 3-22 所示。

图 3-21　单击显示的 ··· 按钮

图 3-22　单击“AI 自动填充”按钮

技巧提示

“智能分类”功能的使用入口

选中整列单元格后，❶ 单击列表头旁边的 按钮，❷ 在弹出的列表中选择“智能分类”选项，如图 3-23 所示，即可使用该功能。

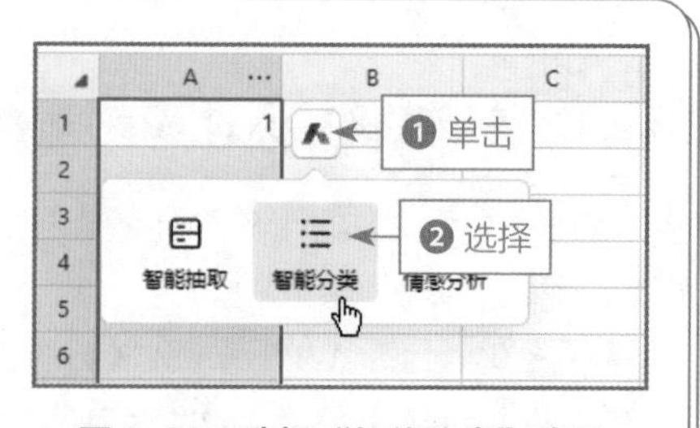

图 3-23　选择“智能分类”选项

步骤 04 执行操作后，即可弹出“列类型配置”面板，单击“智能分类”按钮，如图 3–24 所示。

步骤 05 在“数据来源列”下拉列表框中，默认选择了 A 列，在“描述想要的分类”选项区中，添加“收入”“支出”“资产”“负债”和“利润”5 个分类，如图 3–25 所示。

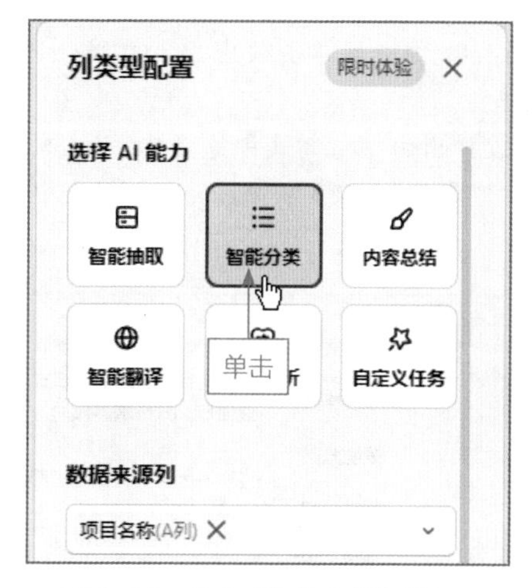

图 3–24 单击“智能分类”按钮

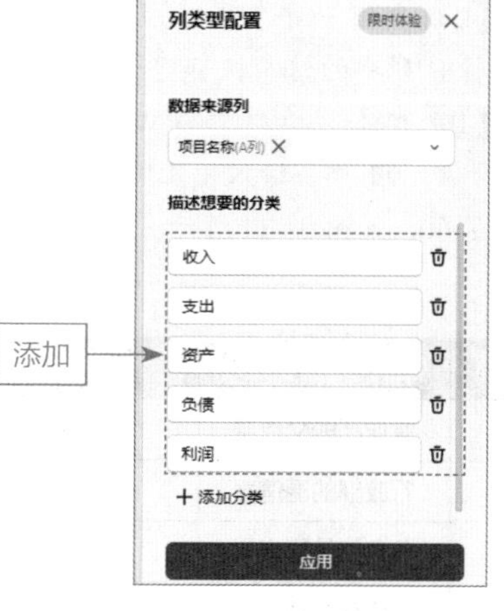

图 3–25 添加 5 个分类

步骤 06 单击“应用”按钮，即可根据类别在 B 列单元格中对 A 列单元格中的内容进行分类，效果如图 3–26 所示。

步骤 07 在 B1 单元格中输入表头名称“智能分类”，如图 3–27 所示，至此即可完成智能分类的操作。

	A	B	C
1	项目名称		
2	销售收益	收入	
3	营销费用	支出	
4	利息收益	收入	
5	投资收益	收入	
6	研发费用	支出	
7	现金	资产	
8	存货	资产	
9	固定资产	资产	
10	营业利润	利润	
11	短期借款	负债	
12	应付账款	支出	
13	毛利润	利润	

B1 fx　分类

图 3–26 对内容进行分类

图 3–27 输入表头名称

专家提示

可以参考 2.2.1 小节中的内容，将智能表格下载导出为 PDF 或 Excel 文件。

扫码看视频

3.2.2 练习实例：通过 AI 对话智能抽取数据

WPS AI 可以自动识别表格中的数据，并将其快速抽取出来，不用人工手动查找和复制数据，降低了错误率，同时也降低了人力成本，大大提高了处理数据的效率。下面介绍具体的操作方法。

步骤 01 新建一个智能表格文件，输入表格数据并简单美化表格，效果如图 3–28 所示，需要将 B 列中的信息按部门和费用提取出来。

步骤 02 单击菜单栏中的 WPS AI 标签，在弹出的下拉列表中选择 Copilot 选项，弹出 WPS AI 面板，❶ 单击输入框上方的“写公式”下拉按钮，❷ 在弹出的下拉列表中选择“智能抽取”选项，如图 3–29 所示。

A	B	C
序号	各部门差旅费款项	金额
1	管理部的交通费	4940
2	行政部的通信费	2335
3	业务部的住宿费	9558
4	销售部的伙食费	3200
5	后勤部的招待费	438

图 3–28 新建一个智能表格

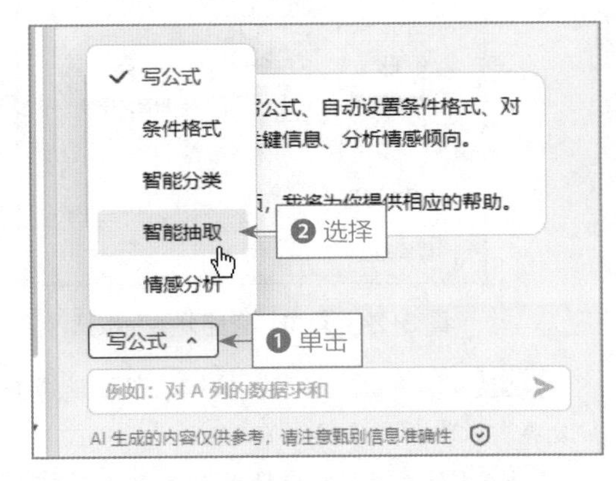

图 3–29 选择“智能抽取”选项

步骤 03 执行操作后，即可进入“智能抽取”模式，❶ 在输入框中单击“请选择列”下拉按钮，❷ 在弹出的下拉列表中选择“B 列 – 各部门差旅费款项”选项，如图 3–30 所示。

步骤 04 单击➤按钮或按 Enter 键发送，AI 即可回复对话指令，在文本框中输入需要提取的第 1 个类别“部”，如图 3–31 所示。

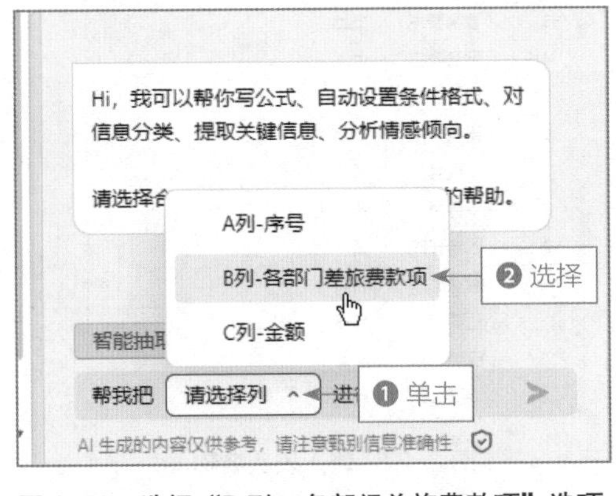

图 3–30 选择“B 列 – 各部门差旅费款项”选项

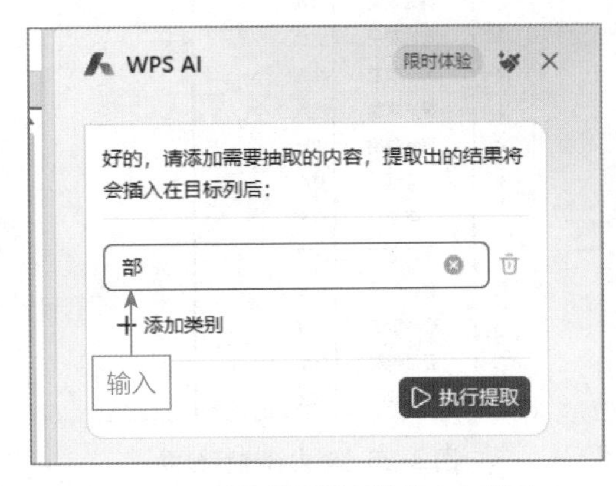

图 3–31 输入需要提取的第 1 个类别

步骤 05 单击“添加类别”按钮，❶ 添加第 2 个文本框，输入需要提取的第 2 个类别“费”，❷ 单击“执行提取”按钮，如图 3–32 所示。

步骤 06 执行操作后，AI 即可将抽取的内容插入在目标列后面（即 B 列后面），效果如图 3–33 所示。

图 3-32　输入需要提取的第 2 个类别

A	B	C	D
序号	各部门差旅费款项	智能抽取(部)	智能抽取(费)
1	管理部的交通费	管理部	交通费
2	行政部的通信费	行政部	通信费
3	业务部的住宿费	业务部	住宿费
4	销售部的伙食费	销售部	伙食费
5	后勤部的招待费	后勤部	招待费

抽取

图 3-33　AI 抽取内容

步骤 07 更改表头名称并删除原来的 B 列数据，最终效果如图 3-34 所示。

	A	B	C	D
1	序号	部门	差旅费款项	金额
2	1	管理部	交通费	4940
3	2	行政部	通信费	2335
4	3	业务部	住宿费	9558
5	4	销售部	伙食费	3200
6	5	后勤部	招待费	438

图 3-34　最终效果

3.3　使用快捷工具自动处理

在智能表格的功能区为用户提供了“快捷工具”功能，通过“快捷工具”可以协助用户自动处理表格数据，包括高亮显示重复值、删除重复行、统计重复次数、提取唯一值和清除公式仅保留值等，提高用户的办公效率。

3.3.1　练习实例：高亮显示重复值

扫码看视频

通过高亮显示重复值，可以快速找到数据区域中的重复值。在数据量较大的情况下，手动查找重复值可能会非常耗时且容易出错，通过“快捷工具”可以确保数据的准确性和完整性，具体操作方法如下。

步骤 01 新建一个智能表格文件，输入应收账款记录数据并简单美化表格，效果如图 3-35 所示，需要在表格中将账款状态相同的内容用不同的颜色进行高亮标记，以便于区分和查找。

	A	B	C	D	E	F	G	H
1	序号	购买方	开票日期	应收金额（元）	已收金额（元）	未收金额（元）	付款期限（天）	账款状态
2	1	锐达	2024/4/15	¥8,500.00	¥6,500.00	¥2,000.00	30	已逾期
3	2	诚誉	2024/5/5	¥15,000.00	¥5,000.00	¥10,000.00	30	未到期
4	3	诚誉	2024/5/6	¥20,000.00	¥15,000.00	¥5,000.00	20	未到期
5	4	英茂	2024/5/6	¥7,310.00	¥0.00	¥7,310.00	20	未到期
6	5	英茂	2024/5/7	¥6,680.00	¥6,680.00	¥0.00	15	已结款
7	6	锐达	2024/5/10	¥17,500.00	¥0.00	¥17,500.00	15	未到期
8	7	信华	2024/5/12	¥23,500.00	¥23,500.00	¥0.00	7	已结款
9	8	信华	2024/5/13	¥35,000.00	¥35,000.00	¥0.00	7	已结款
10	9	英茂	2024/5/15	¥28,000.00	¥25,000.00	¥3,000.00	15	未到期
11	10	锐达	2024/5/15	¥10,000.00	¥5,000.00	¥5,000.00	7	已逾期
12	11	邦格	2024/5/18	¥9,900.00	¥4,300.00	¥5,600.00	20	未到期
13	12	信华	2024/5/20	¥26,800.00	¥0.00	¥26,800.00	15	未到期

图 3-35　输入应收账款记录数据并简单美化表格

步骤 02 ❶选中 H 列，❷在功能区单击“快捷工具”下拉按钮，❸在弹出的下拉列表中选择“高亮重复值”选项，如图 3-36 所示。

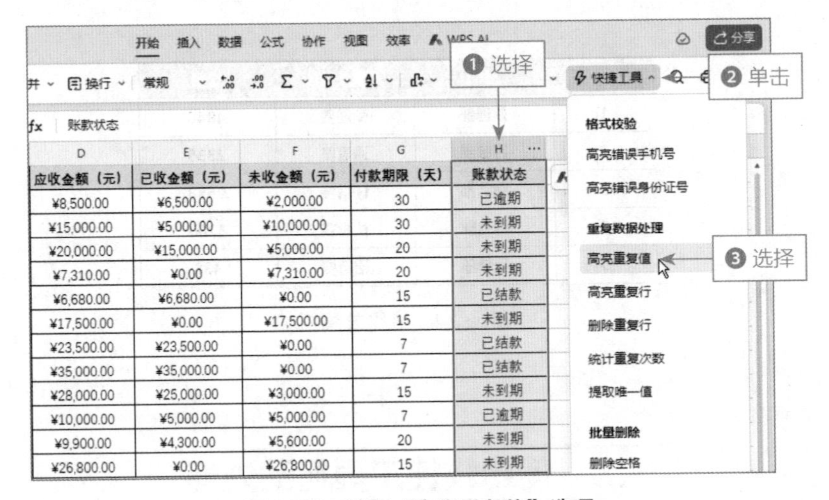

D	E	F	G	H
应收金额（元）	已收金额（元）	未收金额（元）	付款期限（天）	账款状态
¥8,500.00	¥6,500.00	¥2,000.00	30	已逾期
¥15,000.00	¥5,000.00	¥10,000.00	30	未到期
¥20,000.00	¥15,000.00	¥5,000.00	20	未到期
¥7,310.00	¥0.00	¥7,310.00	20	未到期
¥6,680.00	¥6,680.00	¥0.00	15	已结款
¥17,500.00	¥0.00	¥17,500.00	15	未到期
¥23,500.00	¥23,500.00	¥0.00	7	已结款
¥35,000.00	¥35,000.00	¥0.00	7	已结款
¥28,000.00	¥25,000.00	¥3,000.00	15	未到期
¥10,000.00	¥5,000.00	¥5,000.00	7	已逾期
¥9,900.00	¥4,300.00	¥5,600.00	20	未到期
¥26,800.00	¥0.00	¥26,800.00	15	未到期

图 3-36　选择“高亮重复值”选项

步骤 03 执行操作后，表格即可自动执行任务，在 H 列单元格中将多组重复的账款状态用不同的颜色进行标记，高亮显示重复值，如图 3-37 所示。

H1　fx 账款状态

	A	B	C	D	E	F	G	H
1	序号	购买方	开票日期	应收金额（元）	已收金额（元）	未收金额（元）	付款期限（天）	账款状态
2	1	锐达	2024/4/15	¥8,500.00	¥6,500.00	¥2,000.00	30	已逾期
3	2	诚誉	2024/5/5	¥15,000.00	¥5,000.00	¥10,000.00	30	未到期
4	3	诚誉	2024/5/6	¥20,000.00	¥15,000.00	¥5,000.00	20	未到期
5	4	英茂	2024/5/6	¥7,310.00	¥0.00	¥7,310.00	20	未到期
6	5	英茂	2024/5/7	¥6,680.00	¥6,680.00	¥0.00	15	已结款
7	6	锐达	2024/5/10	¥17,500.00	¥0.00	¥17,500.00	15	未到期
8	7	信华	2024/5/12	¥23,500.00	¥23,500.00	¥0.00	7	已结款
9	8	信华	2024/5/13	¥35,000.00	¥35,000.00	¥0.00	7	已结款
10	9	英茂	2024/5/15	¥28,000.00	¥25,000.00	¥3,000.00	15	未到期
11	10	锐达	2024/5/15	¥10,000.00	¥5,000.00	¥5,000.00	7	已逾期
12	11	邦格	2024/5/18	¥9,900.00	¥4,300.00	¥5,600.00	20	未到期
13	12	信华	2024/5/20	¥26,800.00	¥0.00	¥26,800.00	15	未到期

图 3-37　高亮显示重复值

3.3.2 练习实例：删除重复行

扫码看视频

在制作财务报表的过程中，当需要进行数据清洗、报表合并、数据分析和数据可视化等情况时，为避免表格中出现数据重复，需要将重复的数据行删除，以免影响报表的准确性，具体操作方法如下。

步骤 01 新建一个智能表格文件，输入产品报损数据并简单美化表格，效果如图3–38所示，需要在表格中根据编号将重复数据删除。

	A	B	C	D
1	编号	产品类别	产品	报损金额（元）
2	STY01001	科技类产品	笔记本电脑	2000
3	STY01002	科技类产品	平板电脑	1500
4	STY01003	科技类产品	服务器	5000
5	STY01007	其他工具	电动螺丝刀	300
6	STY01004	办公用品	打印机	500
7	STY01005	办公用品	扫描仪	1000
8	STY01006	办公用品	复印机	800
9	STY01007	其他工具	电动螺丝刀	300
10	STY01002	科技类产品	平板电脑	1500
11	STY01008	其他工具	手动工具套装	500
12	STY01003	科技类产品	服务器	5000
13	STY01009	其他工具	安全帽	100

图3–38 输入产品报损数据并简单美化表格

步骤 02 ❶ 全选表格数据，❷ 在功能区中单击“快捷工具”下拉按钮，❸ 在弹出的下拉列表中选择“删除重复行”选项，如图3–39所示。

	A	B	C	D
1	编号	产品类别	产品	报损金额（元）
2	STY01001	科技类产品	笔记本电脑	2000
3	STY01002	科技类产品	平板电脑	1500
4	STY01003	科技类产品	服务器	5000
5	STY01007	其他工具	电动螺丝刀	300
6	STY01004	办公用品	打印机	500
7	STY01005	办公用品	扫描仪	1000
8	STY01006	办公用品	复印机	800
9	STY01007	其他工具	电动螺丝刀	300
10	STY01002	科技类产品	平板电脑	1500
11	STY01008	其他工具	手动工具套装	500
12	STY01003	科技类产品	服务器	5000
13	STY01009	其他工具	安全帽	100

图3–39 选择“删除重复行”选项

步骤 03 执行操作后，表格即可自动执行任务，将重复的数据行删除，如图3–40所示。

	A	B	C	D
1	编号	产品类别	产品	报损金额（元）
2	STY01001	科技类产品	笔记本电脑	2000
3	STY01002	科技类产品	平板电脑	1500
4	STY01003	科技类产品	服务器	5000
5	STY01007	其他工具	电动螺丝刀	300
6	STY01004	办公用品	打印机	500
7	STY01005	办公用品	扫描仪	1000
8	STY01006	办公用品	复印机	800
9	STY01008	其他工具	手动工具套装	500
10	STY01009	其他工具	安全帽	100

图 3-40　将重复的数据行删除

扫码看视频

3.3.3　练习实例：统计重复次数

在 WPS 智能表格中，通过“快捷工具”统计重复次数，可以快速得到结果，统计结果会以数字形式直接显示在新的列或单元格区域中，方便查看和理解，具体操作方法如下。

步骤 01 新建一个智能表格文件，输入办公物品采购数据并简单美化表格，效果如图 3–41 所示，需要统计 C 列中采购物品重复出现的次数，以便了解办公物品的损耗情况。

	A	B	C	D
1	序号	采购日期	采购物品	金额
2	1	2024-3-1	笔	50元
3	2	2024-3-1	笔记本	100元
4	3	2024-3-1	办公椅	2500元
5	4	2024-3-5	办公桌	5000元
6	5	2024-3-5	计算器	1000元
7	6	2024-3-11	白板	1500元
8	7	2024-3-11	投影仪	4000元
9	8	2024-3-11	计算器	1000元
10	9	2024-3-20	文具盒	100元
11	10	2024-3-20	笔	50元
12	11	2024-3-26	笔记本	100元
13	12	2024-3-11	白板	1500元

图 3–41　输入办公物品采购数据并简单美化表格

步骤 02 ❶选中 C 列对应内容，❷在功能区中单击“快捷工具”下拉按钮，❸在弹出的下拉列表中选择“统计重复次数”选项，如图 3–42 所示。

	A	B	C	D
1	序号	采购日期	采购物品	金额
2	1	2024-3-1	笔	50元
3	2	2024-3-1	笔记本	100元
4	3	2024-3-1	办公椅	2500元
5	4	2024-3-5	办公桌	5000元
6	5	2024-3-5	计算器	1000元
7	6	2024-3-11	白板	1500元
8	7	2024-3-11	投影仪	4000元
9	8	2024-3-11	计算器	1000元
10	9	2024-3-20	文具盒	100元
11	10	2024-3-20	笔	50元
12	11	2024-3-26	笔记本	100元
13	12	2024-3-11	白板	1500元

图 3–42　选择“统计重复次数”选项

步骤 03 执行操作后，表格即可自动执行任务，并新建一个工作表，在其中对重复值和重复次数进行了统计，如图 3-43 所示。

	A	B	C	D
1	重复值	重复次数		
2	笔	2		
3	笔记本	2		
4	计算器	2		
5	白板	2		
6	办公椅	1		
7	办公桌	1		
8	投影仪	1		
9	文具盒	1		
10				

工作表1　Sheet1

图 3-43　统计重复次数

3.3.4　练习实例：提取唯一值

在 WPS 智能表格中，无须复杂的公式或函数，通过“快捷工具”便可以快速筛选出数据中的唯一值，避免重复数据的干扰，确保数据的准确性和完整性，提高工作效率，具体操作方法如下。

扫码看视频

步骤 01 新建一个智能表格文件，输入供应商结款数据并简单美化表格，效果如图 3-44 所示，现需要通过提取唯一值了解结款方式。

	A	B	C	D
1	序号	供应商	结款方式	是否已经结清
2	1	创新科技	预付款50%	未结
3	2	智联发展科技	先款后货	已结
4	3	数字未来科技	一次性付款	已结
5	4	星河科技	月结	未结
6	5	云端科技	分3期付款	未结
7	6	智能先锋科技	预付款50%	未结
8	7	泰越科技	一次性付款	已结
9	8	腾飞科技	货到付款	未结
10	9	乐酷科技	信用结算	已结
11	10	惠丰科技	货到付款	已结
12	11	修源科技	预付款20%	已结
13	12	澄宇科技	月结	未结

图 3-44　输入供应商结款数据并简单美化表格

步骤 02 选中 C 列对应内容，❶ 在功能区中单击“快捷工具”下拉按钮，❷ 在弹出的下拉列表中选择“提取唯一值”选项，如图 3-45 所示。

步骤 03 执行操作后，表格即可自动执行任务，并新建一个工作表，将结款方式提取出来，效果如图 3-46 所示。

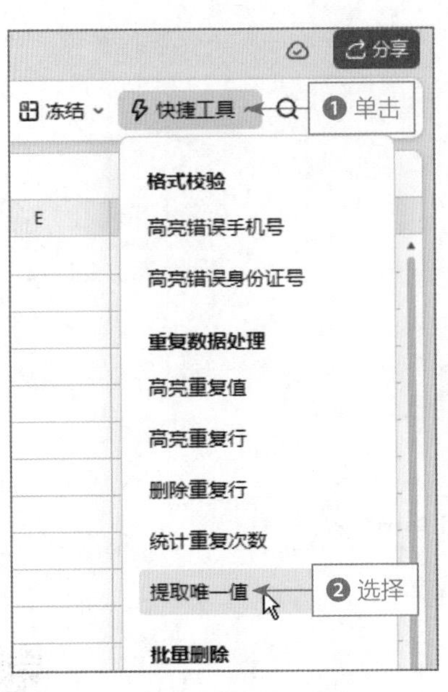

图 3-45 选择“提取唯一值”选项

图 3-46 提取结款方式

扫码看视频

3.3.5 练习实例：清除公式仅保留值

在 WPS 智能表格中，用户可以通过“快捷工具”将单元格中的公式清除，同时保留公式的计算结果，这在需要复制或粘贴单元格内容时非常有用，具体操作方法如下。

步骤 01 新建一个智能表格文件，输入零件损耗数据并简单美化表格，效果如图 3-47 所示，首先需要在 F 列中计算出损耗金额，然后将公式清除并保留计算结果。

	A	B	C	D	E	F
1	生产车间	零件编号	损耗数量	单位	损耗单价（元）	损耗金额（元）
2	一车间	CT0001-25	7	PCS	168.5	
3	一车间	DM2501-03	4	PCS	220	
4	一车间	SJ0660-12	12	PCS	76.8	
5	二车间	DM2560-13	3	PCS	225	
6	二车间	SJ0660-20	15	PCS	76.8	
7	三车间	CT0002-15	6	PCS	150	
8	四车间	CT0002-09	10	PCS	112	
9	合计					

图 3-47 输入零件损耗数据并简单美化表格

步骤 02 ❶选择 F2 单元格并输入“=”符号，❷单击弹出的 按钮，如图 3-48 所示。

步骤 03 执行操作后，弹出输入框，在其中输入公式生成指令“C 列为损耗数量，E 列为损耗单价，需要计算损耗金额”，如图 3-49 所示。

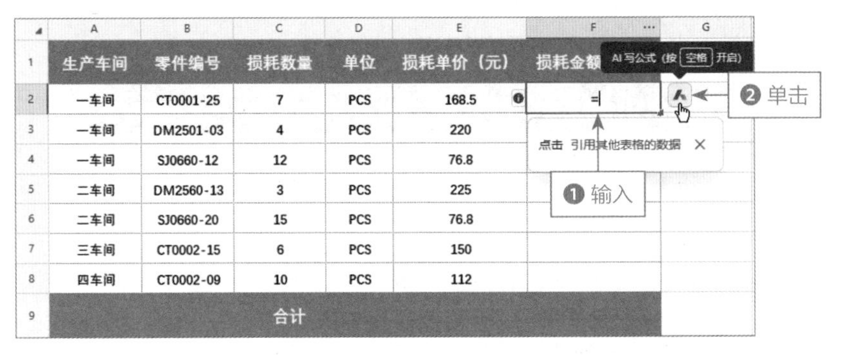

生产车间	零件编号	损耗数量	单位	损耗单价（元）	损耗金额
一车间	CT0001-25	7	PCS	168.5	=
一车间	DM2501-03	4	PCS	220	
一车间	SJ0660-12	12	PCS	76.8	
二车间	DM2560-13	3	PCS	225	
二车间	SJ0660-20	15	PCS	76.8	
三车间	CT0002-15	6	PCS	150	
四车间	CT0002-09	10	PCS	112	
合计					

图 3-48　单击相应按钮

生产车间	零件编号	损耗数量	单位	损耗单价（元）	损耗金额（元）
一车间	CT0001-25	7	PCS	168.5	
一车间	DM2501-03	4	PCS	220	
一车间	SJ0660-12	12	PCS	76.8	
二车间	DM2560-13	3	PCS	225	
二车间	SJ0660-20	15	PCS	76.8	
三车间	CT0002-15	6	PCS	150	
四车间	CT0002-09	10	PCS	112	
合计					

图 3-49　输入公式生成指令

步骤 04 按 Enter 键或单击➤按钮发送指令，即可获得 AI 生成的计算公式，如图 3-50 所示。

生产车间	零件编号	损耗数量	单位	损耗单价（元）	损耗金额（元）
一车间	CT0001-25	7	PCS	168.5	
一车间	DM2501-03	4	PCS	220	
一车间	SJ0660-12	12	PCS	76.8	
二车间	DM2560-13	3	PCS	225	
二车间	SJ0660-20	15	PCS	[illegible]	
三车间	CT0002-15	6	PCS	[illegible]	
四车间	CT0002-09	10	PCS	112	
合计					

C列为使用数量，E列为损耗单价，需...

AI 写公式

公式结果：1179.5

生成

=PRODUCT(C2,E2)

完成　重试　弃用

对公式的解释:

公式意义：
计算C2和E2两个单元格中的值的积。

函数解释：
PRODUCT：数学与三角函数，将所有以参数形式给出的数字相乘。

参数解释：
C2：表格中第C列第2行的单元格，即损耗数量。
E2：表格中第E列第2行的单元格，即损耗单价（元）。

AI生成的内容仅供参考，请注意甄别信息准确性

图 3-50　AI 生成的计算公式

步骤 05 单击“完成”按钮，即可计算出第 1 个物品的损耗金额，效果如图 3-51 所示。

F2 =PRODUCT(C2,E2)

	A	B	C	D	E	F
1	生产车间	零件编号	损耗数量	单位	损耗单价（元）	损耗金额（元）
2	一车间	CT0001-25	7	PCS	168.5	1179.5
3	一车间	DM2501-03	4	PCS	220	
4	一车间	SJ0660-12	12	PCS	76.8	
5	二车间	DM2560-13	3	PCS	225	
6	二车间	SJ0660-20	15	PCS	76.8	
7	三车间	CT0002-15	6	PCS	150	
8	四车间	CT0002-09	10	PCS	112	
9	合计					

计算

图 3-51　计算出第 1 个物品的损耗金额

步骤 06 将鼠标指针移至 F2 单元格的右下角，按住鼠标左键并向下拖曳至 F8 单元格，即可填充公式，计算出其他物品的损耗金额，效果如图 3-52 所示。

F2 =PRODUCT(C2,E2)

	A	B	C	D	E	F
1	生产车间	零件编号	损耗数量	单位	损耗单价（元）	损耗金额（元）
2	一车间	CT0001-25	7	PCS	168.5	1179.5
3	一车间	DM2501-03	4	PCS	220	880
4	一车间	SJ0660-12	12	PCS	76.8	921.6
5	二车间	DM2560-13	3	PCS	225	675
6	二车间	SJ0660-20	15	PCS	76.8	1152
7	三车间	CT0002-15	6	PCS	150	900
8	四车间	CT0002-09	10	PCS	112	1120
9	合计					

图 3-52　计算出其他物品的损耗金额

步骤 07 接下来，需要计算各物品的损耗总额，❶ 选择 F9 单元格，❷ 单击功能区中的“求和”按钮Σ，如图 3-53 所示。

样式　合并　换行　常规　求和

F9

	A	B	C	D	E	F
1	生产车间	零件编号	损耗数量	单位	损耗单价（元）	损耗金额（元）
2	一车间	CT0001-25	7	PCS	168.5	1179.5
3	一车间	DM2501-03	4	PCS	220	880
4	一车间	SJ0660-12	12	PCS	76.8	921.6
5	二车间	DM2560-13	3	PCS	225	675
6	二车间	SJ0660-20	15	PCS	76.8	1152
7	三车间	CT0002-15	6	PCS	150	900
8	四车间	CT0002-09	10	PCS	112	1120
9	合计					

❶ 选择　❷ 单击

图 3-53　单击“求和”按钮

步骤 08 执行操作后，即可自动输入求和公式，如图 3–54 所示。

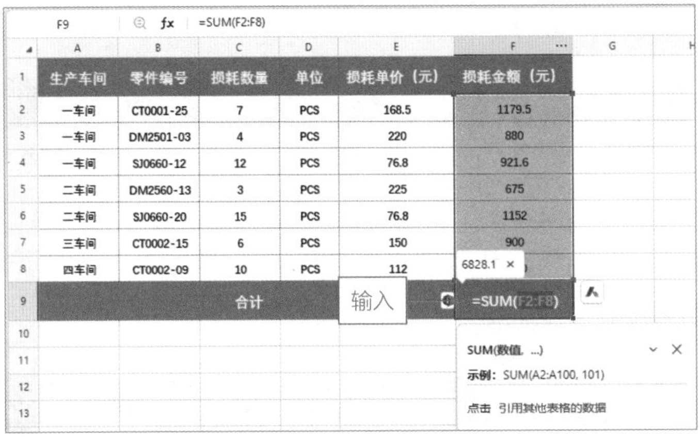

F9 =SUM(F2:F8)

	A	B	C	D	E	F
1	生产车间	零件编号	损耗数量	单位	损耗单价（元）	损耗金额（元）
2	一车间	CT0001-25	7	PCS	168.5	1179.5
3	一车间	DM2501-03	4	PCS	220	880
4	一车间	SJ0660-12	12	PCS	76.8	921.6
5	二车间	DM2560-13	3	PCS	225	675
6	二车间	SJ0660-20	15	PCS	76.8	1152
7	三车间	CT0002-15	6	PCS	150	900
8	四车间	CT0002-09	10	PCS	112	6828.1 ×
9	合计				输入	=SUM(F2:F8)

SUM(数值, ...)
示例：SUM(A2:A100, 101)
点击 引用其他表格的数据

图 3–54 自动输入求和公式

步骤 09 按 Enter 键确认，即可计算损耗总金额，效果如图 3–55 所示。

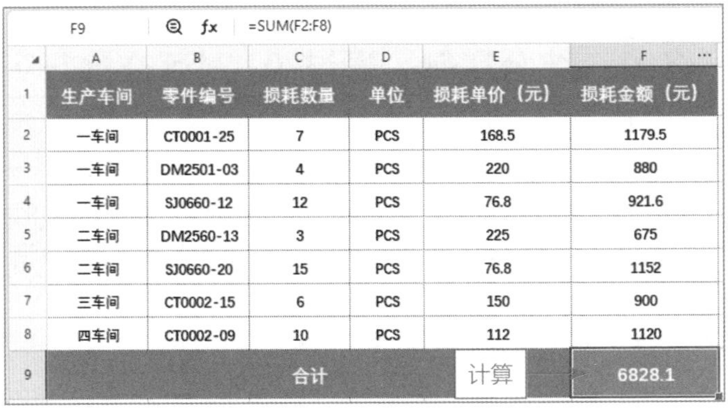

F9 =SUM(F2:F8)

	A	B	C	D	E	F
1	生产车间	零件编号	损耗数量	单位	损耗单价（元）	损耗金额（元）
2	一车间	CT0001-25	7	PCS	168.5	1179.5
3	一车间	DM2501-03	4	PCS	220	880
4	一车间	SJ0660-12	12	PCS	76.8	921.6
5	二车间	DM2560-13	3	PCS	225	675
6	二车间	SJ0660-20	15	PCS	76.8	1152
7	三车间	CT0002-15	6	PCS	150	900
8	四车间	CT0002-09	10	PCS	112	1120
9	合计				计算	6828.1

图 3–55 计算损耗总金额

步骤 10 ❶ 选中 F 列，❷ 在功能区中单击“快捷工具”下拉按钮，❸ 在弹出的下拉列表中选择“清除公式仅保留值”选项，如图 3–56 所示。

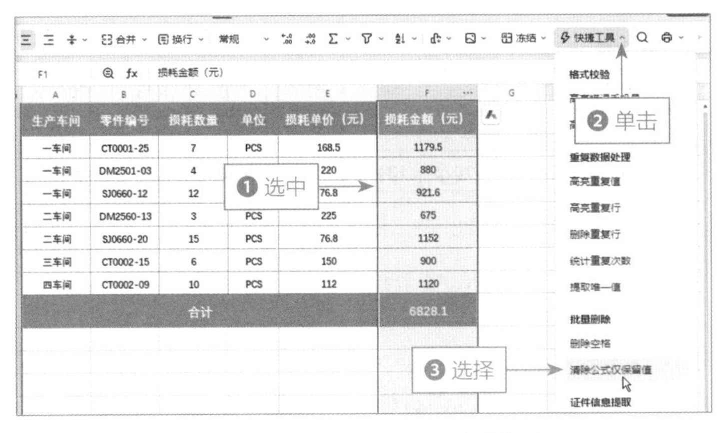

图 3–56 选择“清除公式仅保留值”选项

步骤 11 执行操作后，表格即可自动执行任务，将公式清除并保留值，效果如图 3–57 所示。

F9 fx 6828.1

	A	B	C	D	E	F
1	生产车间	零件编号	损耗数量	单位	损耗单价（元）	损耗金额（元）
2	一车间	CT0001-25	7	PCS	168.5	1179.5
3	一车间	DM2501-03	4	PCS	220	880
4	一车间	SJ0660-12	12	PCS	76.8	921.6
5	二车间	DM2560-13	3	PCS	225	675
6	二车间	SJ0660-20	15	PCS	76.8	1152
7	三车间	CT0002-15	6	PCS	150	900
8	四车间	CT0002-09	10	PCS	112	1120
9	合计					6828.1

图 3–57 将公式清除并保留值

扫码看视频

3.4 综合实例：通过 AI 对话交换行列数据

WPS AI 可以根据用户的需求，减少手动调整表格数据的时间和精力消耗，将表格中的行列数据进行交换，使原本的数据可以重新排列组合，以便处理和分析数据。下面介绍具体的操作方法。

步骤 01 打开一个工作表，如图 3–58 所示，现需要将 D 列和 C 列交换、F 列和 E 列交换。

	A	B	C	D	E	F	G	H
2	费用款项	1月	3月	2月	5月	4月	6月	合计
3	交通费	4940	4112	3588	8561	9433	1116	31750
4	通信费	2933	2335	1784	3852	4413	1025	16342
5	住宿费	6703	1671	1142	9558	7445	873	27392
6	伙食费	3306	500	500	3200	3200	500	11206
7	招待费	6660	5355	4410	6703	6703	748	30579
8	其他	3340	3102	2067	3500	3500	1533	17042
9	汇总	27882	17075	13491	35374	34694	5795	134311

图 3–58 打开一个工作表

步骤 02 唤起 WPS AI，在 WPS AI 面板中选择“对话操作表格”选项，进入“对话操作表格”面板，在面板下方的输入框中单击鼠标左键，在弹出的下拉列表中选择“快捷操作”选项，如图 3–59 所示。

步骤 03 进入“快捷操作”模式，在输入框中输入“将 D 列和 C 列交换、F 列和 E 列交换”，如图 3–60 所示。

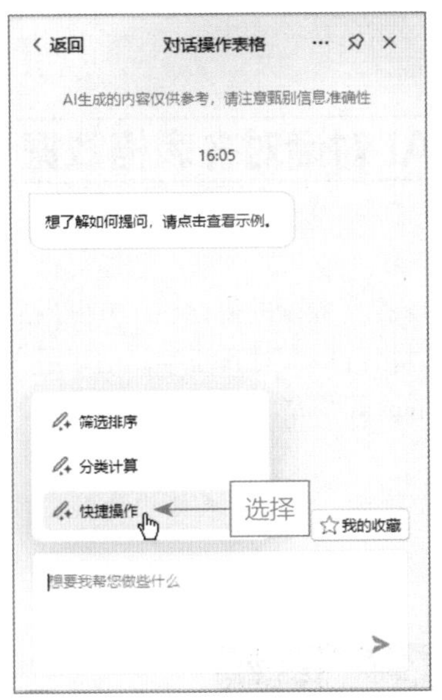

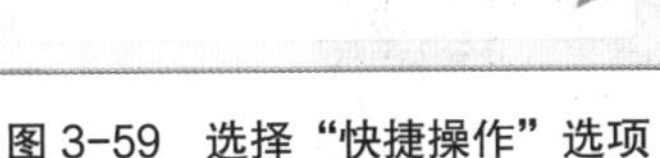

图 3-59　选择“快捷操作”选项

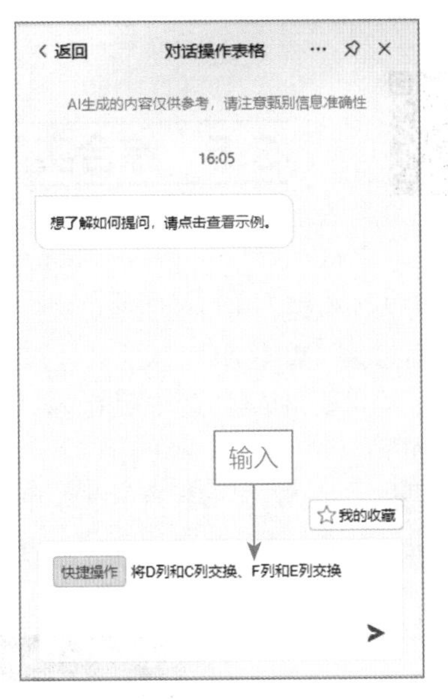

图 3-60　输入对话指令

步骤 04 按 Enter 键发送，即可执行指令，批量交换列数据，效果如图 3-61 所示。

	A	B	C	D	E	F	G	H
2	费用款项	1月	2月	3月	4月	5月	6月	合计
3	交通费	4940	3588	4112	9433	8561	1116	31750
4	通信费	2933	1784	2335	4413	3852	1025	16342
5	住宿费	6703	1142	1671	7445	9558	873	27392
6	伙食费	3306	500	500	3200	3200	500	11206
7	招待费	6660	4410	5355	6703	6703	748	30579
8	其他	3340	2067	3102	3500	3500	1533	17042
9	汇总	27882	13491	17075	34694	35374	5795	134311

图 3-61　AI 批量交换列数据

步骤 05 在“对话操作表格”面板中，单击回复内容中的“完成”按钮，如图 3-62 所示，即可完成列数据交换操作。

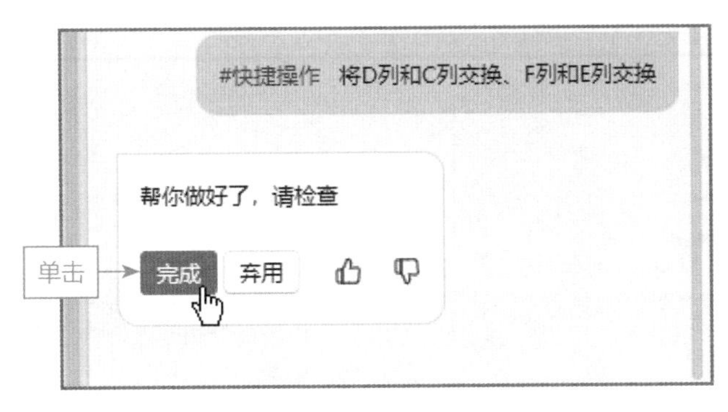

图 3-62　单击“完成”按钮

扫码看视频

3.5 综合实例：通过 AI 对话对齐表格数据

对齐表格数据，可以使表格更加整洁、有序，能够提高数据的可读性，方便用户快速浏览和理解数据。WPS AI 可以批量对齐表格数据，同时执行多个对齐任务，无须用户手动逐一调整，只需要给 AI 发送对话指令，即可节省用户的时间和精力，提高工作效率，具体操作方法如下。

步骤 01 在 WPS 中打开一个工作表，如图 3-63 所示，需要将表格中的数据按照不同的要求进行对齐。

	A	B	C	D
1	姓名	加班费	绩效奖金	项目奖金
2	钟小红	200	300	266
3	陆英英	342	540	330
4	程帼	253	430	454
5	郭坤	267	400	358
6	黄宗英	338	500	473
7	孙毅	336	475	470

图 3-63 打开一个工作表

步骤 02 唤起 WPS AI，在 WPS AI 面板中选择“对话操作表格”选项，进入“对话操作表格”面板，在面板下方的输入框中单击鼠标左键，在弹出的下拉列表中选择“快捷操作”选项，如图 3-64 所示。

步骤 03 进入“快捷操作”模式，在输入框中输入数据对齐要求“将 A1:A7 单元格中的数据分散对齐并缩进 1 个字符，然后将 B1:D7 单元格中的数据居中对齐”，如图 3-65 所示。

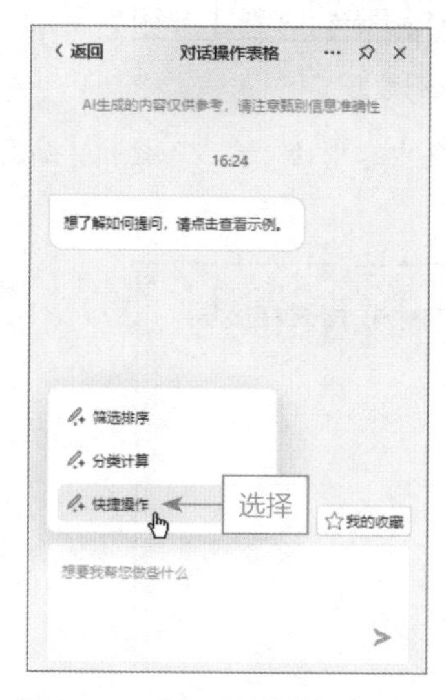

图 3-64 选择“快捷操作”选项

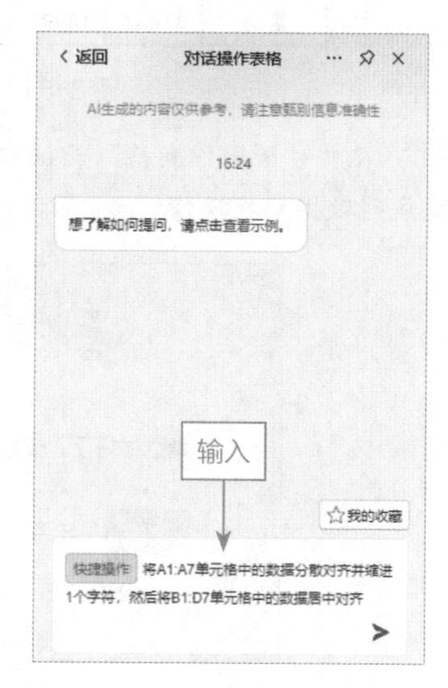

图 3-65 输入数据对齐要求

步骤 04 按 Enter 键发送，WPS AI 即可根据不同的要求对齐数据，效果如图 3-66 所示。在“对话操作表格”面板中，单击回复内容中的“完成”按钮，即可完成 AI 对齐数据的操作。

	A	B	C	D
1	姓　名	加班费	绩效奖金	项目奖金
2	钟小红	200	300	266
3	陆英英	342	540	330
4	程　嵋	253	430	454
5	郭　坤	267	400	358
6	黄宗英	338	500	473
7	孙　毅	336	475	470

图 3-66　AI 根据不同的要求对齐数据

本章小结

本章主要向读者介绍了如何用 WPS AI 处理财务数据，具体包括通过 AI 按条件标记数据、生成公式、分类计算、筛选数据、智能分类数据、智能抽取数据、交换行列数据、对齐表格数据等操作方法，以及使用快捷工具在智能表格中高亮显示重复值、删除重复行、统计重复次数等实操技巧。通过对本章的学习，读者能够更好地在 WPS 表格和智能表格中使用 WPS AI 进行高效办公。

课后习题

1. 在 WPS 表格中，如何让 AI 统计招待费用总金额？效果如图 3-67 所示。

招待费用统计表

序号	部门	申请人	费用明细	费用产生时间		金额（元）
				申请时间	报销时间	
1	业务部	李国义	宴请合作商	2024-4-10	2024-4-12	864
2	后勤部	周成	接送客户的油费	2024-4-01	2024-4-15	900
3	管理部	涂与非	赠送客户纪念品	2024-5-20	2024-5-25	1000
4	业务部	张青	接待的茶水饮料	2024-5-20	2024-5-25	436
审核签字：					合计（元）：	3200

扫码看视频

图 3-67　让 AI 统计招待费用总金额

2. 在 WPS 智能表格中输入日常费用汇总数据，展开菜单栏中的 WPS AI 下拉列表框，通过选择“AI 写公式”选项统计企业日常费用汇总金额，效果如图 3-68 所示。

扫码看视频

	A	B	C	D	E
1	日常费用汇总				
2	**序号**	**日期**	**部门**	**费用明细**	**金额（元）**
3	1	4月1日	业务部	接待合作方	298
4	2	4月1日	行政部	办公打印纸	660
5	3	4月2日	销售部	招待客户	320
6	4	4月3日	后勤部	运输油费	1000
7	5	4月4日	策划部	商场活动	3000
8	6	4月4日	人事部	招聘费用	2500
9	7	4月7日	业务部	差旅费	1782
10	8	4月7日	销售部	交通费	470
11	9	4月8日	策划部	活动礼品	2800
12	10	4月10日	生产部	易耗品消费	380
13	**汇总：**				**13210**

图 3-68　让 AI 统计企业日常费用汇总金额

用 WPS AI 制作人事表格

第 4 章

WPS AI 的自动化处理功能可以极大地减轻人力资源工作者的工作负担，用户可以获取 AI 表格模板，轻松制作人事表格，还可以通过 WPS AI 分析和处理人事数据。总的来说，WPS AI 可以为人事工作提供全面支持，帮助用户提高工作效率和质量。

本章重点

- 用 AI 处理人事数据
- 获取 AI 表格模板
- 综合实例：获取“人员信息统计表”模板

	B	C	D	E	F	G	H	I	J	K
10		销售专员	25	2021年7月18日	1×××××××××4	在职				
11		财务主管	35	2022年9月20日	1×××××××××6	在职				
12		销售专员	23	2024年1月3日	1×××××××××8	在职				
13					员工离职率：	0.4				

完成 弃用 重新提问

提问：计算G3:G12单元格中的“离职”比率是多少

=COUNTIF(G3:G12,"离职")/COUNTA(G3:G12)

▼ COUNTA 公式解释 函数教学视频

[1]公式意义：
统计G列中非空单元格的数量。

[2]函数解释：
COUNTA：统计函数，计算参数列表中值的个数。

[3]参数解释：
G3:G12：从G列第3行到第12行的单元格区域，即公式的数组。

AI生成信息仅供参考，请注意甄别信息准确性

4.1 用 AI 处理人事数据

本节主要介绍用 WPS AI 处理人事表格数据的操作方法，例如通过 AI 计算员工离职率、统计绩效综合评分和业绩排名等。通过 WPS AI 拆分工作表、解读表格数据，可以让用户更好地了解人事状况和趋势。

扫码看视频

4.1.1 练习实例：通过 AI 对话拆分人员信息表

当工作表中的人员信息过多时，用户可以唤起 WPS AI，通过对话让 AI 根据指令要求拆分工作表，从而实现对大量人员信息的有效管理，具体操作方法如下。

步骤 01 在 WPS 中，打开一个人员信息表，如图 4-1 所示，需要根据部门将人员信息进行拆分。

人员信息表

编号	姓名	部门	年龄	工龄	学历	薪酬
10001	周周	销售部	47	10年	本科	15000
10002	李月	行政部	30	3年	硕士研究生	7400
10003	景潇潇	销售部	32	5年	本科	13000
10004	张琪琪	人事部	25	2年	大专	5600
10005	王璐	项目部	21	1年	大专	8000
10006	赵柳	项目部	31	4年	硕士研究生	10000
10007	钱笑	项目部	26	2年	硕士研究生	10000
10008	朱晓燕	行政部	27	3年	本科	4800
10009	于诚	销售部	22	1年	本科	7000
10010	程晓梅	人事部	21	1年	本科	4800
10011	卢静	销售部	28	2年	大专	8300
10012	娄晓	项目部	23	2年	本科	5300
10013	关悦	行政部	21	1年	本科	4800
10014	刘蕊	项目部	21	1年	大专	5000

图 4-1 打开一个人员信息表

步骤 02 在菜单栏中单击 WPS AI 标签，唤起 WPS AI，弹出 WPS AI 面板，选择“对话操作表格”选项，如图 4-2 所示。

步骤 03 进入“对话操作表格”面板，在输入框中输入指令“当前工作表前两行为标题，按部门拆分”，如图 4-3 所示。

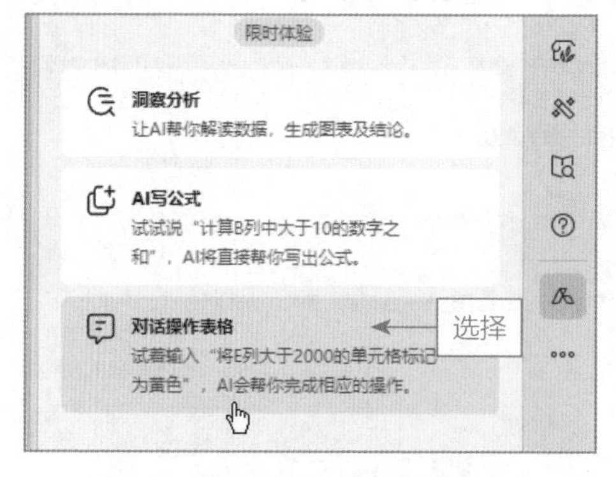

图 4-2 选择“对话操作表格”选项

图 4-3 输入指令

步骤 04 按 Enter 键发送指令，稍等片刻，AI 即可按部门对工作表进行拆分，部分内容如图 4–4 所示。

人员信息表

编号	姓名	部门	年龄	工龄	学历	薪酬
10001	周周	销售部	47	10年	本科	15000
10003	景潇潇	销售部	32	5年	本科	13000
10009	于诚	销售部	22	1年	本科	7000
10011	卢静	销售部	28	2年	大专	8300

总表 销售部 行政部 人事部 项目部

人员信息表

编号	姓名	部门	年龄	工龄	学历	薪酬
10005	王璐	项目部	21	1年	大专	8000
10006	赵柳	项目部	31	4年	硕士研究生	10000
10007	钱笑	项目部	26	2年	硕士研究生	10000
10012	娄晓	项目部	23	2年	本科	5300
10014	刘蕊	项目部	21	1年	大专	5000

总表 销售部 行政部 人事部 项目部

图 4–4　AI 按部门对工作表进行拆分（部分内容）

4.1.2　练习实例：通过 AI 对话计算员工离职率

扫码看视频

离职率是指在一定时间内离开某个单位或组织的员工占总员工数的比例。通常情况下，离职率被用作衡量公司稳定性和员工满意度的指标。在 WPS 中，用户可以使用 WPS AI 计算员工离职率，具体操作方法如下。

步骤 01 在 WPS 中，打开一张员工档案信息表，如图 4–5 所示，需要在 G13 单元格中计算出员工离职率。

步骤 02 选择 G13 单元格，在菜单栏中单击 WPS AI 标签，唤起 WPS AI，弹出 WPS AI 面板，选择“AI 写公式”选项，如图 4–6 所示。

步骤 03 弹出输入框，输入指令“计算 G3:G12 单元格中的‘离职’比率是多少”，如图 4–7 所示。

步骤 04 按 Enter 键发送指令，稍等片刻，AI 即可生成计算公式，如图 4–8 所示。

员工档案信息表						
工号	姓名	岗位	年龄	入职日期	联系方式	状态
10013	周一	行政总监	27	2017年3月4日	1×××××××××0	在职
10014	金二	行政文员	22	2022年9月5日	1×××××××××1	离职
10015	王五	财务专员	24	2020年7月10日	1×××××××××4	在职
10016	赵六	销售专员	22	2023年3月10日	1×××××××××5	离职
10017	朱八	销售专员	26	2020年5月12日	1×××××××××7	离职
10018	柳十	行政文员	24	2021年6月16日	1×××××××××9	在职
10019	张宇	市场经理	33	2023年12月18日	1×××××××××3	离职
10020	李丽	销售专员	25	2021年7月18日	1×××××××××4	在职
10021	钱寄	财务主管	35	2022年9月20日	1×××××××××6	在职
10022	于聪	销售专员	23	2024年1月3日	1×××××××××8	在职
					员工离职率：	

图 4-5 员工档案信息表

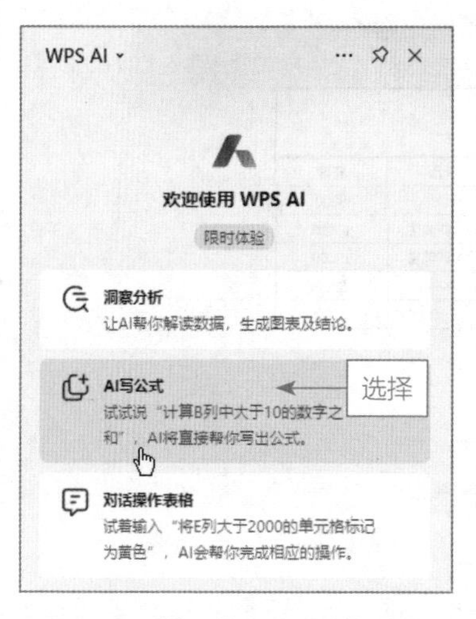

图 4-6 选择"AI 写公式"选项

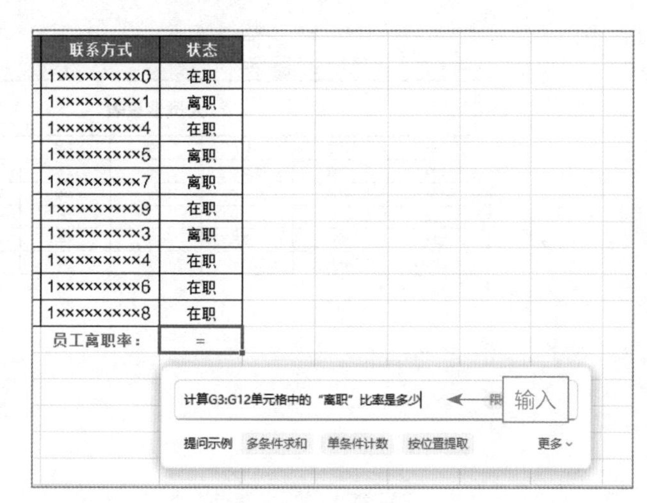

图 4-7 输入指令

C	D	E	F	G
销售专员	25	2021年7月18日	1×××××××××4	在职
财务主管	35	2022年9月20日	1×××××××××6	在职
销售专员	23	2024年1月3日	1×××××××××8	在职
			员工离职率：	0.4

完成 弃用 重新提问

提问：计算G3:G12单元格中的"离职"比率是多少

=COUNTIF(G3:G12,"离职")/COUNTA(G3:G12)

COUNTA 公式解释 函数教学视频

[1]公式意义：
统计G列中非空单元格的数量。

[2]函数解释：
COUNTA：统计函数，计算参数列表中值的个数。

[3]参数解释：
G3:G12：从G列第3行到第12行的单元格区域，即公式的数组。

AI生成信息仅供参考，请注意甄别信息准确性

图 4-8 AI 生成计算公式

步骤 05 单击“完成”按钮，即可计算出员工离职率，在功能区中单击“百分比样式”按钮%，可更改 G13 单元格中的数值格式，效果如图 4–9 所示。

G13 =COUNTIF(G3:G12,"离职")/COUNTA(G3:G12)

百分比样式 单击

员工档案信息表						
工号	姓名	岗位	年龄	入职日期	联系方式	状态
10013	周一	行政总监	27	2017年3月4日	1×××××××××0	在职
10014	金二	行政文员	22	2022年9月5日	1×××××××××1	离职
10015	王五	财务专员	24	2020年7月10日	1×××××××××4	在职
10016	赵六	销售专员	22	2023年3月10日	1×××××××××5	离职
10017	朱八	销售专员	26	2020年5月12日	1×××××××××7	离职
10018	柳十	行政文员	24	2021年6月16日	1×××××××××9	在职
10019	张宇	市场经理	33	2023年12月18日	1×××××××××3	离职
10020	李丽	销售专员	25	2021年7月18日	1×××××××××4	在职
10021	钱寄	财务主管	35	2022年9月20日	1×××××××××6	在职
10022	于聪	销售专员	23	2024年1月3日	1×××××××××8	在职
					员工离职率：	40%

图 4–9 单击“百分比样式”按钮

4.1.3 练习实例：用 AI 处理员工考勤打卡情况

扫码看视频

通过员工的上班和下班时间，WPS AI 可以计算出员工是否有迟到、早退，以便企业可以掌握员工的考勤情况，及时发现问题并进行管理。下面介绍用 AI 处理员工考勤打卡情况的操作方法。

步骤 01 在 WPS 中，打开一张员工考勤打卡情况表，如图 4–10 所示，需要计算出员工上、下班考勤情况。当上班打卡时间超过 8:30 时，则上班考勤情况为迟到；当下班打卡时间不到 17:30 时，则下班考勤情况为早退；如果打卡时间为空，则为未打卡。

员工考勤打卡情况表							
	日期：		2024年1月25日	星期四			
序号	部门	姓名	上班打卡时间	下班打卡时间	上班考勤情况	下班考勤情况	备注
1	业务部	周一	7:54	17:30			
2	业务部	金二	8:10	17:32			
3	业务部	张三		17:33			
4	业务部	李四	8:20	17:35			
5	财务部	王五	8:29	17:29			
6	财务部	赵六	8:31	17:29			
7	财务部	钱七	8:12	17:31			
8	财务部	朱八	8:22	17:37			
9	行政部	于九	8:25	17:55			
10	行政部	柳十	9:00	17:38			
11	行政部	吴十一	8:30				
12	设计部	郭十二	8:28	17:40			
13	设计部	陈十三	8:17	17:25			

图 4–10 员工考勤打卡情况表

步骤 02 ❶ 选择 F4 单元格并输入“=”符号，❷ 单击弹出的 按钮，如图 4–11 所示。

步骤 03 执行上述操作后，弹出输入框，在其中输入公式生成指令“当 D4 单元格中的时间超过8:30时，返回结果为迟到；当D4单元格为空值时，返回结果为未打卡”，如图4–12所示。

员工考勤打卡情况表

姓名	上班打卡时间	下班打卡时间	上班考勤情况	下班考勤情况	备注
2024年1月25日		星期四			
周一	7:54	17:30	=		
金二	8:10	17:32			
张三		17:33			
李四	8:20	17:35			
王五	8:29	17:29			
赵六	8:31	17:29			
钱七	8:12	17:31			
朱八	8:22	17:37			

❶ 输入
❷ 单击
AI写公式
可在顶部功能区找到“公式-AI写公式”设置隐藏

图4–11　单击相应的按钮

下班打卡时间	上班考勤情况	下班考勤情况	备注
17:30	=		
17:32			
17:33			
17:35			
17:29			
17:29			
17:31			
17:37			
17:55			
17:38			
17:40			
17:25			

当D4单元格中的时间超过8:30时，返回结果为迟到；当D4单元格为空值时，返回结果为未打卡
输入
提问示例　身份证查性别　INDEX查找　单条件判断　更多

图4–12　输入指令

步骤 04 按Enter键发送指令，稍等片刻，AI即可生成计算公式，单击“完成”按钮，如图4–13所示。

单击
完成　弃用　重新提问
提问：当D4单元格中的时间超过8:30时，返回结果为迟到；当D4单元格为空值时，返回结果为未打卡
=IF(D4>TIME(8,30,0),"迟到",IF(ISBLANK(D4),"未打卡",""))
IF公式解释　函数教学视频
AI生成信息仅供参考，请注意甄别信息准确性

图4–13　单击“完成”按钮

步骤 05 执行操作后，即可将AI生成的公式填入F4单元格中，将鼠标指针移至F4单元格的右下角，按住鼠标左键并向下拖曳至F16单元格，填充公式，计算员工上班考勤情况，效果如图4–14所示。

F4　=IF(D4>TIME(8,30,0),"迟到",IF(ISBLANK(D4),"未打卡",""))

员工考勤打卡情况表

序号	部门	姓名	上班打卡时间	下班打卡时间	上班考勤情况	下班考勤情况	备注
	日期：	2024年1月25日		星期四			
1	业务部	周一	7:54	17:30			
2	业务部	金二	8:10	17:32			
3	业务部	张三		17:33	未打卡		
4	业务部	李四	8:20	17:35			
5	财务部	王五	8:29	17:29			
6	财务部	赵六	8:31	17:29	迟到		
7	财务部	钱七	8:12	17:31			
8	财务部	朱八	8:22	17:37			
9	行政部	于九	8:25	17:55			
10	行政部	柳十	9:00	17:38	迟到		
11	行政部	吴十一	8:30				
12	设计部	郭十二	8:28	17:40			
13	设计部	陈十三	8:17	17:25			

计算

图4–14　计算员工上班考勤情况

步骤 06 用以上同样的方法，选择 G4 单元格，打开 WPS AI 输入框，在其中输入公式生成指令“当 E4 单元格为空值时，返回结果为未打卡；当 E4 单元格中的时间不到 17:30 时，返回结果为早退”，如图 4-15 所示。

步骤 07 按 Enter 键发送指令，稍等片刻，AI 即可生成计算公式，如图 4-16 所示。

上班考勤情况	下班考勤情况	备注
	=	
未打卡		
迟到		
迟到		

当E4单元格为空值时，返回结果为未打卡；当E4单元格中的时间不到17:30时，返回结果为早退

提问示例　多条件判断　多条件求和　按位置提取　更多

输入

图 4-15　输入指令

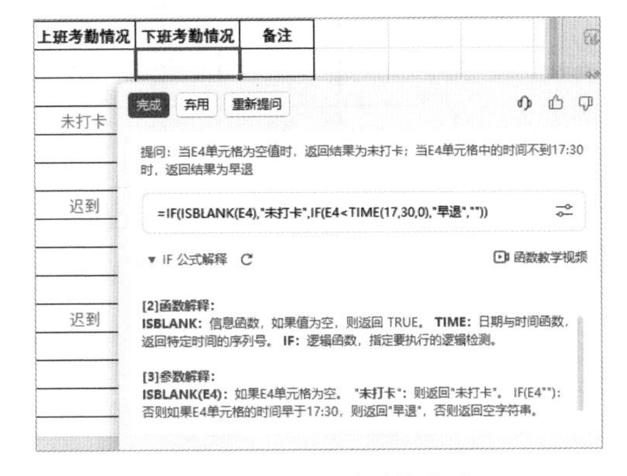

图 4-16　AI 生成计算公式

步骤 08 单击“完成”按钮，将 AI 生成的公式填入 G4 单元格中，将鼠标指针移至 G4 单元格的右下角，双击鼠标左键，填充公式至 G16 单元格，计算员工下班考勤情况，效果如图 4-17 所示。

G4　fx　=IF(ISBLANK(E4),"未打卡",IF(E4<TIME(17,30,0),"早退",""))

员工考勤打卡情况表

日期：2024年1月25日　星期四

序号	部门	姓名	上班打卡时间	下班打卡时间	上班考勤情况	下班考勤情况	备注
1	业务部	周一	7:54	17:30			
2	业务部	金二	8:10	17:32			
3	业务部	张三		17:33	未打卡		
4	业务部	李四	8:20	17:35			
5	财务部	王五	8:29	17:29		早退	
6	财务部	赵六	8:31	17:29	迟到	早退	
7	财务部	钱七	8:12	17:31			
8	财务部	朱八	8:22	17:37			
9	行政部	于九	8:25	17:55			
10	行政部	柳十	9:00	17:38	迟到		
11	行政部	吴十一	8:30			未打卡	
12	设计部	郭十二	8:28	17:40			
13	设计部	陈十三	8:17	17:25		早退	

计算

图 4-17　计算员工下班考勤情况

4.1.4　练习实例：用 AI 统计员工绩效综合评分

扫码看视频

员工绩效综合评分是衡量员工工作表现和能力的一种方法，企业可以根据员工绩效综合评分给予奖励或惩罚。在 WPS 中，用户可以使用 WPS AI 统计员工绩效综合评分。下面介绍具体的操作方法。

步骤 01 在 WPS 中，打开一张员工绩效综合评分表，需要在 F 列单元格中计算出员工绩效综合评分，❶ 选择 F3 单元格并输入“=”符号，❷ 单击弹出的 按钮，如图 4-18 所示。

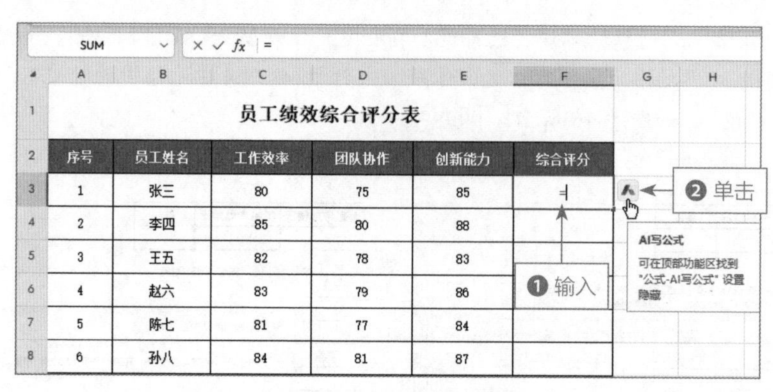

图 4-18　单击相应的按钮

步骤 02 弹出输入框，输入指令“根据 C3:E3 单元格中的评分值，计算综合平均分”，如图 4-19 所示。

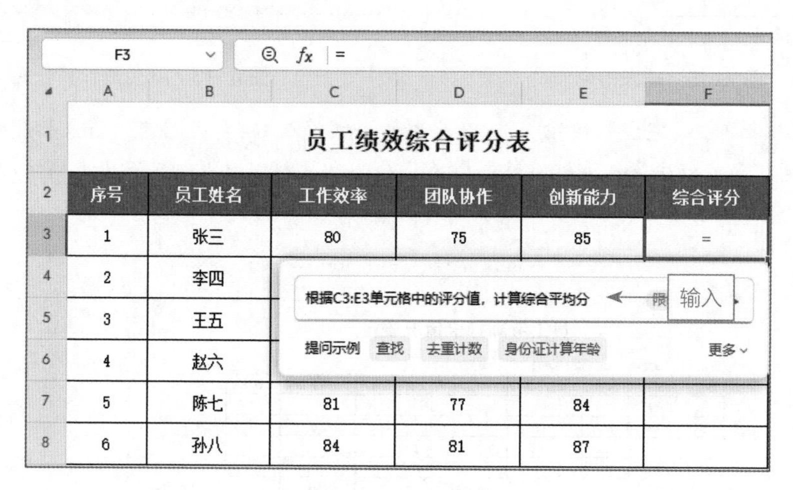

图 4-19　输入指令

步骤 03 按 Enter 键发送指令，稍等片刻，AI 即可生成计算公式，如图 4-20 所示。

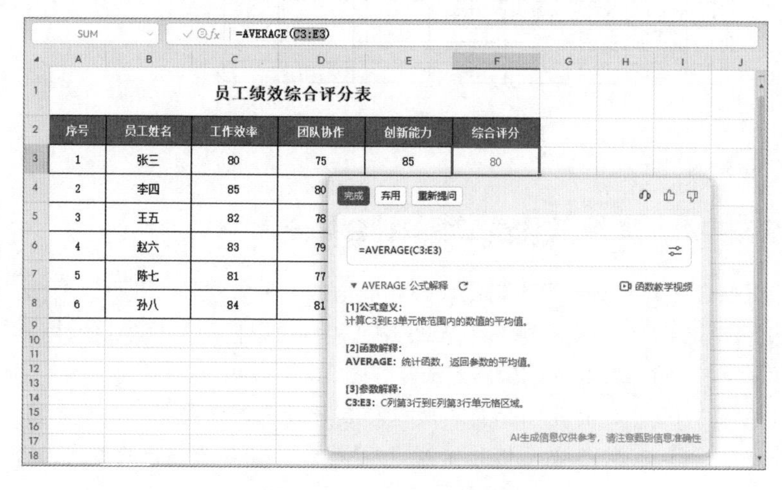

图 4-20　AI 生成计算公式

步骤 04 单击“完成”按钮，将AI生成的公式填入F3单元格中，将鼠标指针移至F3单元格的右下角，双击鼠标左键，填充公式至F8单元格，计算员工绩效综合评分，效果如图4-21所示。

F3　=AVERAGE(C3:E3)

员工绩效综合评分表					
序号	员工姓名	工作效率	团队协作	创新能力	综合评分
1	张三	80	75	85	80
2	李四	85	80	88	84
3	王五	82	78	83	81
4	赵六	83	79	86	83
5	陈七	81	77	84	81
6	孙八	84	81	87	84

图 4-21　计算员工绩效综合评分

4.1.5　练习实例：用AI快速统计员工业绩排名

扫码看视频

给员工业绩进行排名是一种重要的绩效管理方式，可以帮助公司激励员工、识别优秀员工、促进团队合作、优化资源配置和促进员工个人发展。在WPS中，用户可以使用WPS AI快速统计员工业绩排名，具体操作方法如下。

步骤 01 在WPS中，打开一个员工业绩排名表，需要计算出员工的业绩排名，❶ 选择D3:D8单元格并输入“=”符号，❷ 单击弹出的按钮，如图4-22所示。

SUMIF　=

员工业绩排名表			
工号	员工姓名	业绩成单量	业绩排名
160016	张三	30	=
160025	李四	24	
160003	王五	36	
160014	赵六	18	
160028	陈七	17	
160030	孙八	25	

图 4-22　单击相应的按钮

步骤 02 弹出输入框，输入指令“快速计算业绩成单量的排名”，如图4-23所示。

步骤 03 按Enter键发送指令，稍等片刻，AI即可生成计算公式，如图4-24所示。

步骤 04 单击“完成”按钮，将AI生成的公式填入D3单元格中，在编辑栏中单击鼠标左键，按Ctrl+Enter组合键，将公式填充至D8单元格中，计算员工业绩排名，效果如图4-25所示。

图 4-23　输入指令

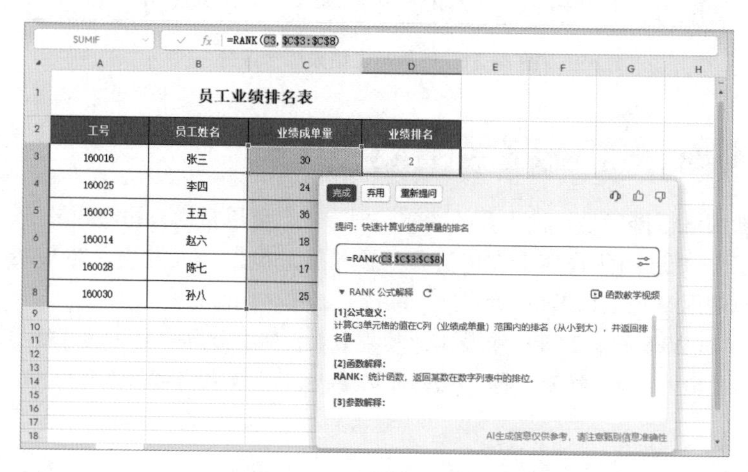

图 4-24　AI 生成计算公式

D3　=RANK(C3, $C$3:$C$8)

员工业绩排名表

工号	员工姓名	业绩成单量	业绩排名
160016	张三	30	2
160025	李四	24	4
160003	王五	36	1
160014	赵六	18	5
160028	陈七	17	6
160030	孙八	25	3

图 4-25　计算员工业绩排名

4.2 获取 AI 表格模板

AI 表格模板可以根据用户的需求自动进行数据填充、计算和整理，减少手动操作的时间和计算误差。AI 表格模板还具备智能分析功能，可以根据表格中的数据自动进行趋势预测、异常检测等操作，帮助用户更好地理解数据。用户还可以根据自己的需求自定义 AI 表格模板，包括表格结构、公式、条件格式等，以满足用户个性化的需求。

总之，在 WPS 中使用 AI 表格模板可以大大提高工作效率和数据分析能力，是现代办公不可或缺的利器。

4.2.1 练习实例：获取“应聘人员签到表”模板

扫码看视频

应聘人员是指接受企业面试邀约到企业面试的求职者。应聘人员到企业面试时，需要填写“应聘人员签到表”，人力资源管理人员根据表中的面试日期和应聘职位等数据，可以对应聘人员进行有效的管理。

通过 WPS AI 模板，用户可以轻松地获取并创建“应聘人员签到表”，无须用户从头开始创建表格，具体操作方法如下。

步骤 01 在 WPS 首页，单击“新建”→“智能表格”按钮，进入“新建智能表格”界面，单击“AI 模板”缩略图，如图 4-26 所示。

步骤 02 弹出“AI 模板”界面，用户可以在下方的输入框中输入模板主题“应聘人员签到表”，如图 4-27 所示。

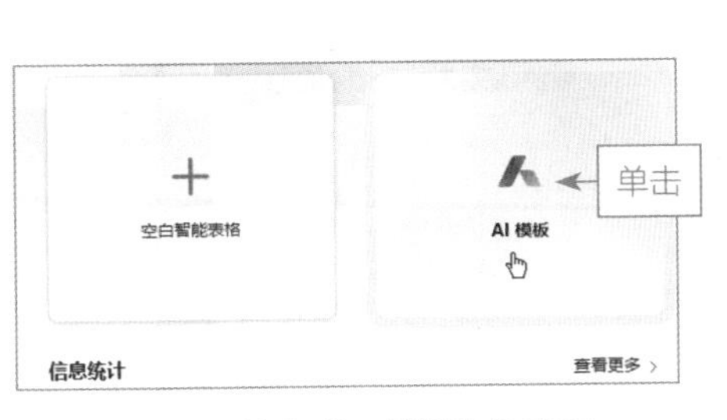

图 4-26 单击“AI 模板”缩略图

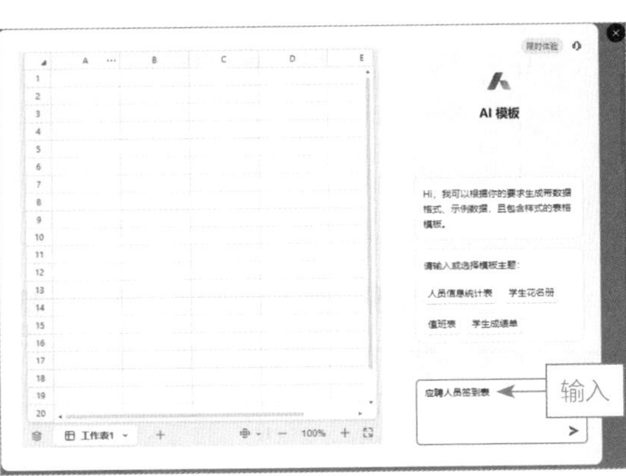

图 4-27 输入模板主题

步骤 03 按 Enter 键发送，即可生成表格列，用户可以根据需要添加列或删除列，单击“确定”按钮，如图 4-28 所示。

图 4-28　单击“确定”按钮

步骤 04 稍等片刻，AI 即可根据表格列在左侧的工作表中生成“应聘人员签到表”模板，用户可以在左侧的工作表中根据实际需求修改表格数据，然后单击“立即使用”按钮，如图 4-29 所示。

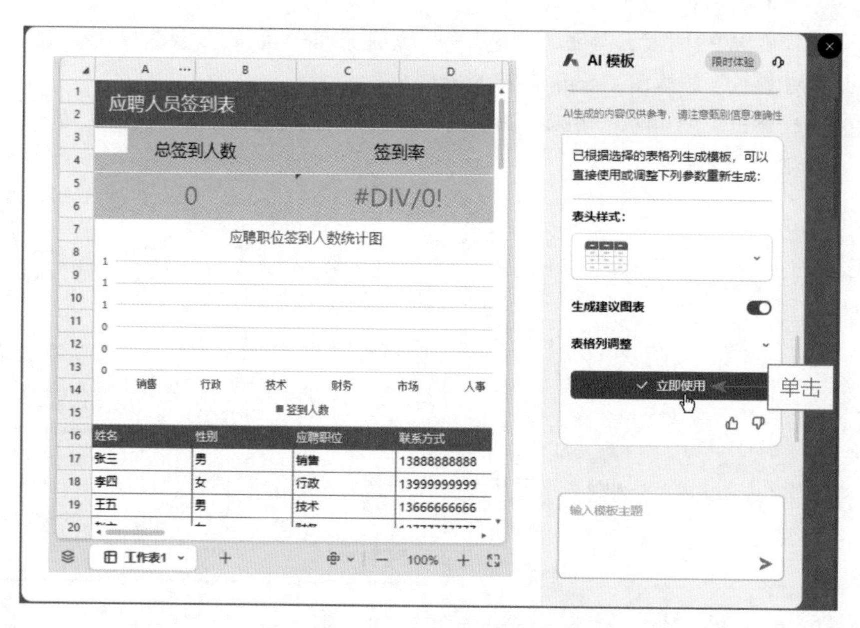

图 4-29　单击“立即使用”按钮

步骤 05 执行操作后，即可获取 AI 生成的模板，如图 4-30 所示。用户可以根据需要删除或修改表格中的数据内容，使其更加符合用户的需求。

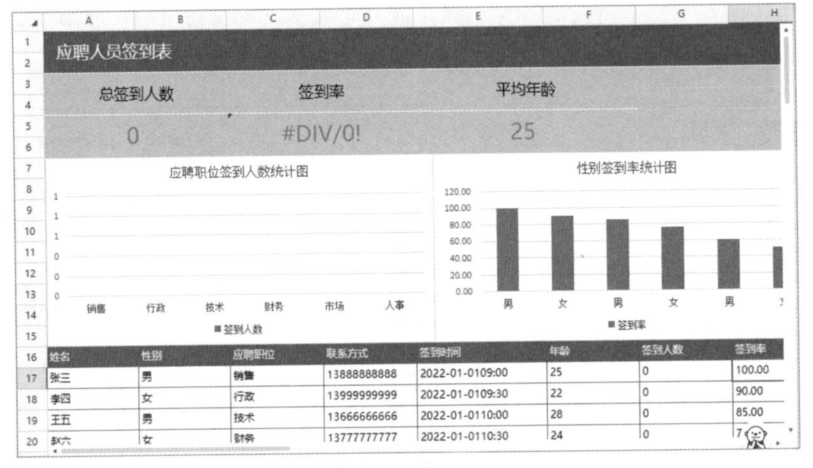

图 4-30 获取 AI 生成的模板

扫码看视频

4.2.2 练习实例：获取“新人入职管理表”模板

新人入职管理表是一种用于记录和管理新员工入职信息的表格，公司可以通过新人入职管理表安排新员工的入职培训，确保新员工能够快速了解公司的文化、流程和业务；公司也可以通过新人入职管理表跟踪新员工的发展情况，包括岗位变动、晋升记录等，方便公司进行人员发展规划。在“新建智能表格”界面，用户可以直接获取并使用“新人入职管理表”模板，具体操作方法如下。

步骤 01 在 WPS 首页，单击“新建”→“智能表格”按钮，进入“新建智能表格”界面，在左侧的列表中选择“HR 人力”选项，如图 4-31 所示。

步骤 02 进入“HR 人力”选项卡，选择“新人入职管理表”模板，如图 4-32 所示。

图 4-31 选择“HR 人力”选项

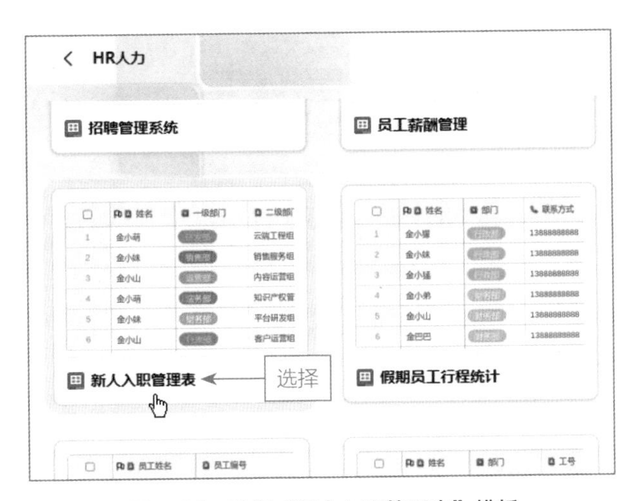

图 4-32 选择“新人入职管理表”模板

步骤 03 弹出“新人入职管理表”对话框，其中显示了模板内容，用户可以单击“保存为我的模板”按钮将模板保存，也可以单击“使用模板”按钮，如图 4-33 所示。

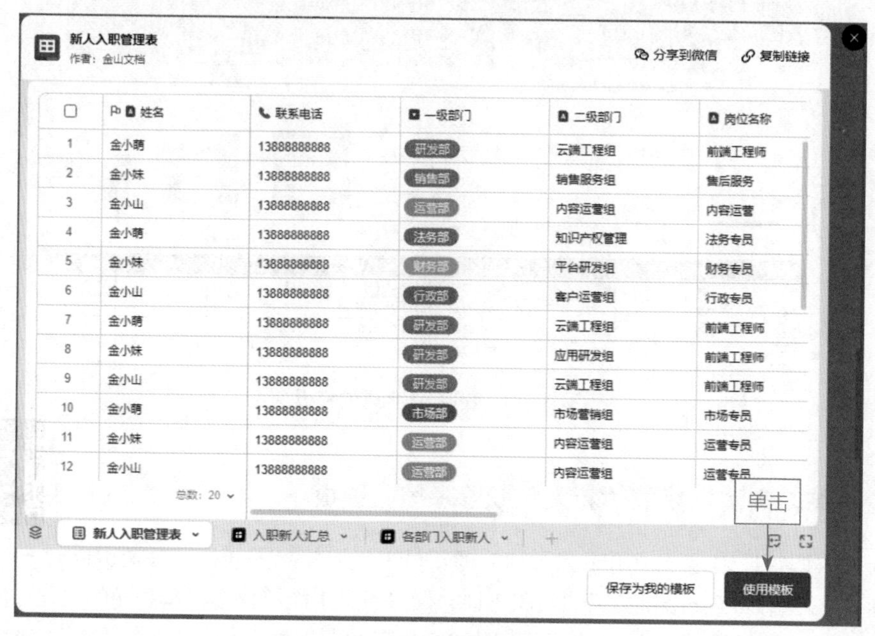

图 4-33　单击“使用模板”按钮

步骤 04 稍等片刻，即可获取“新人入职管理表”模板，如图 4-34 所示。用户可以在获取模板后，再将表格数据修改成实际的数据内容。

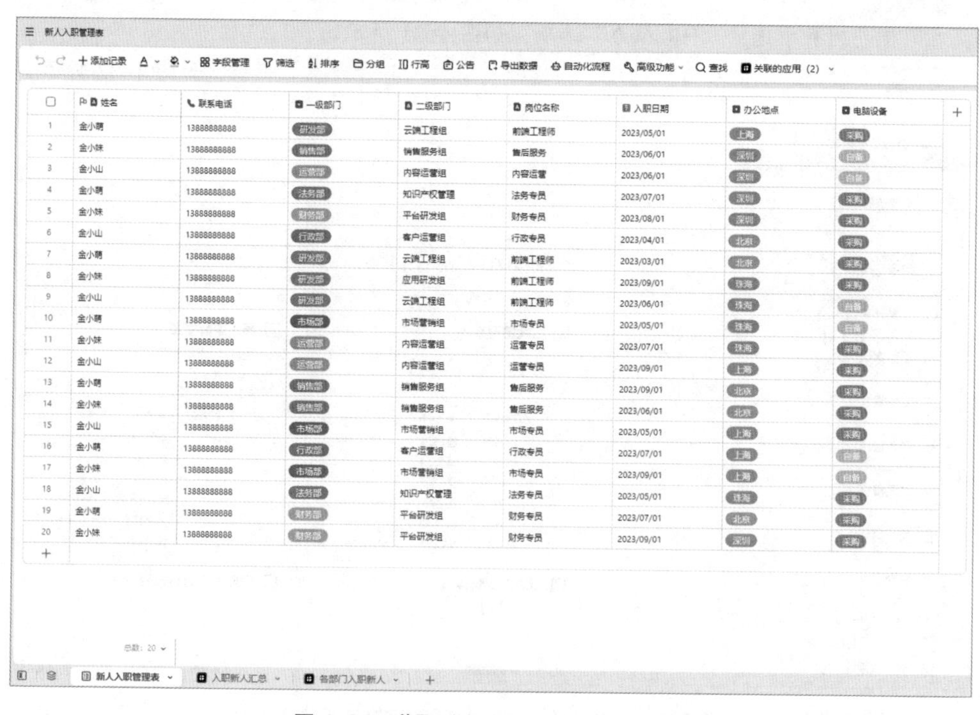

图 4-34　获取“新人入职管理表”模板

步骤 05 将鼠标指针移至工作表的第1列单元格中，单击“展开记录”按钮，如图4-35所示，即可弹出相应的面板，在“详情”选项卡中显示了所选员工的详细数据，包括姓名、联系电话、岗位名称和入职日期等。

图4-35 单击“展开记录”按钮

步骤 06 在“一级部门”列中，单击单元格中的下拉按钮，如图4-36所示，可以在弹出的下拉列表中选择相应的部门，还可以在搜索框中查找或添加部门。用相同的方法，可以单击其他列单元格的下拉按钮，选择或添加相应的选项，这样在制作表格时可以更加省时省力。

图4-36 单击“一级部门”列中单元格的下拉按钮

4.2.3 练习实例：获取“员工职级评定”模板

扫码看视频

员工职级评定工作表为人事部门提供了职务晋升、薪酬福利和员工考核等方面的依据，有利于规范人事管理，提高管理水平。下面介绍在WPS中获取

“员工职级评定”模板的操作方法。

步骤 01 在 WPS 首页，单击“新建”→“智能表格”按钮，进入“新建智能表格”界面，向下滑动界面，在“HR 人力”选项区中单击“查看更多”按钮，如图 4–37 所示。

步骤 02 进入“HR 人力”选项卡，选择“员工职级评定”模板，如图 4–38 所示。

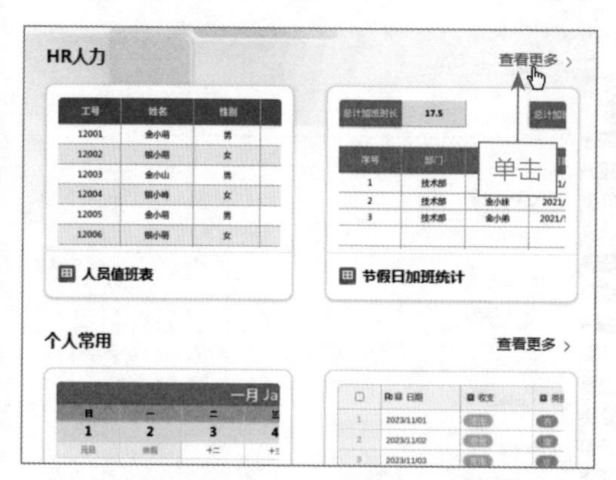

图 4–37　单击“查看更多”按钮

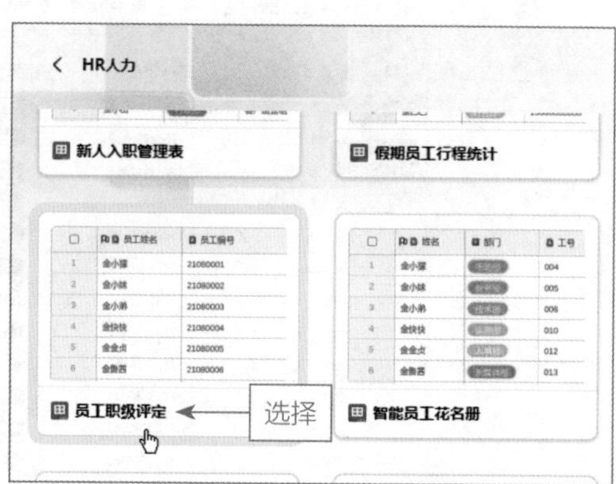

图 4–38　选择“员工职级评定”模板

步骤 03 弹出“员工职级评定”对话框，其中显示了为用户提供的一系列较为全面的工作表，包括“员工评级信息汇总”工作表、“职级评定申请”工作表、“待定级员工”工作表和“评级结果公示”工作表，单击“使用模板”按钮，如图 4–39 所示。

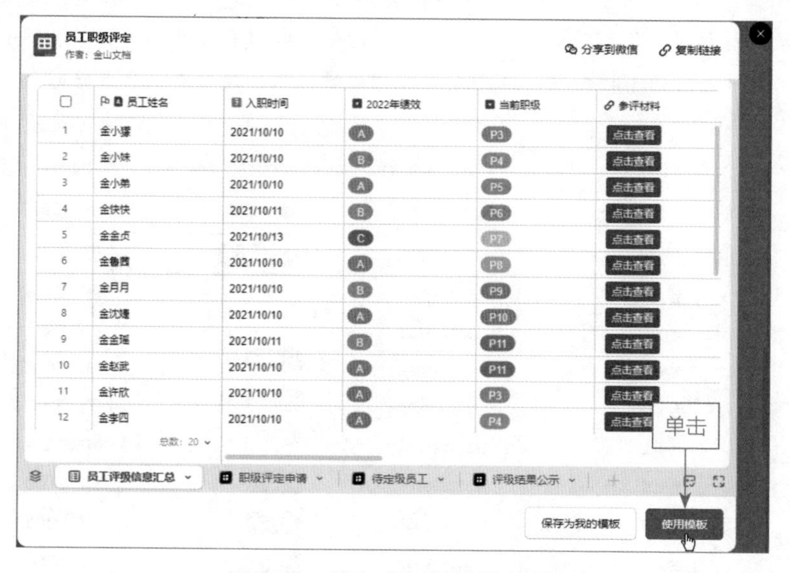

图 4–39　单击“使用模板”按钮

步骤 04 稍等片刻，即可获取“员工职级评定”相关工作表，如图 4–40 所示。在获取的表格模板中，用户将表格数据修改成实际的数据内容即可。

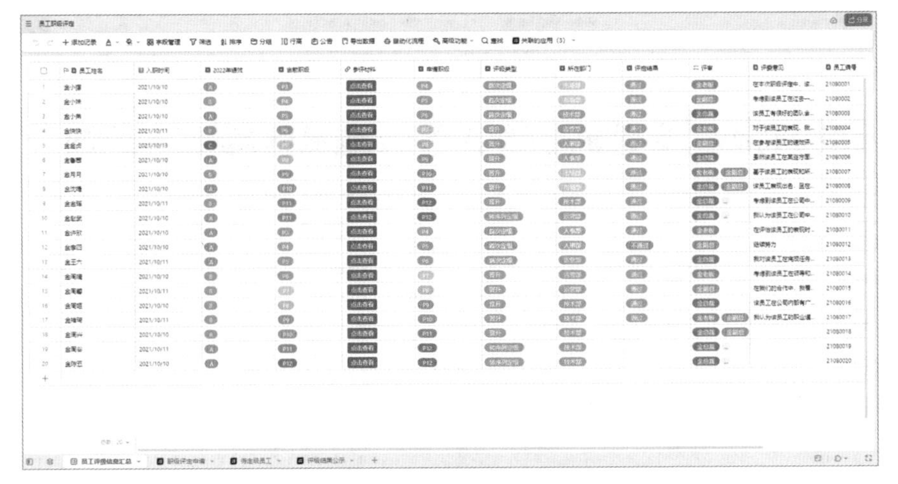

图 4-40　获取“员工职级评定”相关工作表

4.3　综合实例：获取“人员信息统计表”模板

扫码看视频

在 WPS 中，“人员信息统计表”模板中预设了各种信息录入位置，如姓名、性别和职位等，用户只需要根据实际情况填写相应内容即可。用户还可以利用内置的分析工具对数据进行处理，从而轻松获取人员信息数据。下面介绍获取“人员信息统计表”模板的操作方法。

步骤 01 在 WPS 首页，单击“新建”→“智能表格”按钮，进入“新建智能表格”界面，在“信息统计”选项区中，选择“人员信息统计表”模板，如图 4-41 所示。

步骤 02 弹出“人员信息统计表”对话框，用户可以直接套用模板表头和格式修改表格中的内容，也可以单击“使用模板”按钮，如图 4-42 所示。

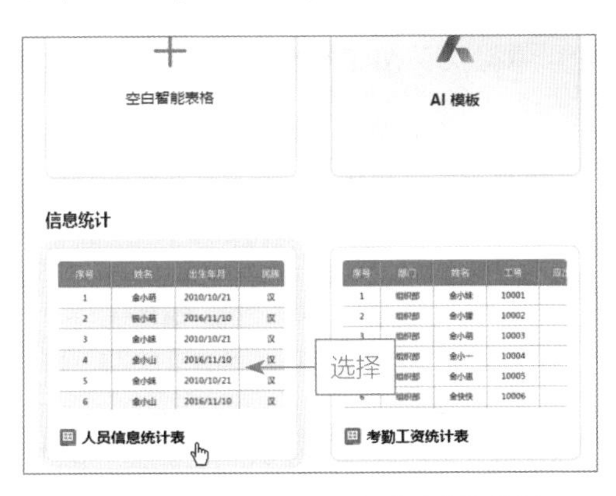

图 4-41　选择“人员信息统计表”模板

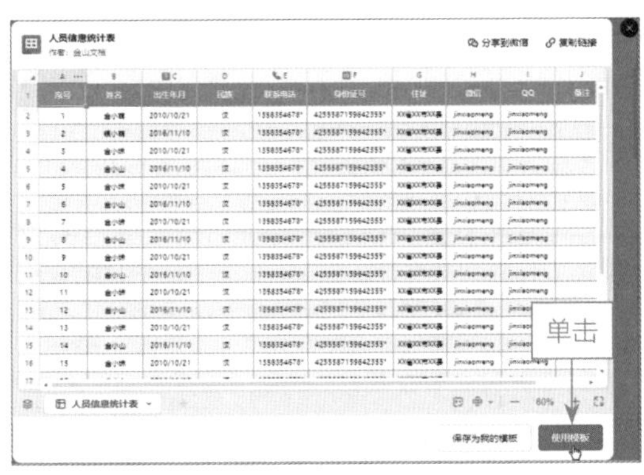

图 4-42　单击“使用模板”按钮

步骤 03 稍等片刻，即可获取“人员信息统计表”，如图 4-43 所示。用户可以在获取模板后将表格内容清除，留下表头，再在表格中输入实际的人员信息。

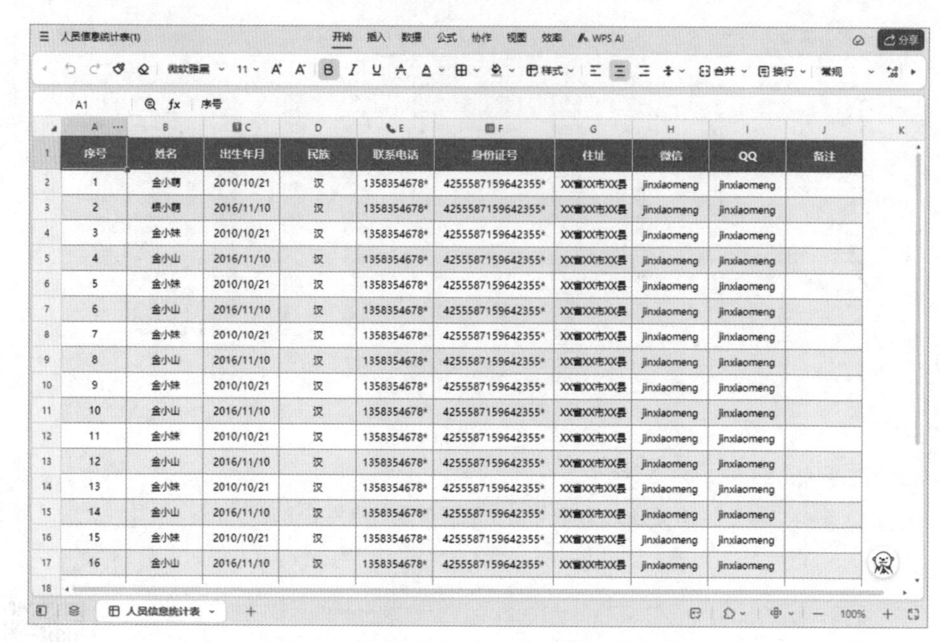

序号	姓名	出生年月	民族	联系电话	身份证号	住址	微信	QQ	备注
1	金小萌	2010/10/21	汉	1358354678*	425558715964235 5*	XX省XX市XX县	jinxiaomeng	jinxiaomeng	
2	根小萌	2016/11/10	汉	1358354678*	4255587159642355*	XX省XX市XX县	jinxiaomeng	jinxiaomeng	
3	金小妹	2010/10/21	汉	1358354678*	4255587159642355*	XX省XX市XX县	jinxiaomeng	jinxiaomeng	
4	金小山	2016/11/10	汉	1358354678*	4255587159642355*	XX省XX市XX县	jinxiaomeng	jinxiaomeng	
5	金小妹	2010/10/21	汉	1358354678*	4255587159642355*	XX省XX市XX县	jinxiaomeng	jinxiaomeng	
6	金小山	2016/11/10	汉	1358354678*	4255587159642355*	XX省XX市XX县	jinxiaomeng	jinxiaomeng	
7	金小妹	2010/10/21	汉	1358354678*	4255587159642355*	XX省XX市XX县	jinxiaomeng	jinxiaomeng	
8	金小山	2016/11/10	汉	1358354678*	4255587159642355*	XX省XX市XX县	jinxiaomeng	jinxiaomeng	
9	金小妹	2010/10/21	汉	1358354678*	4255587159642355*	XX省XX市XX县	jinxiaomeng	jinxiaomeng	
10	金小山	2016/11/10	汉	1358354678*	4255587159642355*	XX省XX市XX县	jinxiaomeng	jinxiaomeng	
11	金小妹	2010/10/21	汉	1358354678*	4255587159642355*	XX省XX市XX县	jinxiaomeng	jinxiaomeng	
12	金小山	2016/11/10	汉	1358354678*	4255587159642355*	XX省XX市XX县	jinxiaomeng	jinxiaomeng	
13	金小妹	2010/10/21	汉	1358354678*	4255587159642355*	XX省XX市XX县	jinxiaomeng	jinxiaomeng	
14	金小山	2016/11/10	汉	1358354678*	4255587159642355*	XX省XX市XX县	jinxiaomeng	jinxiaomeng	
15	金小妹	2010/10/21	汉	1358354678*	4255587159642355*	XX省XX市XX县	jinxiaomeng	jinxiaomeng	
16	金小山	2016/11/10	汉	1358354678*	4255587159642355*	XX省XX市XX县	jinxiaomeng	jinxiaomeng	

图 4-43　获取“人员信息统计表”

本章小结

本章主要向读者介绍了如何用 WPS AI 制作人事表格、处理人事数据等操作，包括通过 AI 对话拆分人员信息表、计算员工离职率、处理员工考勤打卡情况、统计员工绩效综合评分、快速统计员工业绩排名，通过 AI 表格模板获取“应聘人员签到表”模板、获取“新人入职管理表”模板以及获取“员工职级评定”模板等实操技巧。通过对本章的学习，读者能够熟练使用 WPS AI 处理人事表格数据，同时还可以掌握获取 AI 表格模板、快速制作人事表格的技巧。

课后习题

1. 在 WPS 表格中，如何让 AI 为员工的绩效评分批量添加单位“分”？效果如图 4-44 所示。

员工绩效综合评分表					
序号	员工姓名	工作效率	团队协作	创新能力	综合评分
1	张三	80分	75分	85分	80分
2	李四	85分	80分	88分	84分
3	王五	82分	78分	83分	81分
4	赵六	83分	79分	86分	83分
5	陈七	81分	77分	84分	81分
6	孙八	84分	81分	87分	84分

图 4-44 让 AI 为员工的绩效评分批量添加单位“分”

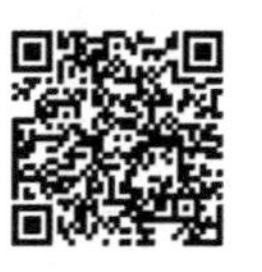

扫码看视频

2. 在 WPS 中，如何获取“考勤工资统计表”模板？效果如图 4-45 所示。

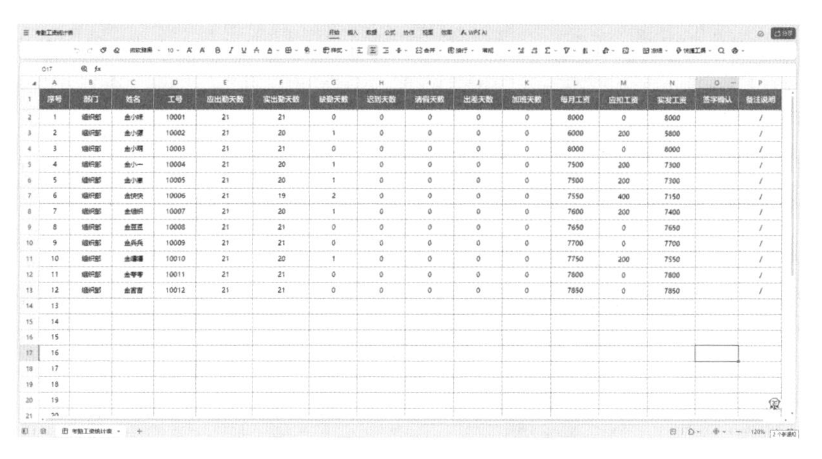

序号	部门	姓名	工号	应出勤天数	实出勤天数	缺勤天数	迟到天数	请假天数	出差天数	加班天数	每月工资	应扣工资	实发工资	签字确认	备注说明
1	组织部	[illegible]	10001	21	21	0	0	0	0	0	8000	0	8000		/
2	组织部	[illegible]	10002	21	20	1	0	0	0	0	6000	200	5800		/
3	组织部	[illegible]	10003	21	21	0	0	0	0	0	8000	0	8000		/
4	组织部	金小一	10004	21	20	1	0	0	0	0	7500	200	7300		/
5	组织部	[illegible]	10005	21	20	1	0	0	0	0	7500	200	7300		/
6	组织部	金快快	10006	21	19	2	0	0	0	0	7550	400	7150		/
7	组织部	[illegible]	10007	21	20	1	0	0	0	0	7600	200	7400		/
8	组织部	[illegible]	10008	21	21	0	0	0	0	0	7650	0	7650		/
9	组织部	金兵兵	10009	21	21	0	0	0	0	0	7700	0	7700		/
10	组织部	[illegible]	10010	21	20	1	0	0	0	0	7750	200	7550		/
11	组织部	[illegible]	10011	21	21	0	0	0	0	0	7800	0	7800		/
12	组织部	[illegible]	10012	21	21	0	0	0	0	0	7850	0	7850		/
13															
14															
15															
16															
17															
18															
19															

扫码看视频

图 4-45 “考勤工资统计表”模板

用 WPS AI 生成商务 PPT　第 5 章

商务 PPT 在商业活动中比较常见，WPS AI 在商务 PPT 的制作和演讲方面可以提供极大的帮助，通过 WPS AI，用户可以一键生成 PPT、智能优化 PPT、排版美化 PPT 等，让 PPT 从制作到演讲都能省时省力，帮助用户提高办公效率。

本章重点

- WPA AI 一键生成 PPT
- WPS AI 智能优化 PPT
- WPS AI 排版美化 PPT
- 综合实例：用 WPS AI 生成市场营销策略 PPT
- 综合实例：用 WPS AI 生成商务沟通培训 PPT

5.1 WPS AI 一键生成 PPT

通过 WPS AI 可以一键生成 PPT，只要输入 PPT 主题，WPS AI 就能自动为用户生成美观的 PPT，帮助用户轻松制作出高质量的 PPT。

用户在 WPS AI 生成 PPT 后，可以检查每一页的内容是否符合自己的要求，如果有不符合的内容，可以根据需要添加或修改内容。本节将向读者介绍在 WPS 中使用 AI 助手一键生成商务 PPT 的操作方法。

5.1.1 练习实例：AI 一键生成数据营销报告 PPT

扫码看视频

数据营销报告 PPT 属于商务 PPT 的一种，通常包含有关市场营销的数据和趋势，旨在向商业决策者提供关于市场和商业机会的信息和分析，这些信息和分析可以帮助商业决策者了解市场状况，从而制定有效的商业策略。借助 WPS AI 技术，可以一键生成数据营销报告 PPT，具体的操作方法如下。

步骤 01 打开 WPS，❶ 单击“新建”按钮，❷ 在弹出的“新建”面板中单击“演示”按钮，如图 5-1 所示。

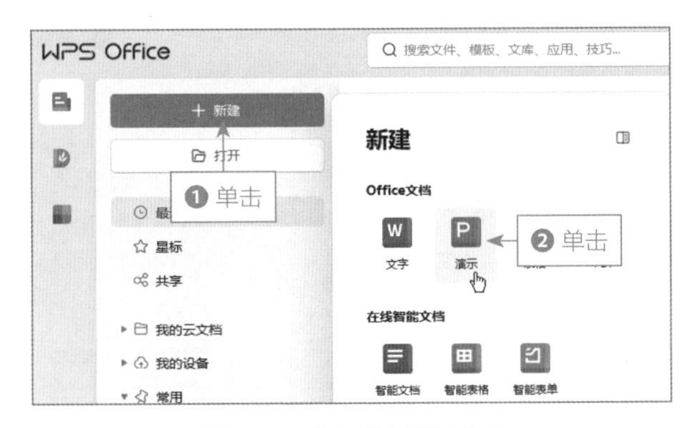

图 5-1 单击“演示”按钮

步骤 02 进入“新建演示文稿”界面，单击“智能创作”缩略图，如图 5-2 所示。

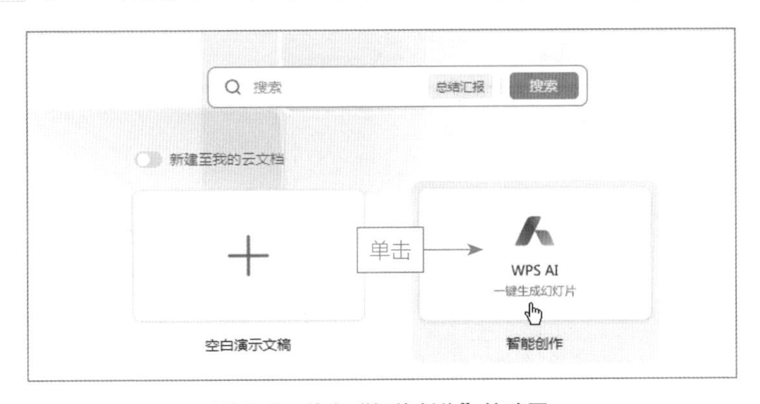

图 5-2 单击“智能创作”缩略图

步骤 03 执行操作后，即可新建一个空白的演示文稿，并唤起 WPS AI，如图 5-3 所示。

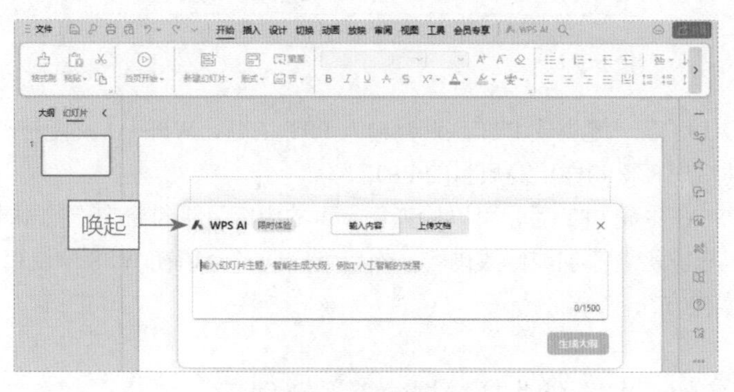

图 5-3　唤起 WPS AI

步骤 04 在输入框中，输入数据营销报告 PPT 主题“数字广告效果评估”，如图 5-4 所示。

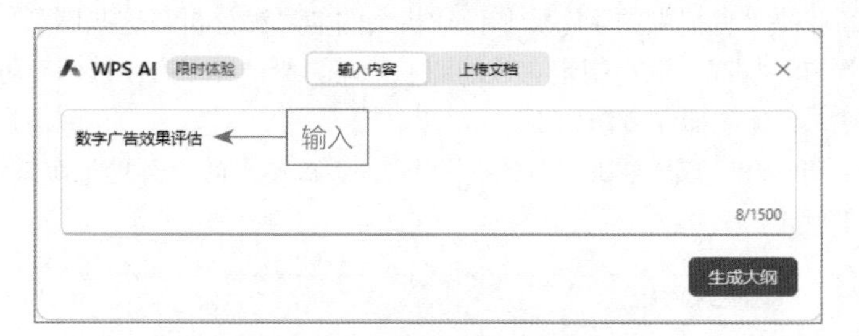

图 5-4　输入数据营销报告 PPT 主题

步骤 05 单击“生成大纲”按钮，稍等片刻，即可生成封面、章节和正文等内容，再单击“生成幻灯片”按钮，如图 5-5 所示。

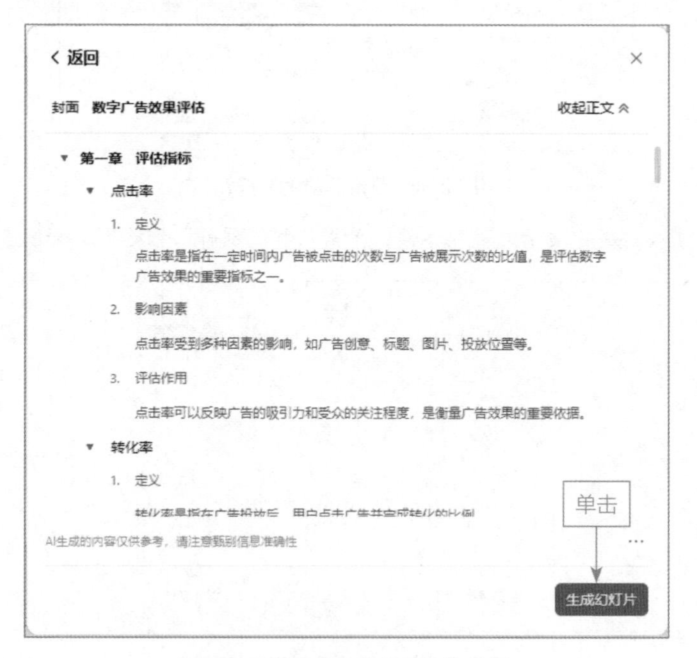

图 5-5　单击“生成幻灯片”按钮

步骤 06 执行操作后，即可弹出“选择幻灯片模板”对话框，用户可以根据 PPT 内容和自己的喜好选择一款幻灯片模板，如图 5-6 所示。

图 5-6　选择一款幻灯片模板

步骤 07 单击“创建幻灯片”按钮，即可一键生成 PPT，部分效果如图 5-7 所示。

图 5-7　AI 一键生成 PPT（部分效果）

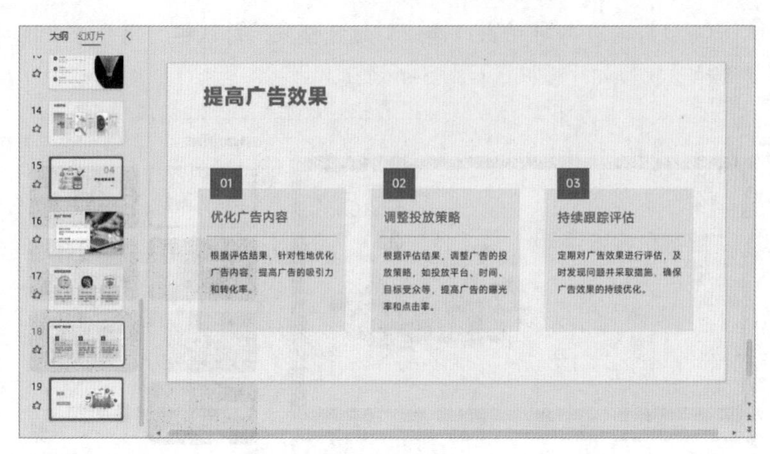

图 5-7（续）

扫码看视频

5.1.2 练习实例：AI 一键生成品牌建设商务 PPT

品牌建设商务 PPT 可以向目标用户展示品牌的形象和特点，包括品牌的历史、文化、价值观等。这种展示有助于目标用户更好地了解品牌，增强品牌认知度。借助 WPS AI 技术，可以一键生成品牌建设商务 PPT，具体操作如下。

步骤 01 新建一个空白的演示文稿，在菜单栏中单击 WPS AI 标签，如图 5-8 所示。

步骤 02 执行上述操作后，即可弹出 WPS AI 面板，在其中选择“一键生成”选项，如图 5-9 所示。

图 5-8 单击 WPS AI 标签

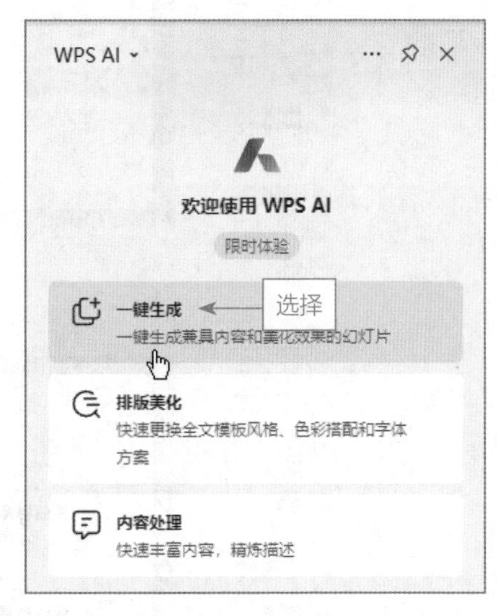

图 5-9 选择“一键生成”选项

步骤 03 执行操作后，弹出“请选择你所需的操作项：”界面，选择“一键生成幻灯片”选项，如图 5-10 所示。

步骤 04 弹出 WPS AI 输入框，输入 PPT 生成指令“如何打造强大的品牌形象”，如图 5-11 所示，默认设置幻灯片为短篇幅并含正文页内容。

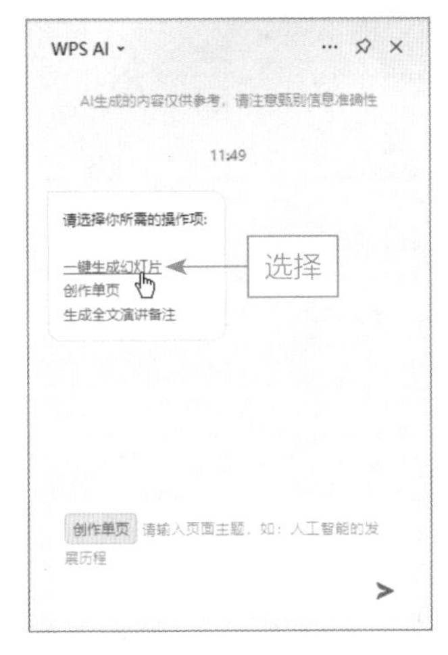

图 5-10 选择“一键生成幻灯片”选项

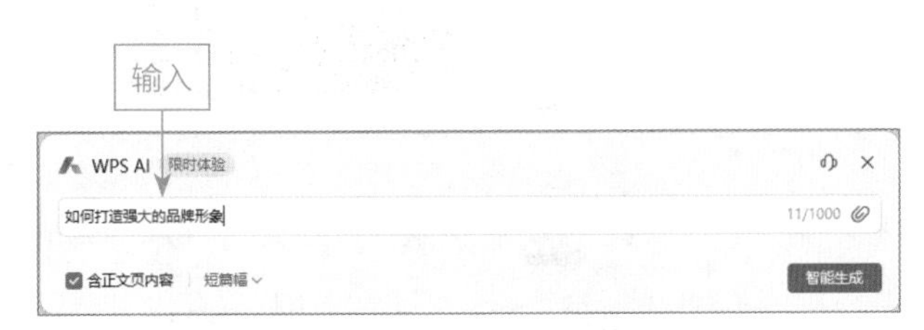

图 5-11 输入 PPT 生成指令

步骤 05 单击“智能生成”按钮，稍等片刻，即可生成封面、目录和正文等内容，单击“立即创建”按钮，如图 5-12 所示。

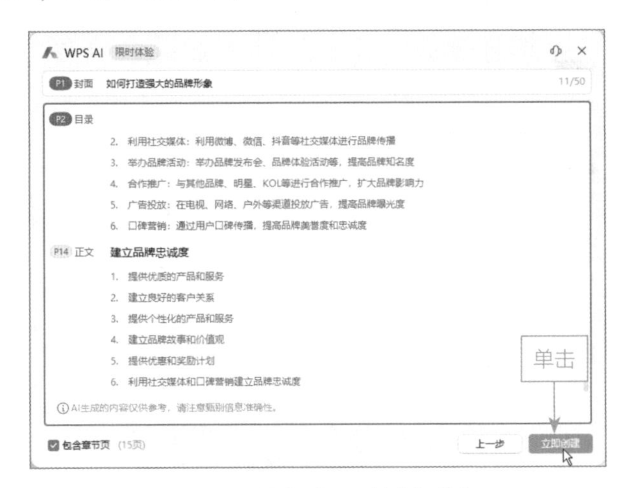

图 5-12 单击“立即创建”按钮

步骤 06 执行操作后，即可一键生成 PPT，部分效果如图 5-13 所示。

图 5-13 AI 一键生成 PPT（部分效果）

图 5-13（续）

5.2 WPS AI 智能优化 PPT

在 WPS 中，用户可以通过 WPS AI 助手提供的“扩写正文”“改写正文”“创作单页”“生成全文演讲备注”等功能，智能优化 PPT 中的内容，帮助用户在制作商务 PPT 时更加的高效、准确。

扫码看视频

5.2.1 练习实例：通过 AI 对话扩写正文

在 WPS 演示文稿中，通过 AI 的“扩写正文”功能，可以自动扩写原有的正文内容，为用户提供更多的文字描述内容和细节补充，具体操作如下。

步骤 01 打开一个演示文稿，如图 5–14 所示。

图 5–14　打开一个演示文稿

步骤 02 ❶ 选择第 13 张幻灯片中的第 1 个文本框，唤起 WPS AI，在 WPS AI 面板中，❷ 选择“内容处理”选项，如图 5–15 所示。

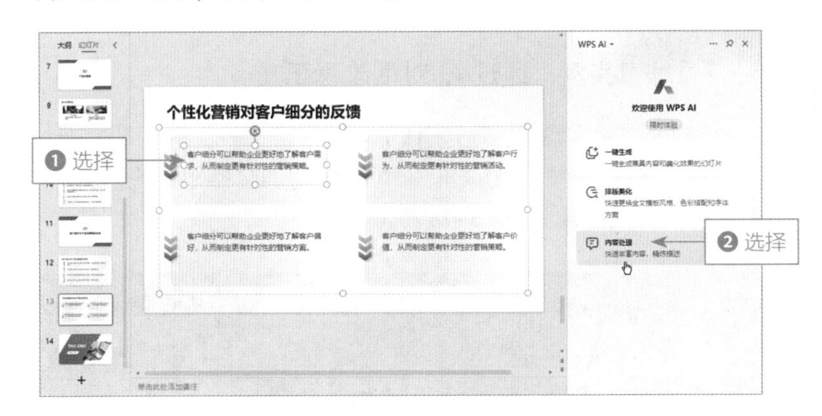

图 5–15　选择“内容处理”选项

步骤 03 执行操作后，弹出“请选择你所需的操作项：”界面，选择“扩写正文”选项，如图 5–16 所示。

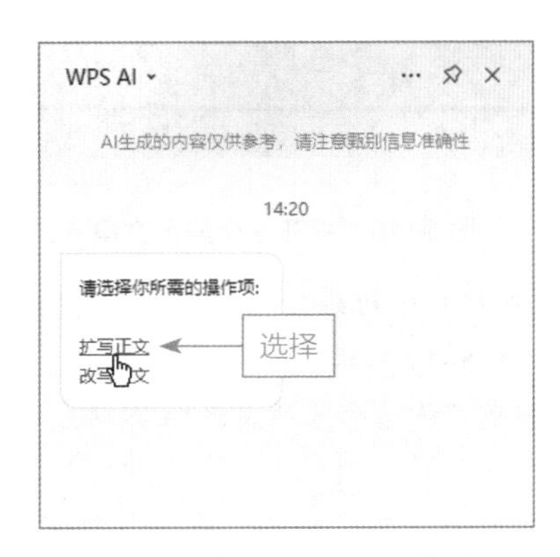

图 5–16　选择“扩写正文”选项

步骤 04 稍等片刻，即可扩写正文，单击“应用”按钮，如图 5-17 所示，即可应用 AI 扩写的内容，在幻灯片上调整文本框的大小和位置。

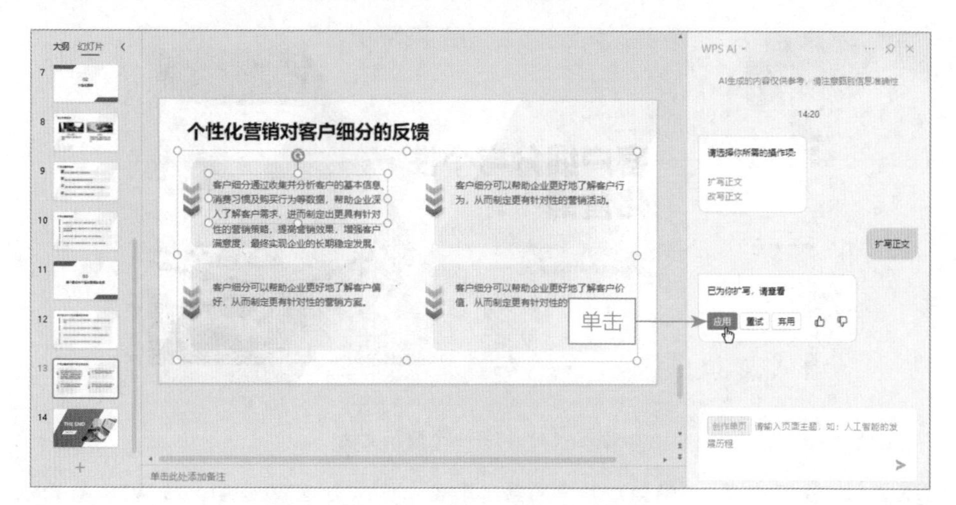

图 5-17 单击“应用”按钮

扫码看视频

5.2.2 练习实例：通过 AI 对话改写正文

在 WPS 演示文稿中，通过 AI 的“改写正文”功能，可以自动改写原有的正文内容，节约用户的人力成本和时间成本，具体操作如下。

步骤 01 打开一个演示文稿，如图 5-18 所示。

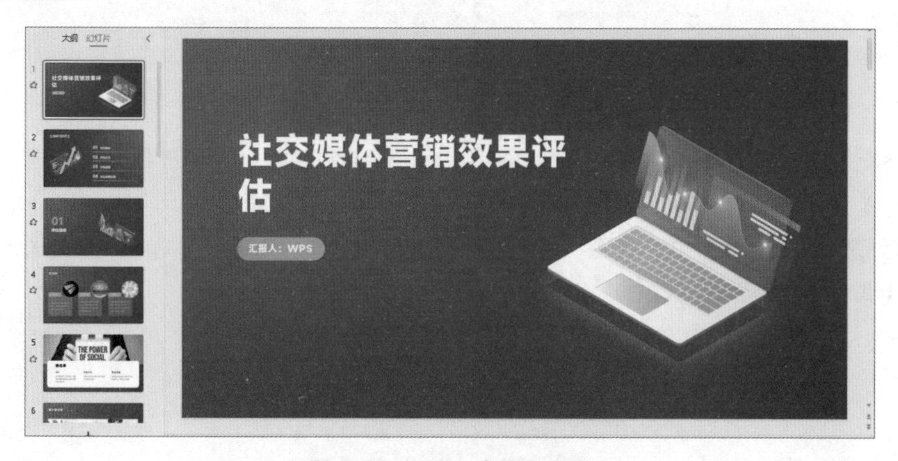

图 5-18 打开一个演示文稿

步骤 02 ❶ 选择第 12 张幻灯片中的第 2 个文本框，唤起 WPS AI，在 WPS AI 面板中，❷ 选择“内容处理”选项，如图 5-19 所示。

步骤 03 执行操作后，弹出“请选择你所需的操作项：”界面，选择“改写正文”选项，如图 5-20 所示。

步骤 04 稍等片刻，即可改写正文，单击“应用”按钮，如图 5-21 所示，即可应用 AI 改写的内容，完成改写正文操作。

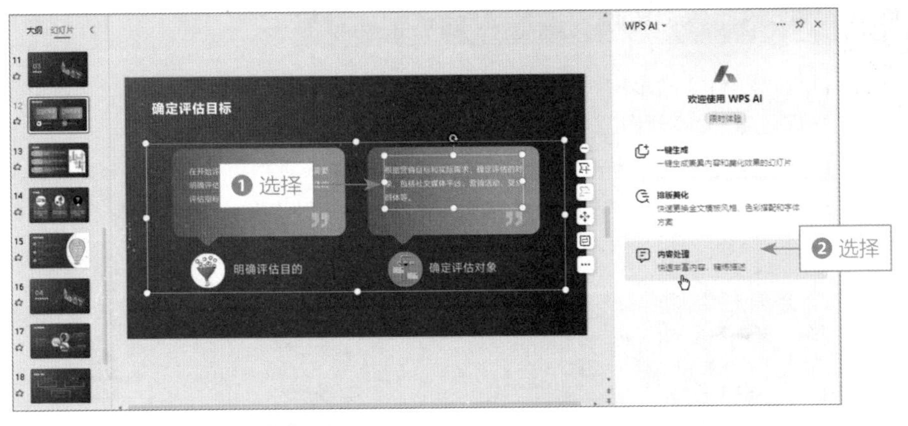

图 5-19　选择“内容处理”选项

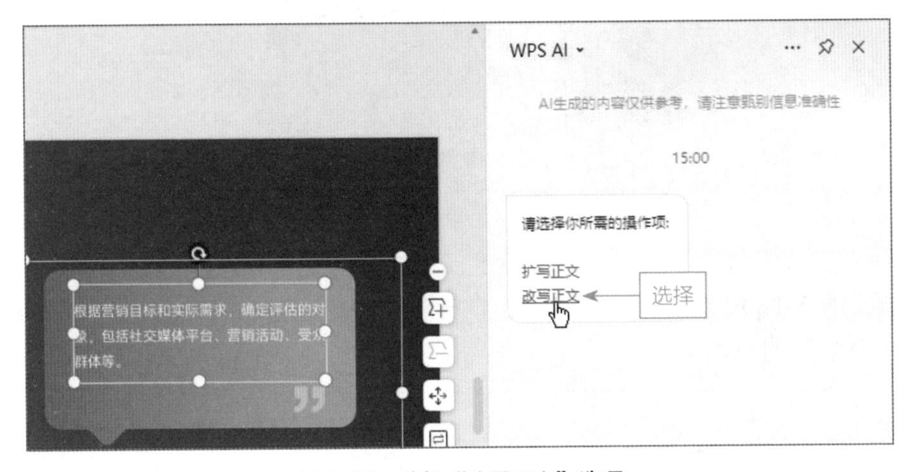

图 5-20　选择“改写正文”选项

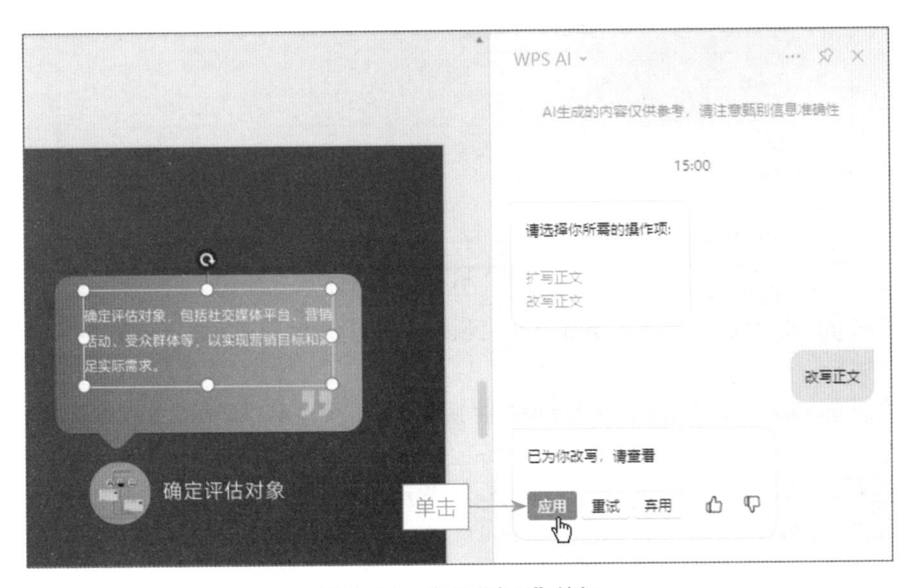

图 5-21　单击“应用”按钮

扫码看视频

5.2.3 练习实例：通过 AI 对话创作单页

在 WPS 演示中，WPS AI 除了可以一键创建完整的幻灯片外，还可以进行单页幻灯片的创作，具体操作如下。

步骤 01 打开一个演示文稿，需要在第 15 页幻灯片的下方创建一张新的幻灯片内容，❶ 选择第 15 页幻灯片，唤起 WPS AI，在 WPS AI 面板中，❷ 选择“一键生成”选项，如图 5-22 所示。

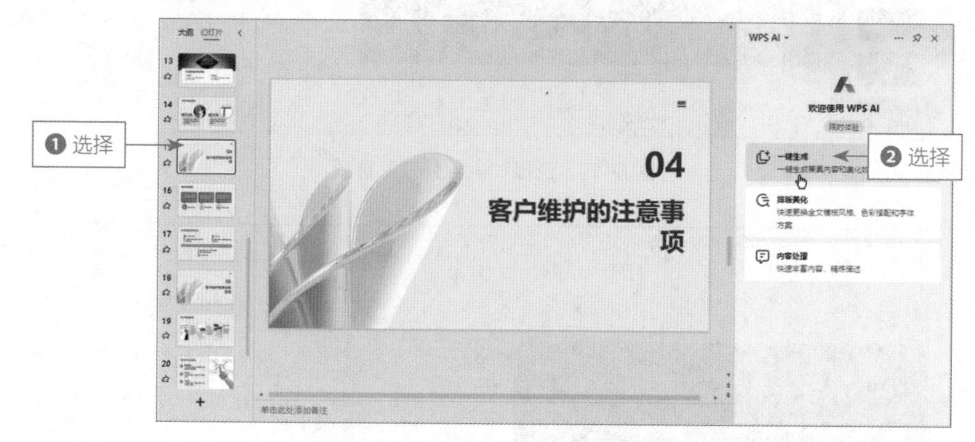

图 5-22 选择“一键生成”选项

步骤 02 WPS AI 默认进入“创作单页”模式，在输入框中输入页面主题“尊重客户隐私”，如图 5-23 所示。

图 5-23 输入页面主题

步骤 03 按 Enter 键或单击➤按钮发送主题，稍等片刻，AI 即可生成单页幻灯片，如图 5-24 所示。

步骤 04 生成完成后，AI 会提供幻灯片页面排版方案，在“你可在下方选择其他方案”界面中单击“换一换”按钮，如图 5-25 所示。

步骤 05 选择一款合适的方案，如图 5-26 所示。

步骤 06 单击“应用”按钮，即可应用所选方案，效果如图 5-27 所示，完成单页幻灯片的创作。

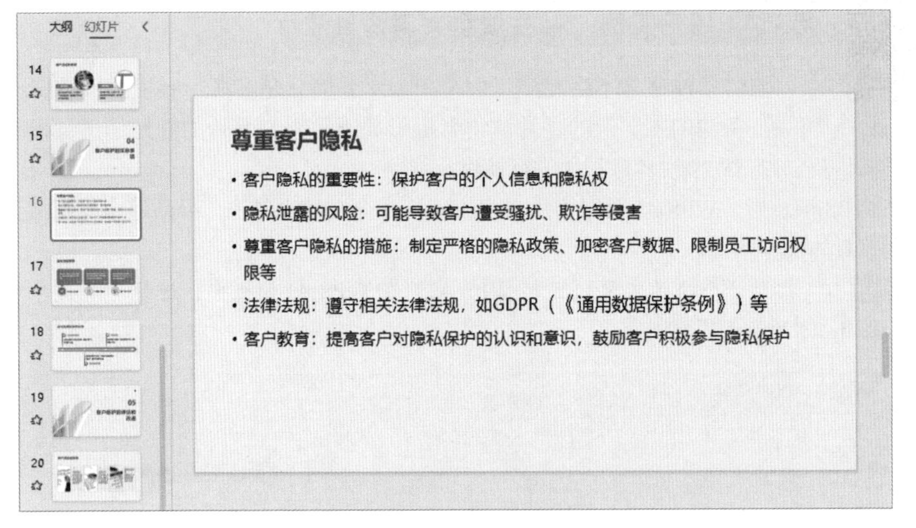

图 5-24　生成单页幻灯片

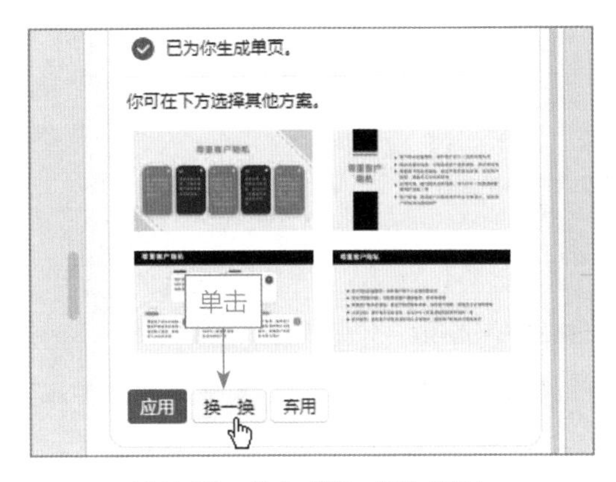

图 5-25　单击“换一换”按钮

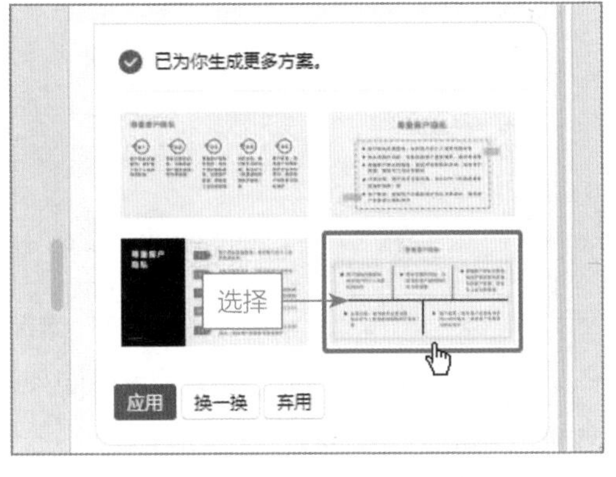

图 5-26　选择一款合适的方案

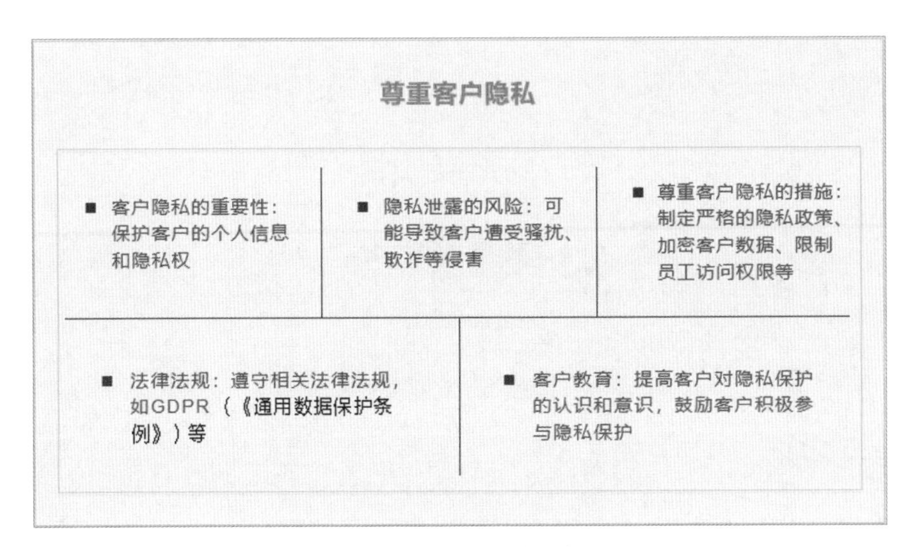

图 5-27　应用所选方案

扫码看视频

5.2.4 练习实例：AI 生成全文演讲备注

演讲备注通常不会在演示屏幕上显示，而只是在演示者模式或编辑模式下可见。备注的主要目的是为演讲者提供关于每张幻灯片的额外信息、提示、提醒或详细讲解，以帮助演讲者顺利地进行演讲。

在 WPS 演示中，WPS AI 可以为用户生成幻灯片全文演讲备注，帮助用户控制演讲进度和时间，具体操作如下。

步骤 01 打开一个演示文稿，唤起 WPS AI，在 WPS AI 面板中，选择“一键生成”选项，如图 5-28 所示。

图 5-28　选择“一键生成”选项

步骤 02 弹出“请选择你所需的操作项：”界面，在其中选择“生成全文演讲备注”选项，如图 5-29 所示。

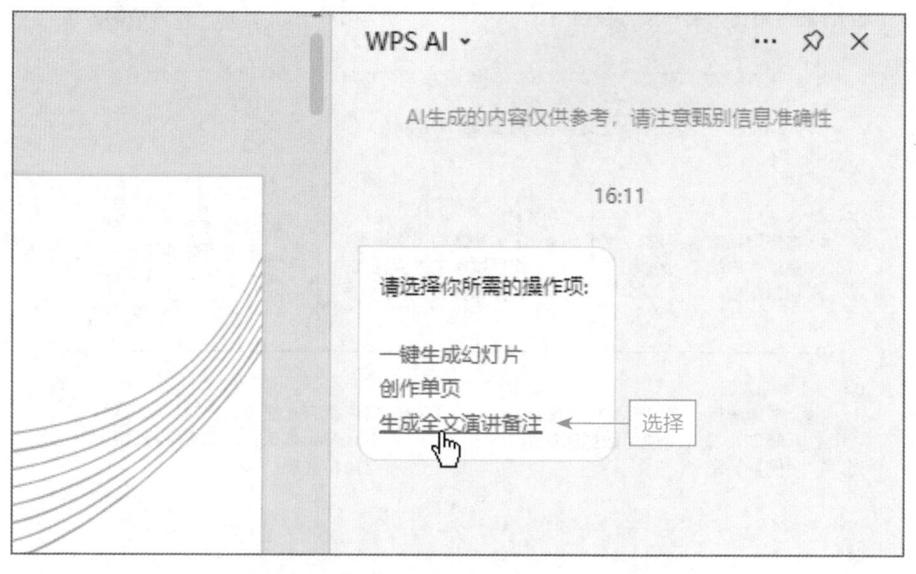

图 5-29　选择“生成全文演讲备注”选项

步骤 03 稍等片刻，即可生成演讲备注，单击“应用”按钮，如图5-30所示。

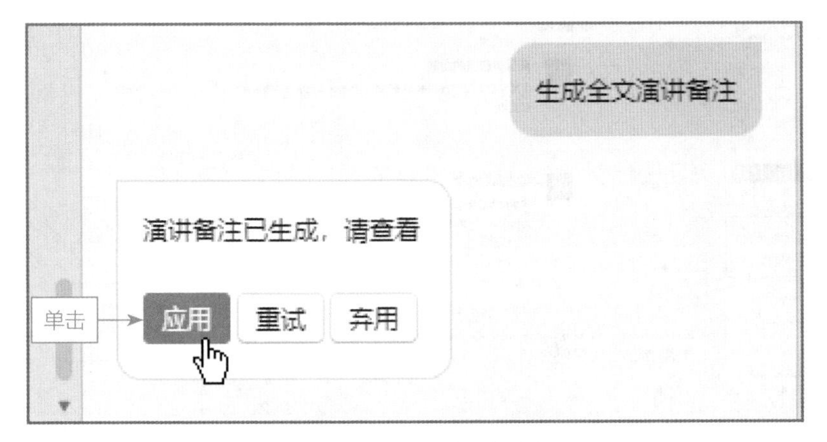

图5-30　单击“应用”按钮

步骤 04 执行操作后，可以在每一页幻灯片的备注栏中查看生成的演讲备注内容，如图5-31所示。

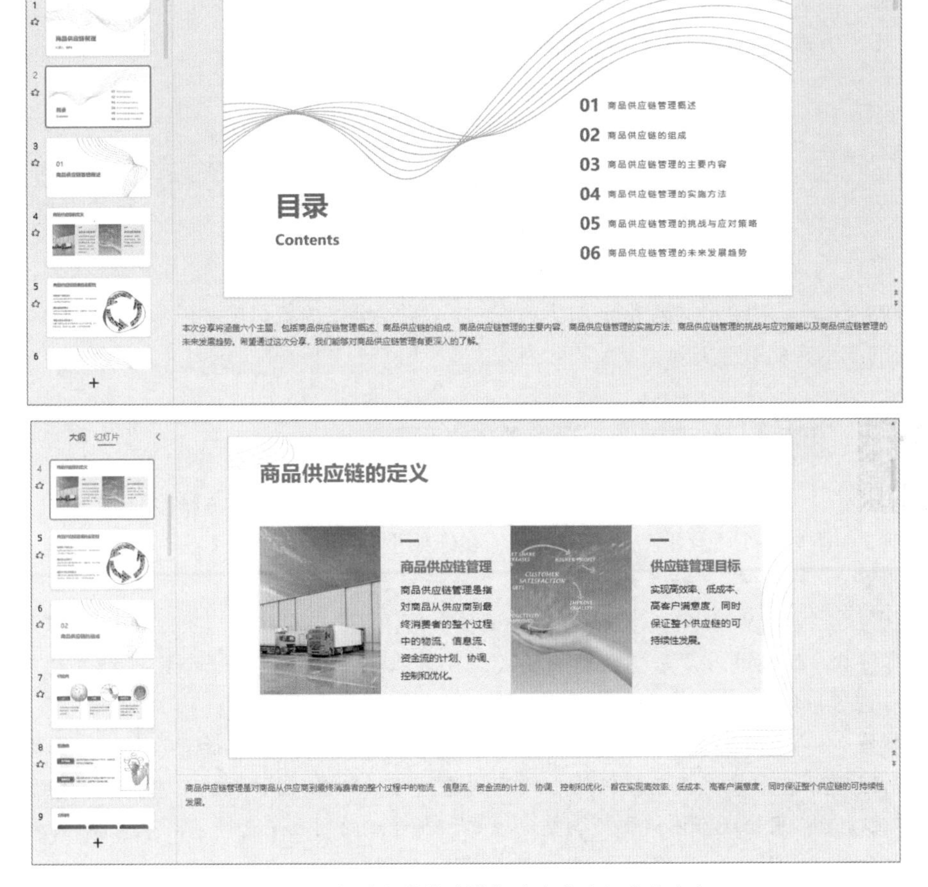

图5-31　查看生成的演讲备注内容（部分内容）

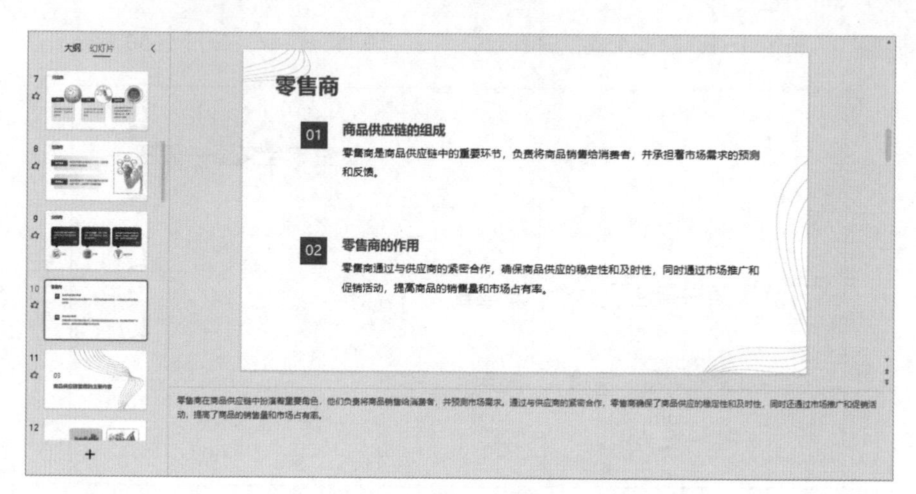

图 5-31（续）

专家提示

如果 AI 生成的演讲备注内容有误，用户可以在备注栏中直接进行编辑，将内容修改或删除。

5.3 WPS AI 排版美化 PPT

WPS AI 可以对演示文稿进行排版美化，快速更换全文模板风格、色彩搭配和字体方案，让用户的演示文稿更加美观、专业和吸引人。

扫码看视频

5.3.1 练习实例：通过 AI 对话更换主题

在 WPS 中使用 AI 助手，通过输入对话指令，WPS AI 即可推荐多个更具吸引力和个性化的主题方案，具体操作如下。

步骤 01 打开一个演示文稿，如图 5-32 所示。

步骤 02 唤起 WPS AI，弹出 WPS AI 面板，选择“排版美化”选项，如图 5-33 所示。

步骤 03 默认进入“更换主题”模式，在输入框中输入“换一个橙色渐变简约风主题”，如图 5-34 所示。

步骤 04 按 Enter 键发送，WPS AI 即可提供多款主题方案，选择一款合适的主题方案，如图 5-35 所示。如果对当前提供的主题不满意，可以单击“换一换”按钮查看 WPS AI 准备的其他主题；用户还可以单击“调整”按钮，在弹出的列表中选择“商务”“中国风”“科技风”“文艺清新”“卡通”等主题风格。

图 5-32　打开一个演示文稿

图 5-33　选择“排版美化”选项

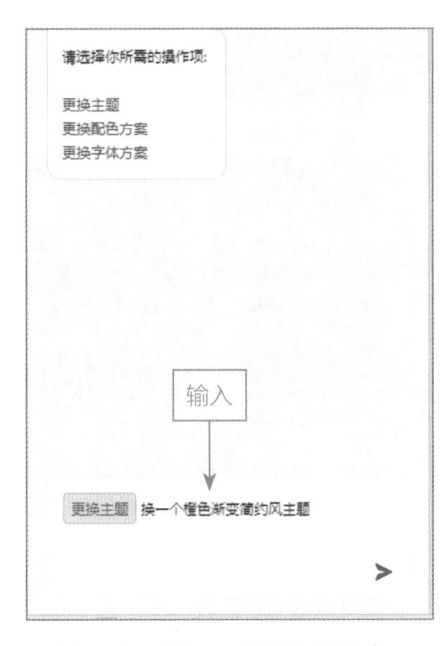

图 5-34　输入更换主题的指令

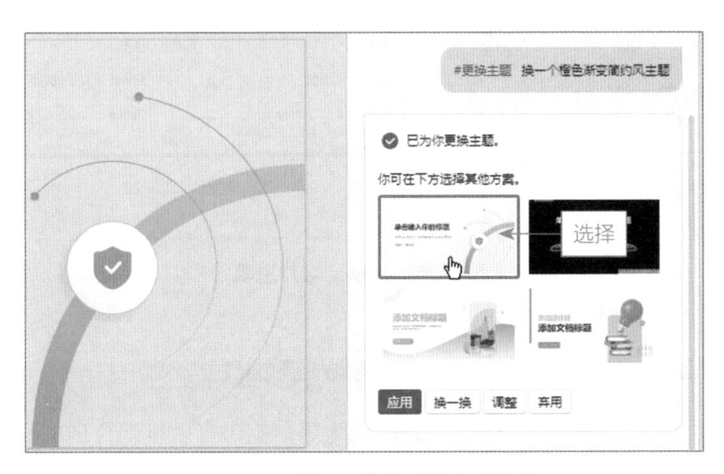

图 5-35　选择一款合适的主题方案

步骤 05 单击“应用”按钮，即可更换幻灯片主题，如图 5-36 所示。

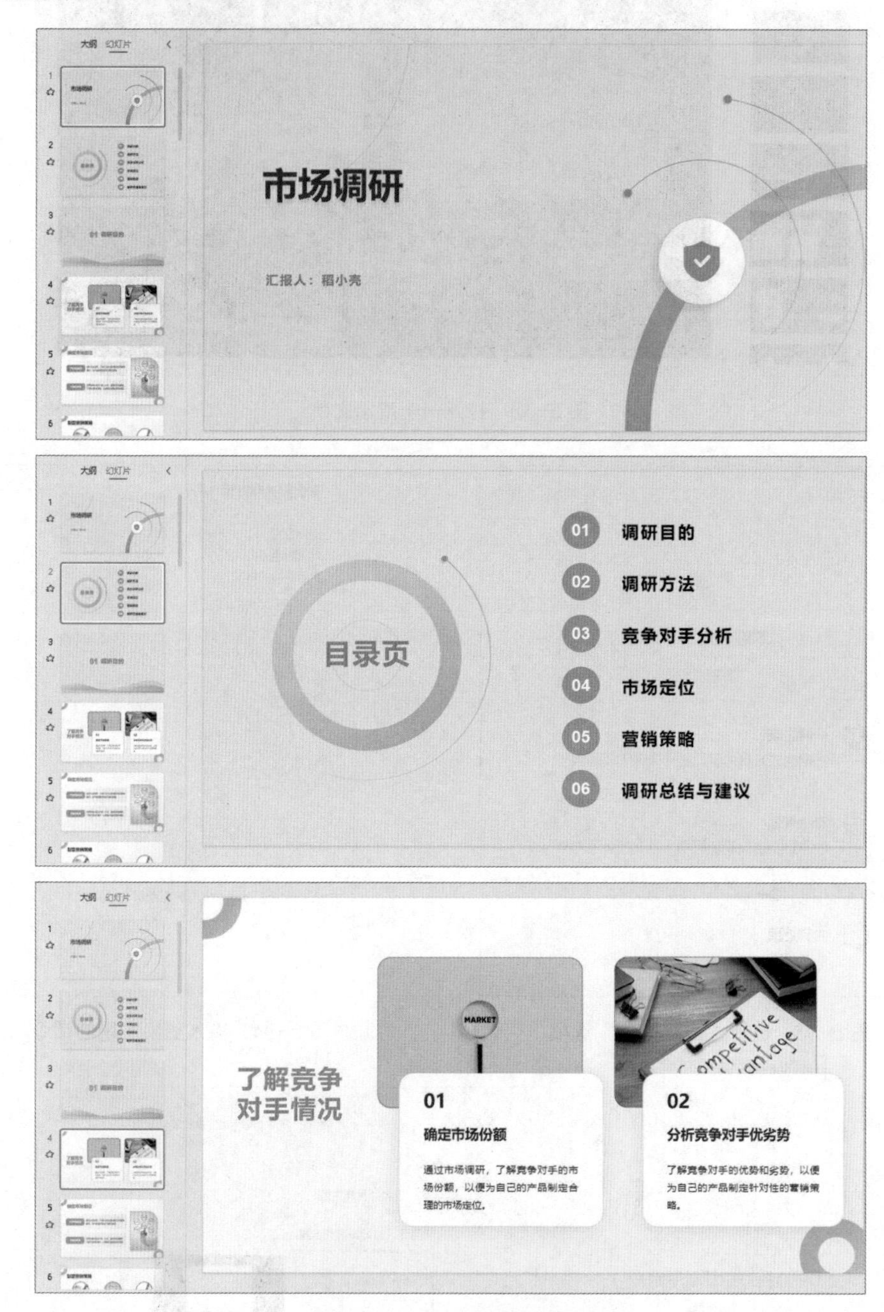

图 5-36 更换幻灯片主题

扫码看视频

5.3.2 练习实例：通过 AI 对话更换配色

在 WPS 中使用 AI 助手，可以为用户提供多款搭配合理的配色方案，方便用户根据自己的喜好和需求制作出更加美观的演示文稿，具体操作如下。

步骤 01 打开一个演示文稿，如图 5-37 所示。

图 5-37 打开一个演示文稿

步骤 02 唤起 WPS AI，弹出 WPS AI 面板，选择“排版美化”选项，进入相应面板，选择“更换配色方案”选项，如图 5-38 所示。

步骤 03 进入“更换配色方案”模式，在输入框中输入指令“换一套以橙黄色或粉色为主色调的配色方案”，如图 5-39 所示。

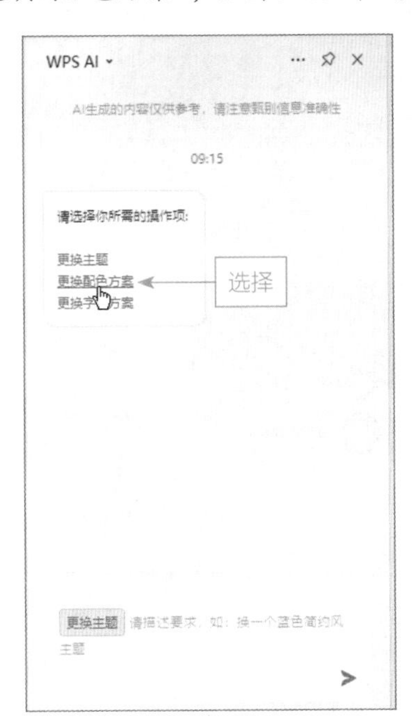

图 5-38 选择“更换配色方案”选项

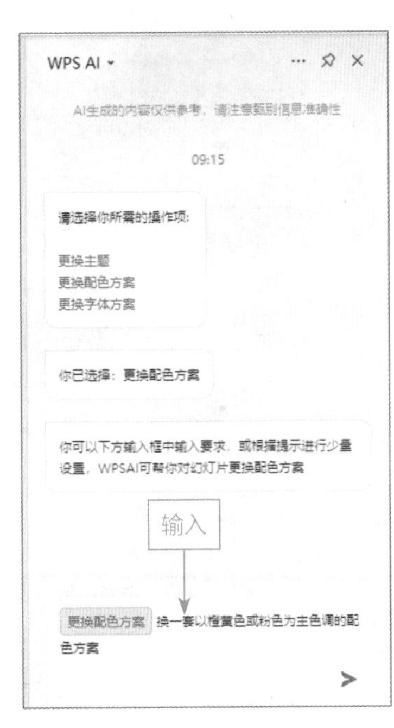

图 5-39 输入指令

步骤 04 按 Enter 键发送，WPS AI 即可提供多款配色方案，选择一款合适的配色方案，如图 5-40 所示。

步骤 05 单击“应用”按钮，即可更换幻灯片的配色方案，效果如图 5-41 所示。关闭 WPS AI 面板，检查幻灯片中的内容，如果有多余的文本框，可以将其删除。

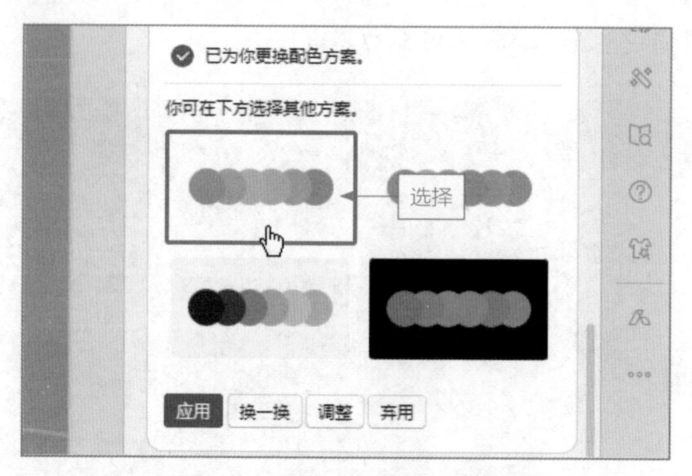

图 5-40　选择一款合适的配色方案

图 5-41　更换幻灯片的配色方案

5.4 综合实例：用 WPS AI 生成市场营销策略 PPT

扫码看视频

市场营销策略 PPT 也是商务 PPT 的一种，主要用于展示市场分析、产品分析、品牌营销策略、营销推广和营销计划等，可以帮助企业更好地理解市场需求、竞争对手和目标客户，从而制定出更有效的市场营销策略。下面介绍用 WPS AI 生成市场营销策略 PPT 的操作方法。

步骤 01 新建一个空白的演示文稿，在菜单栏中单击 WPS AI 标签，弹出 WPS AI 面板，在其中选择“内容处理”选项，如图 5-42 所示。

步骤 02 ❶ 单击输入框中的相应按钮，❷ 在弹出的下拉列表中选择“一键生成幻灯片”选项，如图 5-43 所示。

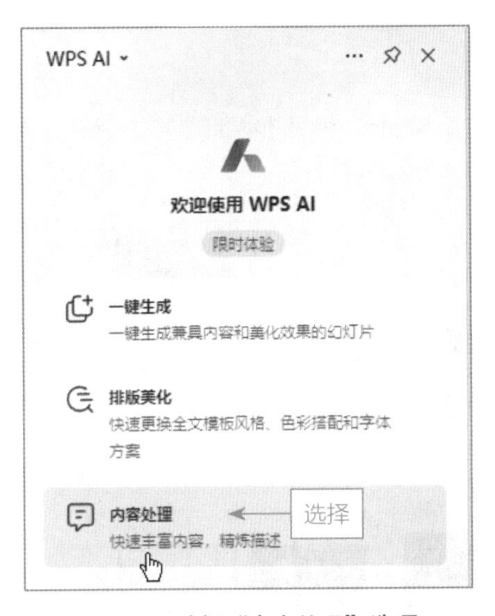

图 5-42 选择“内容处理”选项

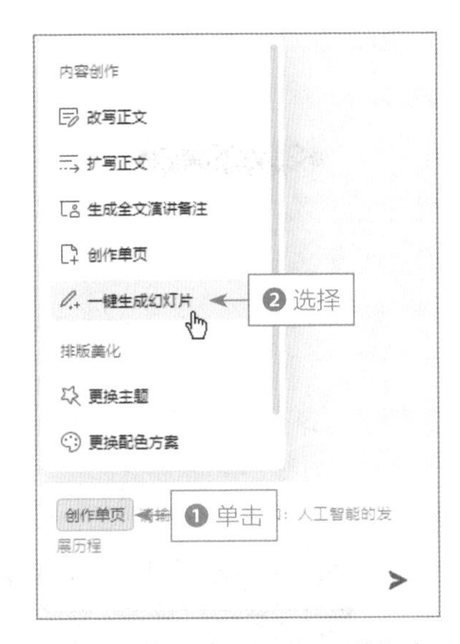

图 5-43 选择“一键生成幻灯片”选项

步骤 03 执行操作后，弹出 WPS AI 输入框，输入 PPT 生成指令“品牌促销与推广策略”，如图 5-44 所示。

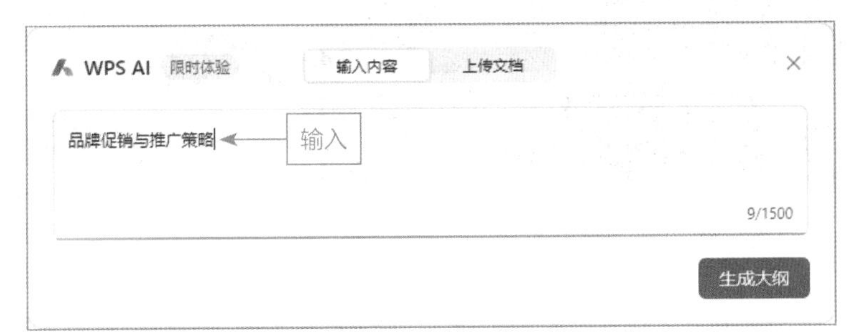

图 5-44 输入 PPT 生成指令

步骤 04 单击“生成大纲”按钮，稍等片刻，即可生成封面、章节和正文等内容，单击“生成幻灯片”按钮，如图 5-45 所示。

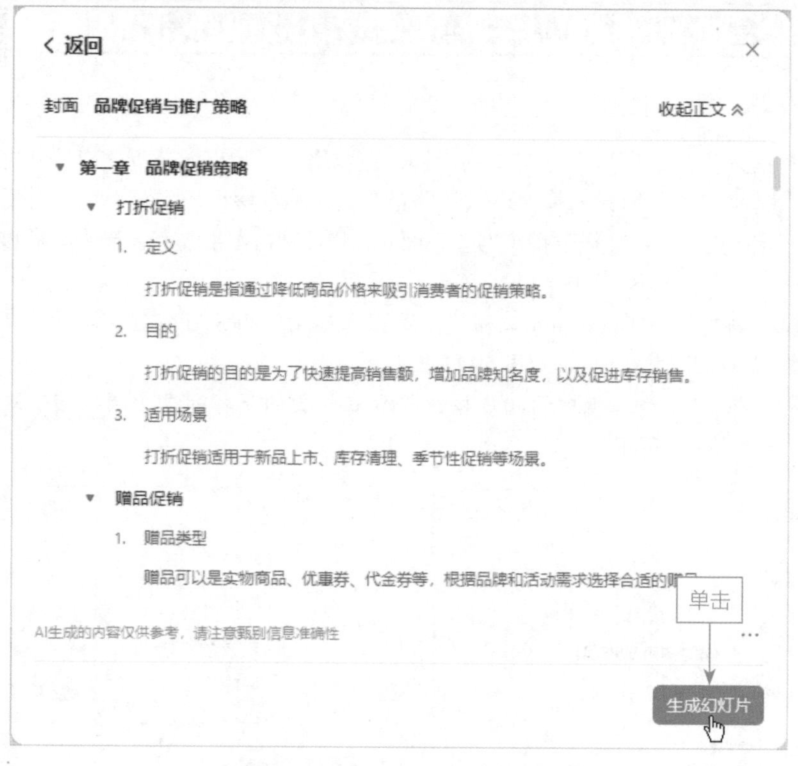

图 5-45 单击“生成幻灯片”按钮

步骤 05 弹出“选择幻灯片模板”对话框，选择一个合适的模板样式，单击“创建幻灯片”按钮，如图 5-46 所示。

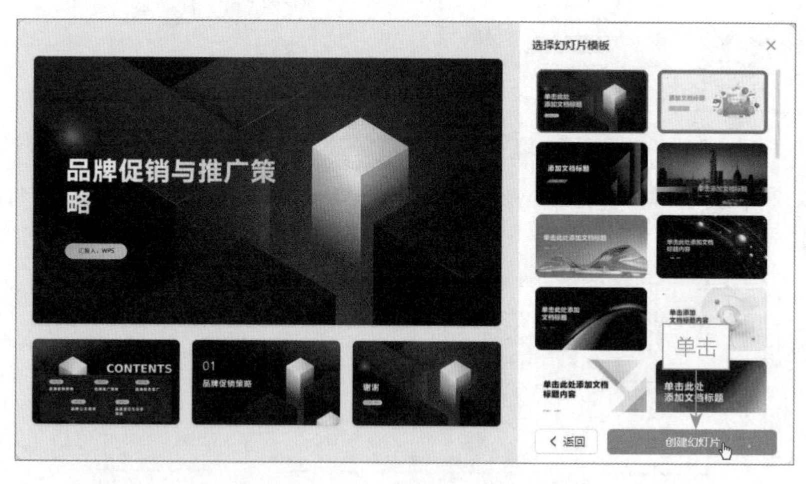

图 5-46 单击“创建幻灯片”按钮

步骤 06 执行操作后，即可一键生成 PPT，部分效果如图 5-47 所示。

图 5-47　AI 一键生成 PPT（部分效果）

5.5　综合实例：用 WPS AI 生成商务沟通培训 PPT

扫码看视频

商务沟通是企业之间交流与合作的关键，通过有效的沟通技巧和方法，可以建立良好的商业关系。下面介绍用 WPS AI 生成商务沟通培训 PPT 的操作方法。

步骤 01 新建一个空白的演示文稿，在菜单栏中单击 WPS AI 标签，如图 5-48 所示。

步骤 02 弹出 WPS AI 面板，在其中选择“一键生成”选项，进入相应面板，选择“一键生成幻灯片”选项，如图 5-49 所示。

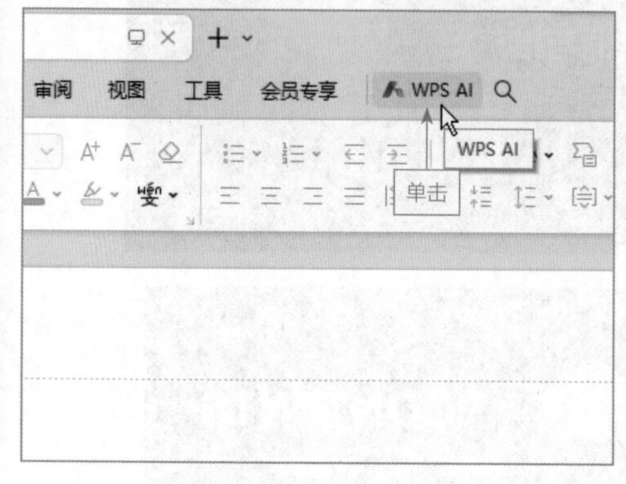

图 5-48 单击 WPS AI 标签

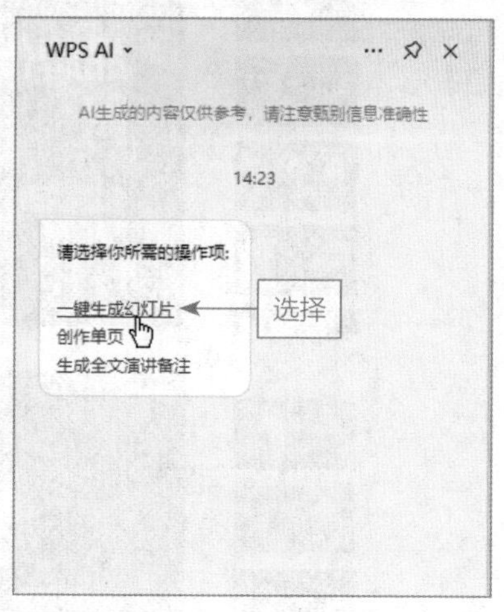

图 5-49 选择“一键生成幻灯片”选项

步骤 03 执行操作后，弹出 WPS AI 输入框，输入 PPT 生成指令“商务沟通要点培训”，如图 5-50 所示。

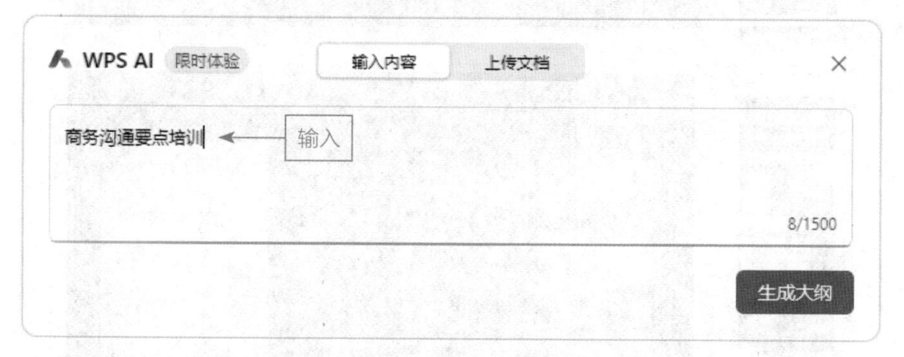

图 5-50 输入 PPT 生成指令

专家提示

在 WPS AI 输入框中，用户还可以在“上传文档”选项卡中导入本地文档，WPS 演示文稿也可以快速成文。

步骤 04 单击“生成大纲”按钮，稍等片刻，即可生成封面、章节和正文等内容，单击“生成幻灯片”按钮，如图 5-51 所示。

步骤 05 弹出“选择幻灯片模板”对话框，选择一个合适的模板样式，单击“创建幻灯片”按钮，如图 5-52 所示。

< 返回

封面 **商务沟通要点培训** 收起正文

▼ **第一章 商务沟通的基本原则**

▼ 尊重对方

1. 平等对待

无论对方的身份、地位如何，商务沟通中应平等对待，不卑不亢。

2. 倾听对方

在沟通过程中，要认真倾听对方的意见和建议，尊重对方的观点。

3. 避免攻击

商务沟通中应避免攻击性言语，尊重对方的尊严和权益。

▼ 明确目的

1. 商务沟通的目标

在商务沟通中，首先需要明确沟通的目标，包括了解对方的需求、传递信息、解决

AI生成的内容仅供参考，请注意甄别信息准确性

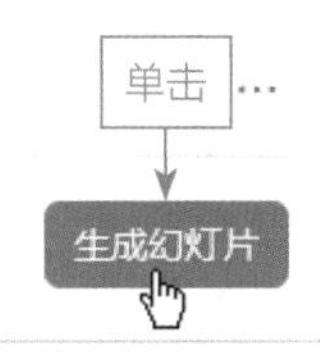

图 5-51　单击“生成幻灯片”按钮

图 5-52　单击“创建幻灯片”按钮

步骤 06 执行操作后，即可一键生成 PPT，部分效果如图 5-53 所示。

图 5-53　AI 一键生成 PPT（部分效果）

本章小结

本章主要介绍了如何用 WPS AI 生成商务 PPT 的操作，包括生成数据营销报告 PPT、生成品牌建设商务 PPT、生成市场营销策略 PPT 和生成商务沟通培训 PPT 等内容，以及使用

AI 扩写正文、改写正文、创作单页、生成全文演讲备注、更换主题和更换配色等实操技巧。通过对本章的学习，读者能够熟练使用 WPS AI 生成各类商务 PPT，同时掌握利用 WPS AI 更换 PPT 主题和配色方案的操作方法。

课后习题

扫码看视频

1. 在 WPS 演示文稿中，如何让 WPS AI 更换配色？效果如图 5-54 所示。

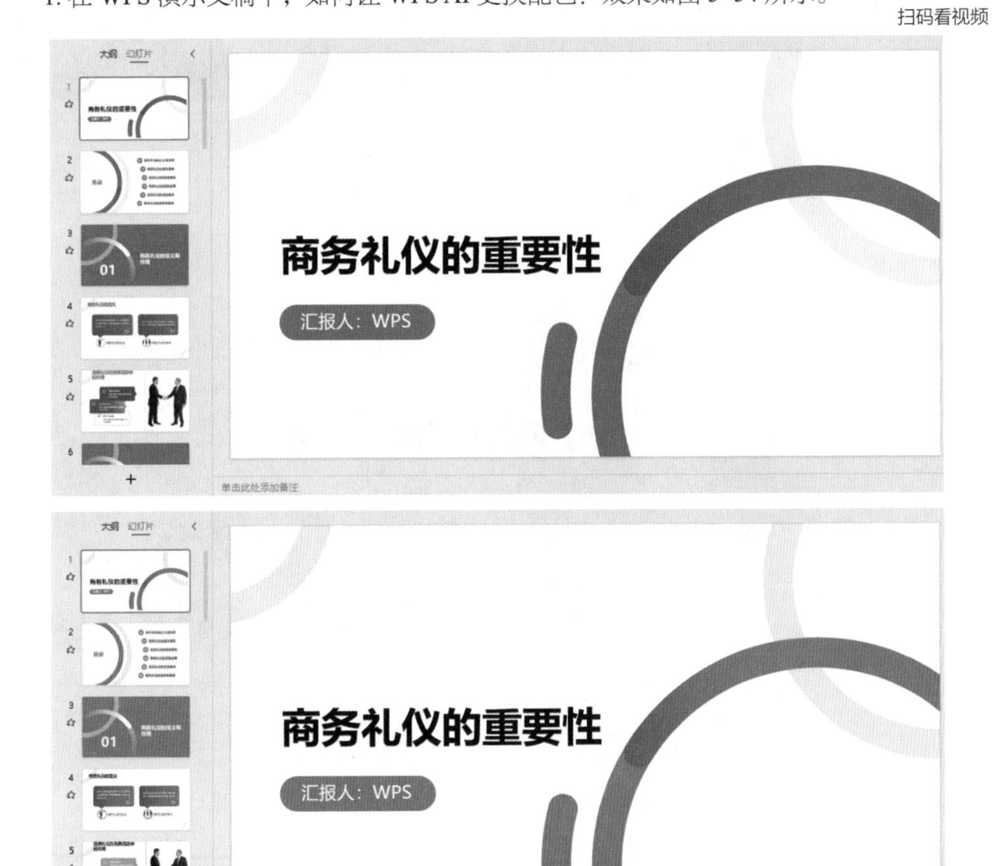

图 5-54　让 WPS AI 更换配色（素材更改前后效果对比）

2. 在 WPS 演示文稿中，如何让 WPS AI 更换字体？效果如图 5-55 所示。

扫码看视频

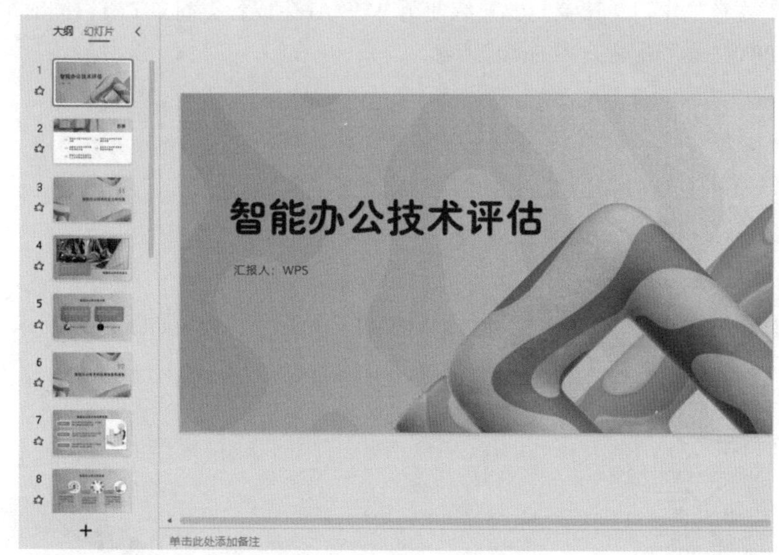

图 5-55　让 WPS AI 更换字体（素材更改前后效果对比）

用 WPS AI 分析 PDF 文档　第 6 章

WPS 的 PDF AI 功能可以智能扫描文档内容，帮助用户完成总结长文信息、追溯原文信息和提炼外文翻译等文章处理任务，让用户能够轻松高效地阅读论文、报告、手册、合同、文章和书籍等 PDF 文档。PDF 的文档格式转换、编辑与添加图文内容是 PDF 文档处理不可或缺的一部分，本章也做了重点介绍。

本章重点

- ➢ 使用 WPS AI 扫描分析 PDF 文档
- ➢ 转换 PDF 文档格式
- ➢ 编辑与添加图文内容
- ➢ 综合实例：翻译外文合同内容

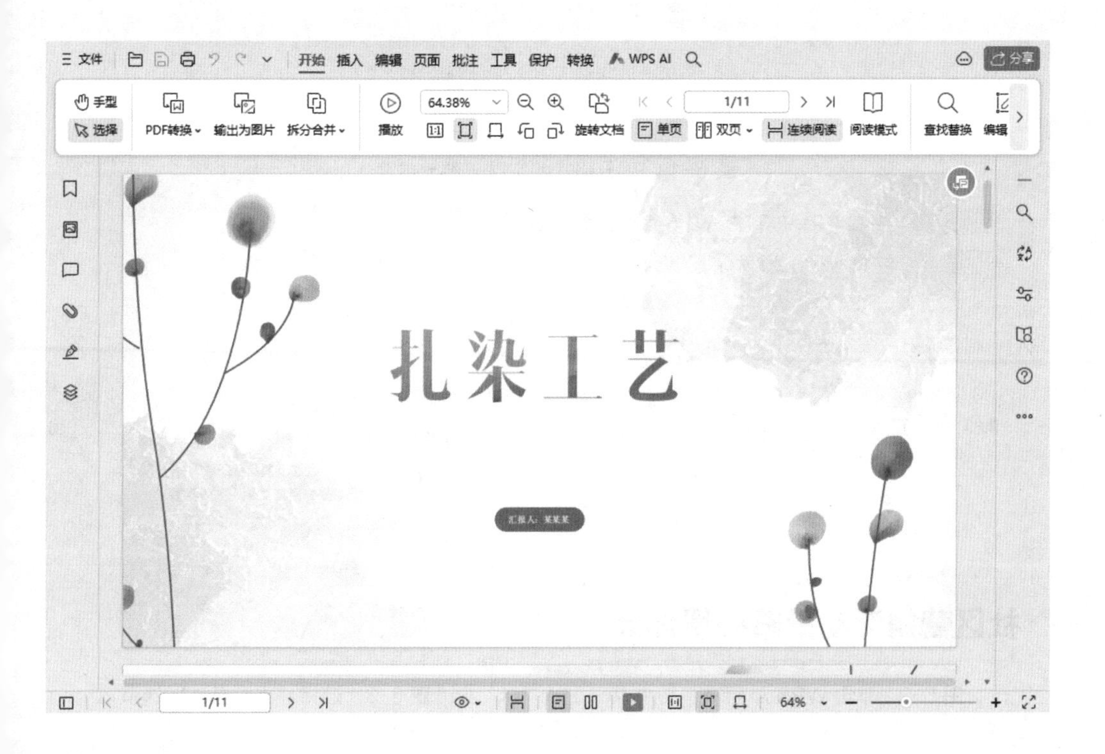

6.1 使用 WPS AI 扫描分析 PDF 文档

WPS AI 可以快速扫描 PDF 文档，并通过自然语言处理技术对文档内容进行智能识别和理解分析，包括总结全文、问题咨询、检索文档和提取要点等，提高用户的阅读效率和工作效率。

扫码看视频

6.1.1 练习实例：通过 AI 总结文章要点

在 WPS PDF 中，WPS AI 可以帮助用户理解文章、分析文章的核心要点和主题内容，为用户提供便捷的阅读体验。下面介绍具体的操作方法。

步骤 01 打开一篇 PDF 格式的文章，部分内容如图 6–1 所示，需要总结全文、提炼要点。

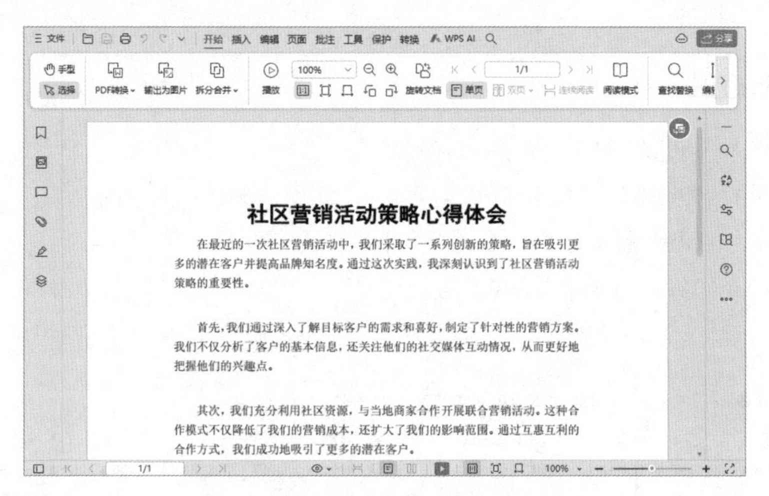

图 6–1　PDF 格式的文章（部分内容）

步骤 02 在菜单栏中单击 WPS AI 标签，如图 6–2 所示。

步骤 03 弹出 WPS AI 面板，选择“文章总结”选项，如图 6–3 所示。

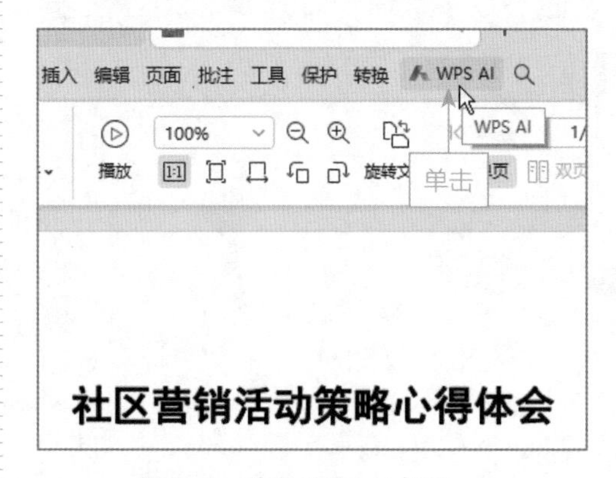

图 6–2　单击 WPS AI 标签

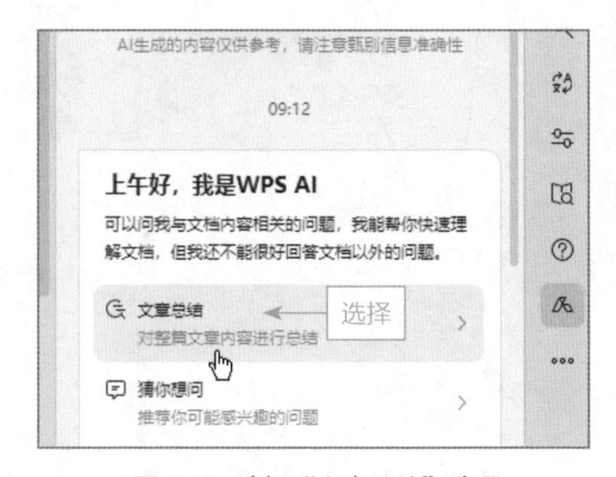

图 6–3　选择“文章总结”选项

步骤 04 执行操作后，即可进行文章总结，效果如图 6-4 所示。用户可以单击“复制”按钮，将总结的内容复制保存到 Word 文档或记事本等文件中。

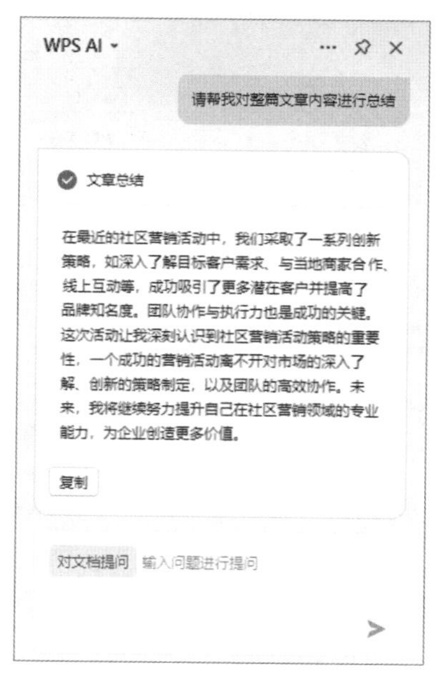

图 6-4　文章总结效果

6.1.2　练习实例：通过 AI 对话检索文档

扫码看视频

在 WPS PDF 中，AI 可以检索文档内容，帮助用户分析文章中的关键词信息，用户可以直接用关键词提问，或在文章中选取关键词信息进行提问。下面介绍具体的操作方法。

步骤 01 打开一篇 PDF 格式的文章，部分内容如图 6-5 所示，需要检索关键信息。

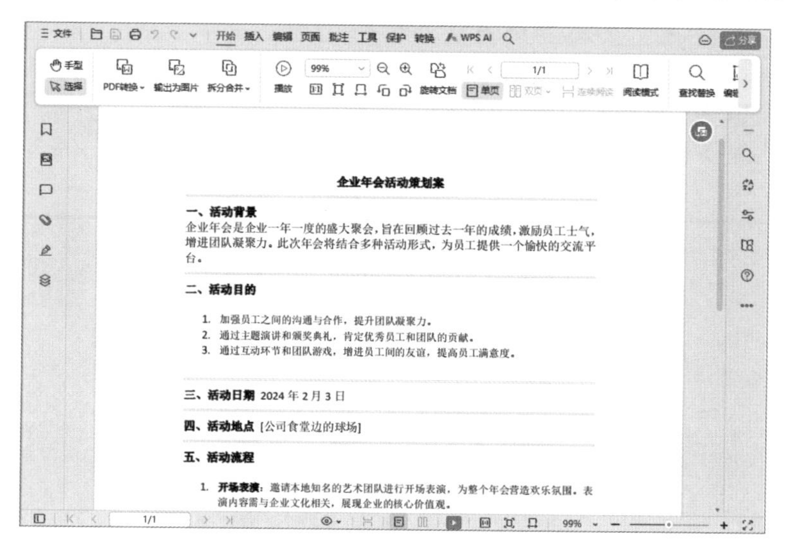

图 6-5　PDF 格式的文章（部分内容）

步骤 02 在菜单栏中单击 WPS AI 标签，弹出 WPS AI 面板，根据文章内容在输入框中输入检索指令“检索关键词：互动环节”，如图 6–6 所示。

步骤 03 按 Enter 键发送或单击➤按钮，稍等片刻，AI 即可检索文档中与关键词相关的内容，效果如图 6–7 所示。

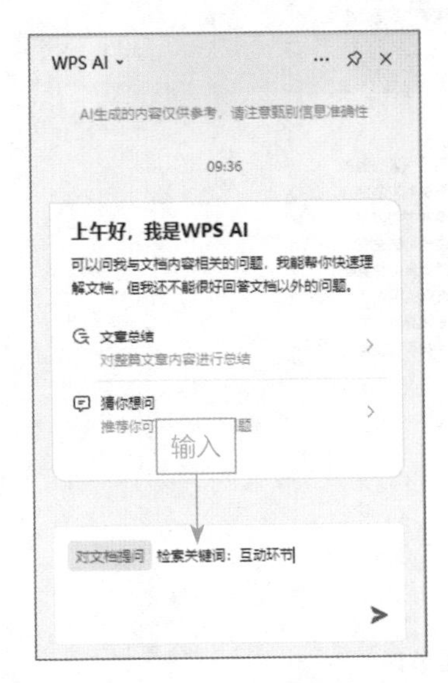

图 6–6 输入检索指令

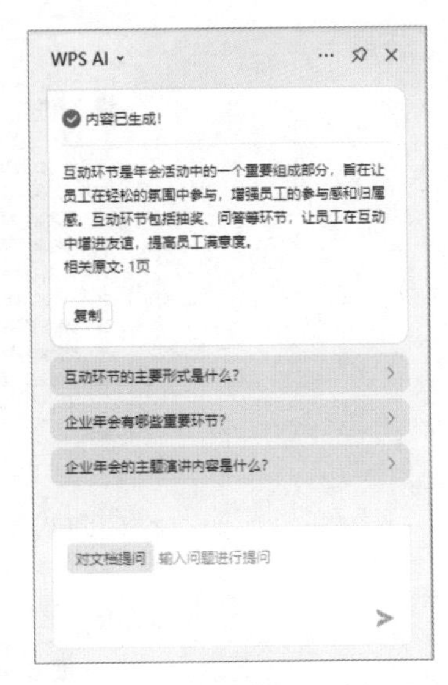

图 6–7 AI 检索文档后的效果

扫码看视频

6.1.3 练习实例：通过 AI 总结段落要点

WPS AI 为用户提供了“详细”和“精简”两种总结模式，用户还可以在文档中选择某一个段落，让 AI 总结段落要点。下面介绍具体的操作方法。

步骤 01 打开一篇 PDF 格式的文章，部分内容如图 6–8 所示，需要总结文章段落要点。

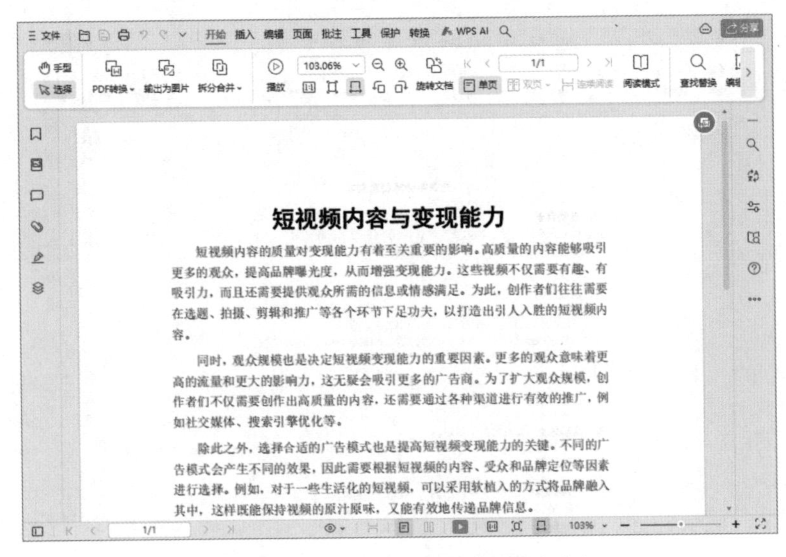

图 6–8 PDF 格式的文章（部分内容）

步骤 02 ❶ 选择PDF格式文章中需要总结的一个或多个段落，❷ 在弹出的悬浮面板中单击WPS AI下拉按钮，❸ 在弹出的下拉列表中选择“总结”→“详细”选项，如图6-9所示。

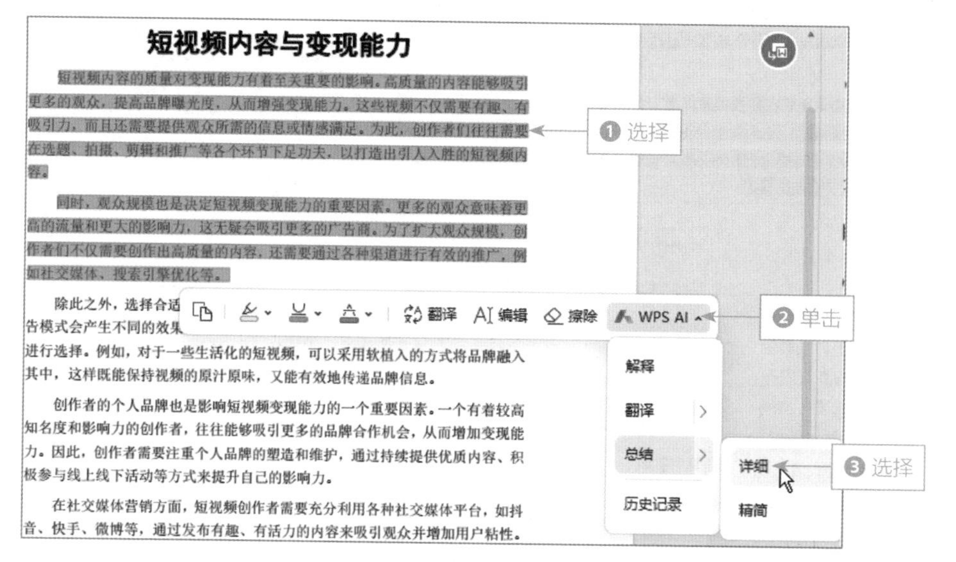

图6-9 选择“详细”选项

步骤 03 弹出相应对话框，其中已经生成了详细的要点总结，单击“生成批注”按钮，效果如图6-10所示。

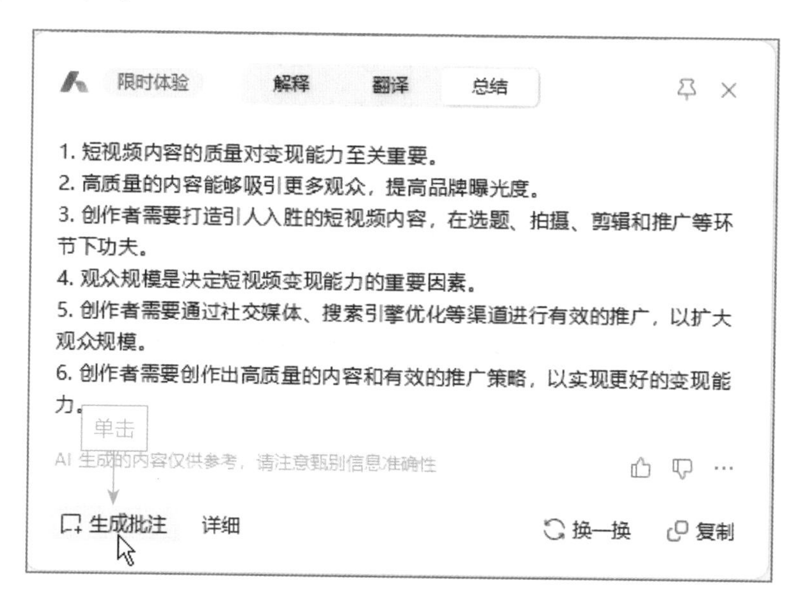

图6-10 单击“生成批注”按钮

步骤 04 执行操作后，即可生成一个详细的要点总结批注，效果如图6-11所示。

步骤 05 ❶ 再次选择文章中需要总结的段落内容，右击，❷ 在弹出的快捷菜单中选择WPS AI→“总结”→“精简”选项，如图6-12所示。

短视频内容与变现能力

短视频内容的质量对变现能力有着至关重要的影响。高质量的内容能够吸引更多的观众，提高品牌曝光度，从而增强变现能力。这些视频不仅需要有趣、有吸引力，而且还需要提供观众所需的信息或情感满足。为此，创作者们往往需要在选题、拍摄、剪辑和推广等各个环节下足功夫，以打造出引人入胜的短视频内容。

同时，观众规模也是决定短视频变现能力的重要因素。更多的观众意味着更高的流量和更大的影响力，这无疑会吸引更多的广告商。为了扩大观众规模，创作者们不仅需要创作出高质量的内容，还需要通过各种渠道进行有效的推广，例如社交媒体、搜索引擎优化等。

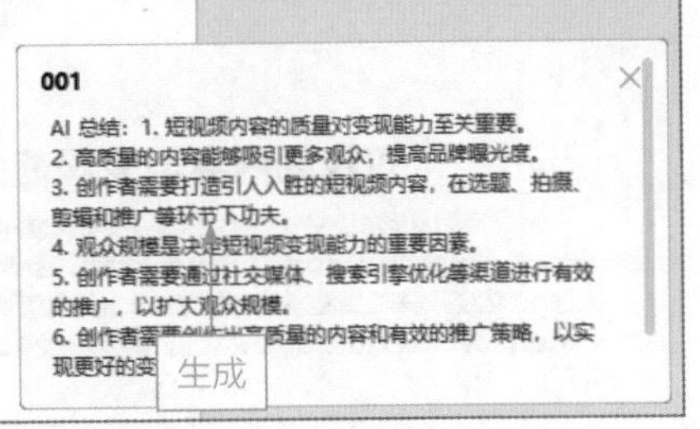

图 6-11　生成一个详细的要点总结批注

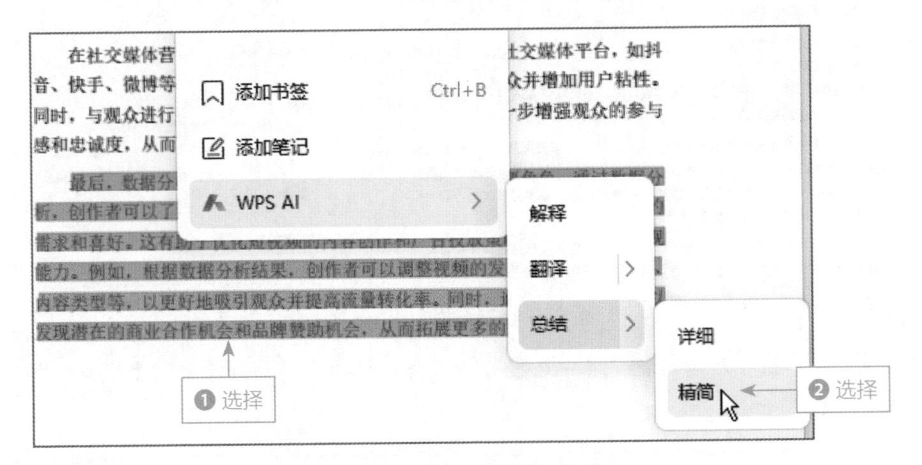

图 6-12　选择“精简”选项

步骤 06 弹出相应对话框，可以看到生成了精简的要点总结，单击“生成批注”按钮，效果如图 6-13 所示。

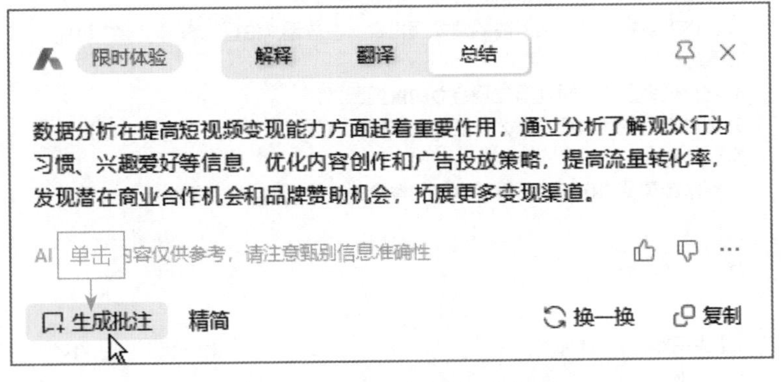

图 6-13　单击“生成批注”按钮

步骤 07 执行操作后，即可生成一个精简的要点总结批注，将鼠标指针移至批注内容的任意位置，即可弹出生成的批注内容，效果如图 6-14 所示。

最后，数据分析在提高短视频变现能力方面也扮演着重要角色。通过数据分析，创作者可以了解观众的行为习惯、兴趣爱好等信息，从而更好地把握观众的需求和喜好。这有助于优化短视频的内容创作和广告投放策略，进一步提高变现能力。例如，根据数据分析结果，创作者可以调整视频的发布时间、发布频率、内容类型等，以更好地吸引观众并提高流量转化率。同时，通过数据分析还可以发现潜在的商业合作机会和品牌赞助机会，从而拓展更多的变现渠道。

弹出

001

AI 总结：数据分析在提高短视频变现能力方面起着重要作用，通过分析了解观众行为习惯、兴趣爱好等信息，优化内容创作和广告投放策略，提高流量转化率，发现潜在商业合作机会和品牌赞助机会，拓展更多变现渠道。

图 6-14　弹出生成的批注内容

技巧提示

PDF AI 功能的使用入口

打开一篇 PDF 格式的文章，右击，在弹出的快捷菜单中选择 WPS AI 选项，如图 6-15 所示，即可唤起 WPS AI，弹出 WPS AI 面板。

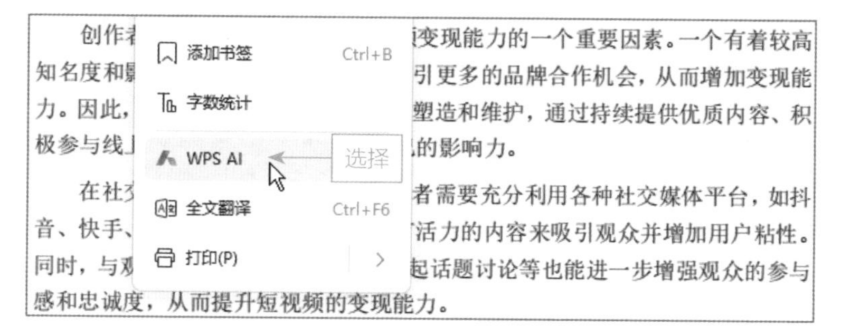

图 6-15　选择 WPS AI 选项唤起 WPS AI

6.1.4　练习实例：选择 AI 推荐的问题

扫码看视频

在 WPS PDF 中，WPS AI 提供了“猜你想问”功能，可以推荐用户可能会感兴趣的问题，用户可以通过选择推荐的问题向 AI 咨询，获得相关信息。下面介绍具体的操作方法。

步骤 01 打开一篇 PDF 格式的文章，部分内容如图 6-16 所示，需要通过向 AI 咨询问题，了解文章内容。

步骤 02 在菜单栏中单击 WPS AI 标签，弹出 WPS AI 面板，选择“猜你想问”选项，如图 6-17 所示。

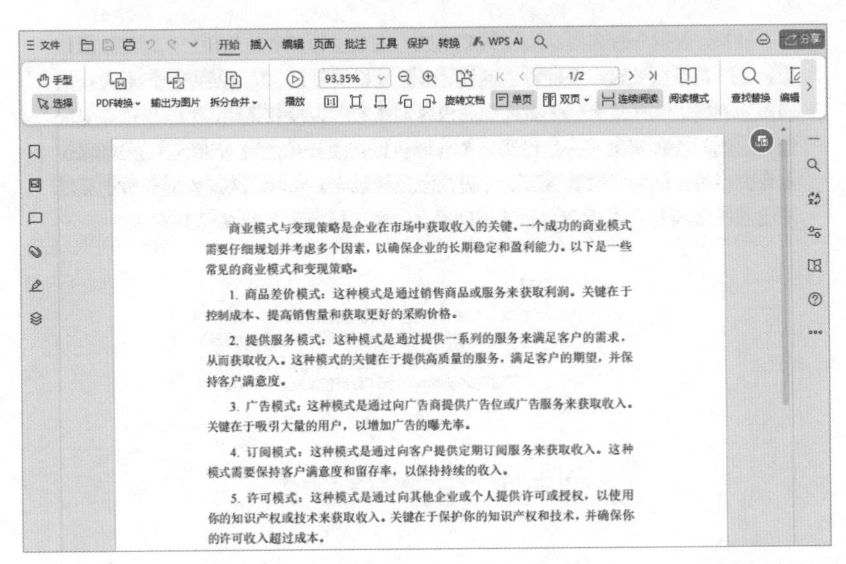
商业模式与变现策略是企业在市场中获取收入的关键。一个成功的商业模式需要仔细规划并考虑多个因素，以确保企业的长期稳定和盈利能力。以下是一些常见的商业模式和变现策略。

1. 商品差价模式：这种模式是通过销售商品或服务来获取利润。关键在于控制成本、提高销售量和获取更好的采购价格。

2. 提供服务模式：这种模式是通过提供一系列的服务来满足客户的需求，从而获取收入。这种模式的关键在于提供高质量的服务，满足客户的期望，并保持客户满意度。

3. 广告模式：这种模式是通过向广告商提供广告位或广告服务来获取收入。关键在于吸引大量的用户，以增加广告的曝光率。

4. 订阅模式：这种模式是通过向客户提供定期订阅服务来获取收入。这种模式需要保持客户满意度和留存率，以保持持续的收入。

5. 许可模式：这种模式是通过向其他企业或个人提供许可或授权，以使用你的知识产权或技术来获取收入。关键在于保护你的知识产权和技术，并确保你的许可收入超过成本。

图 6-16　PDF 格式的文章（部分内容）

步骤 03 执行操作后，即可为用户推荐多个与文章相关的问题，这里选择一个你感兴趣的问题即可，如图 6-18 所示。如果没有感兴趣的问题，可以单击“换一批”按钮，更换其他感兴趣的问题。

步骤 04 稍等片刻，AI 即可综合原文内容并根据问题进行回答，效果如图 6-19 所示。在回复内容下方还推荐了 3 个问题，用户可以继续选择问题向 AI 进行咨询。

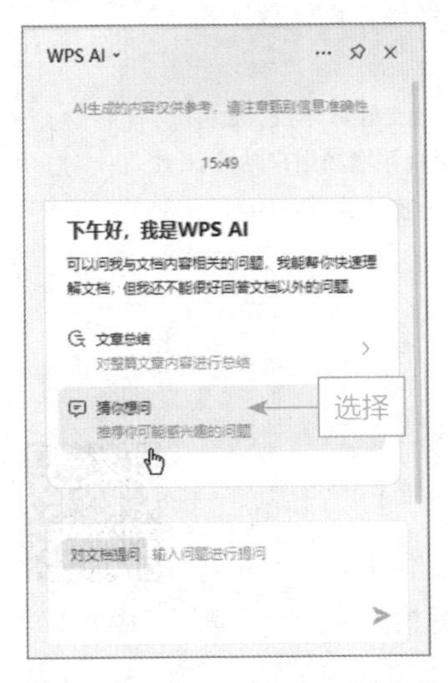

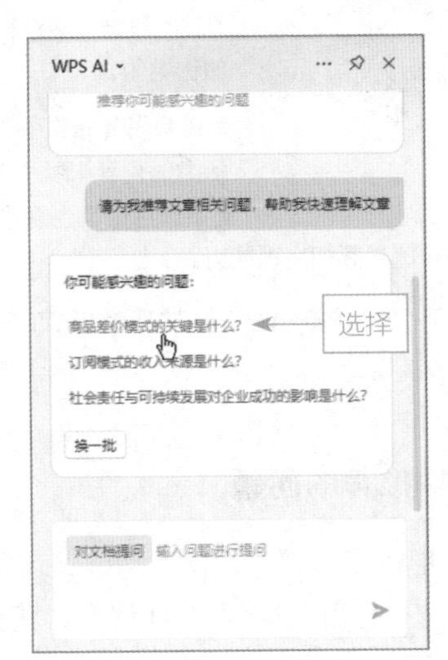

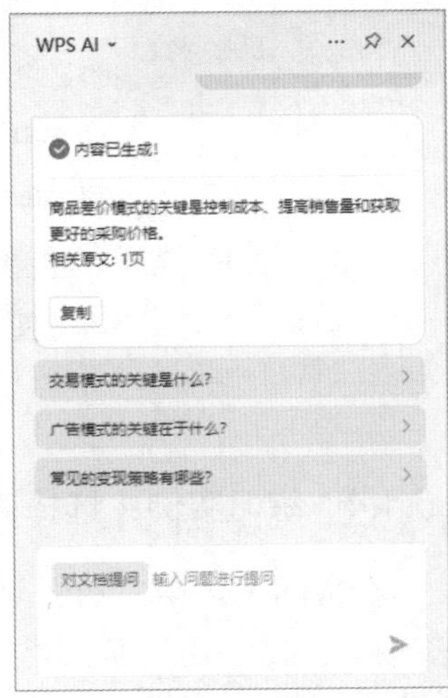

图 6-17　选择“猜你想问”选项　图 6-18　选择一个感兴趣的问题　图 6-19　AI 根据问题进行回答

扫码看视频

6.1.5　练习实例：输入对话指令向 AI 精准提问

在 WPS PDF 中，除了 AI 提供的“猜你想问”功能外，用户还可以通过输入对话指令向 AI 精准提问，同时 AI 也可以精准回复问题。下面介绍具体的操作方法。

步骤 01 打开一篇 PDF 格式的文章，部分内容如图 6–20 所示，需要向 AI 精准提问，以便了解文章内容。

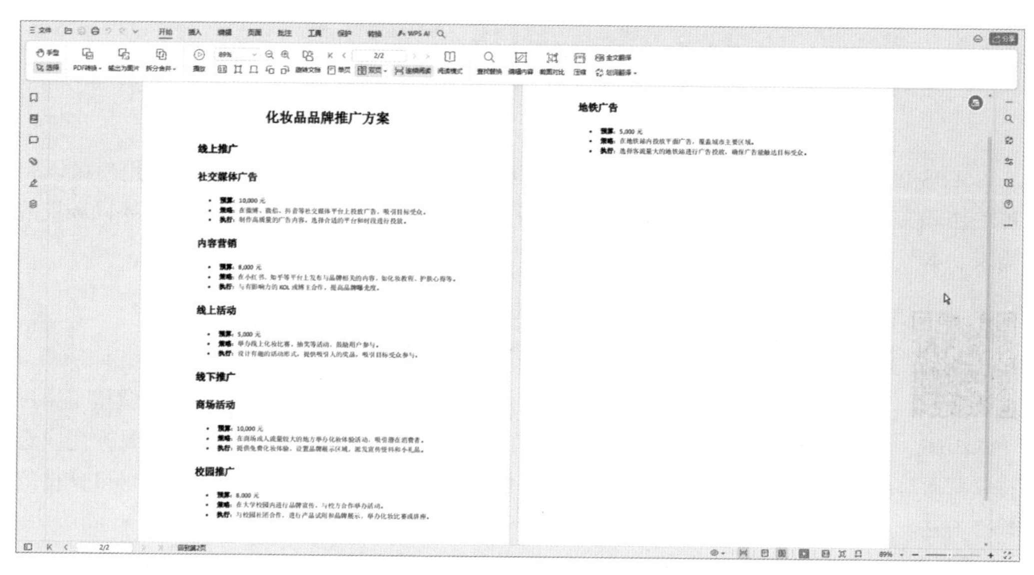

图 6–20 PDF 格式的文章（部分内容）

步骤 02 在菜单栏中单击 WPS AI 标签，弹出 WPS AI 面板，根据文章内容在输入框中输入提问指令“化妆品品牌线上推广有哪些活动形式？”，如图 6–21 所示。

步骤 03 按 Enter 键发送或单击➤按钮，稍等片刻，AI 即可根据用户发送的问题进行回答，效果如图 6–22 所示。

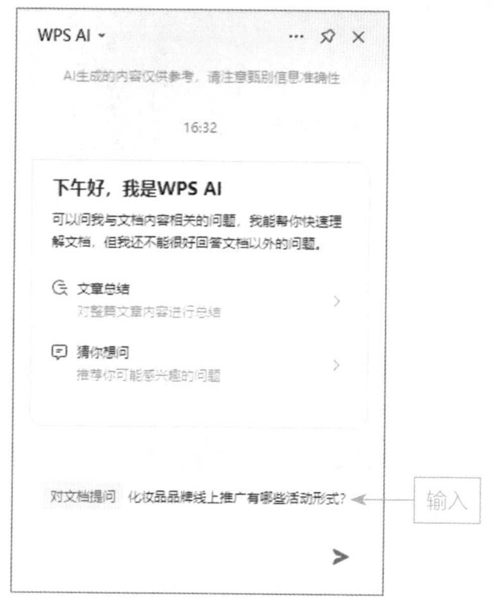

图 6–21 输入提问指令

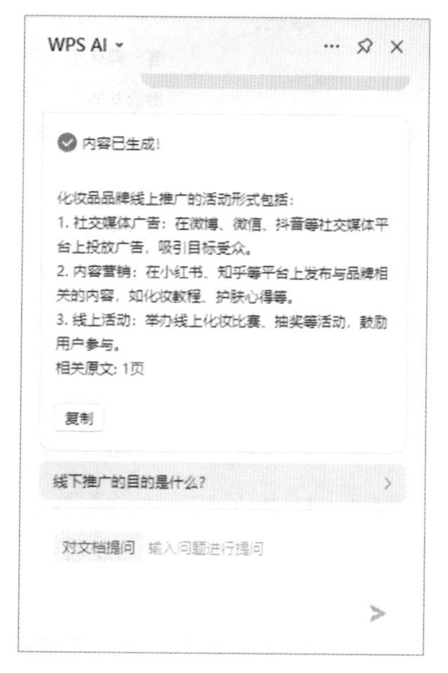

图 6–22 AI 根据问题进行回答

6.2 转换 PDF 文档格式

WPS PDF 具备功能强大、操作简便、兼容性高等特点。在 WPS PDF 中，用户可以将 PDF 格式文件转换成 Word、Excel 和 PPT 等格式文件，以便于传输和分享，满足不同场景的需求。本节主要介绍转换 PDF 文档格式的操作方法。

扫码看视频

6.2.1 练习实例：将 PDF 文件转换为 Word 文件

将 PDF 文件转换为 Word 文件后，用户可以方便地对文本、图像和布局进行修改和调整。Word 文档提供了丰富的编辑工具，用户可以利用鼠标完成选择、排版等操作，更灵活地对文档内容进行编辑。下面介绍将 PDF 文件转换为 Word 文件的操作方法。

步骤 01 打开一篇 PDF 格式的文章，部分内容如图 6-23 所示，需要将其转换为 Word 文档格式。

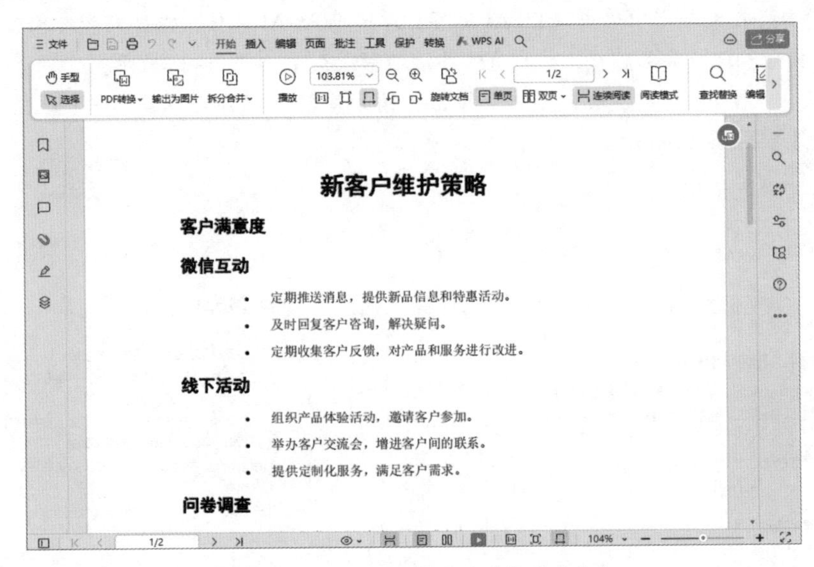

图 6-23 PDF 格式的文章（部分内容）

步骤 02 在功能区中，❶ 单击“PDF 转换”下拉按钮，❷ 在弹出的下拉列表中选择“转为 Word”选项，如图 6-24 所示。

步骤 03 弹出“金山 PDF 转换”对话框，单击“输出目录”右侧的下拉按钮，如图 6-25 所示，在弹出的下拉列表中可以设置文件的输出位置。

步骤 04 在对话框的右下角可以设置导出的格式，如图 6-26 所示。

步骤 05 执行操作后，单击“开始转换”按钮，即可将 PDF 文件转换为 Word 文件，效果如图 6-27 所示，用户可以根据自己的需求修改文档内容。

图 6-24 选择“转为 Word”选项

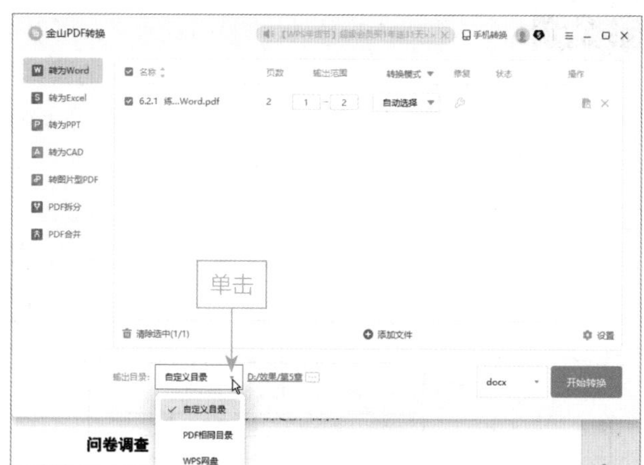

图 6-25 单击“输出目录”下拉按钮

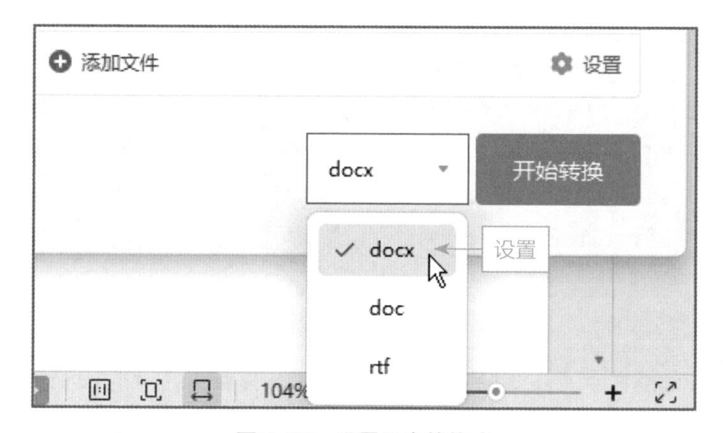

图 6-26 设置导出的格式

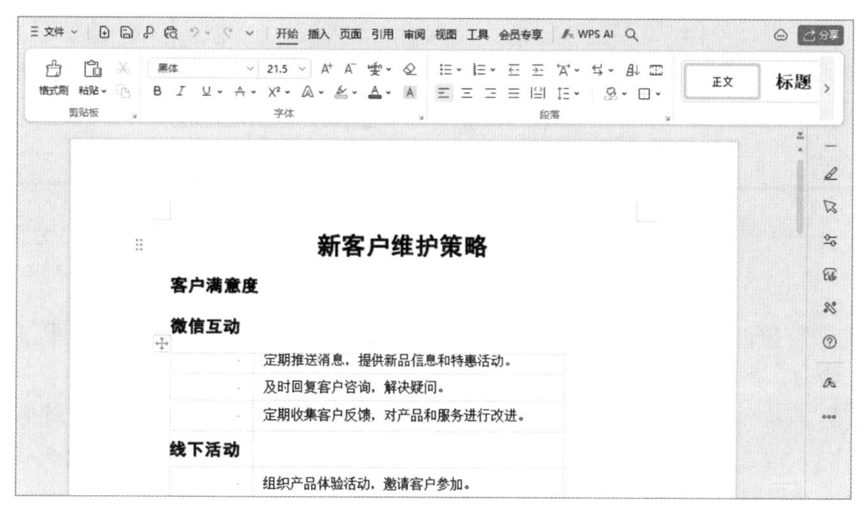

图 6-27 将 PDF 文件转换为 Word 文件效果（部分内容）

扫码看视频

6.2.2 练习实例：将 PDF 文件转换为 Excel 表格

将 PDF 文件转换为 Excel 表格，可以轻松地从表格、图片或其他形式的数据中提取所需信息，并进行进一步的编辑和分析，这对于需要频繁处理大量数据的人来说尤为重要。下面介绍将 PDF 文件转换为 Excel 表格的操作方法。

步骤 01 打开一份 PDF 文件，如图 6-28 所示，现需要在 WPS 中将该文件转换为 Excel 表格格式，让用户编辑内容更加方便。

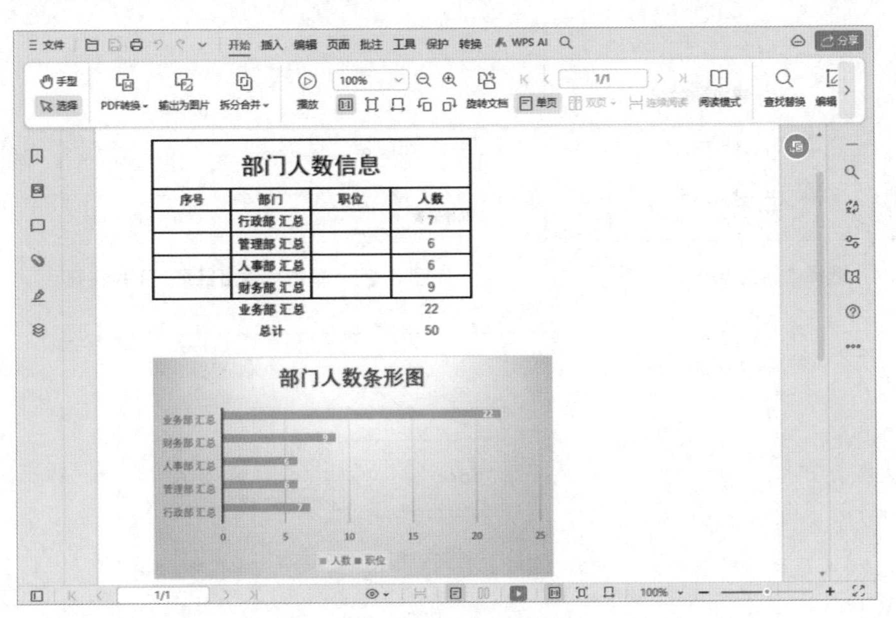

图 6-28 PDF 文件（部分内容）

步骤 02 在功能区中，❶ 单击“PDF 转换”下拉按钮，❷ 在弹出的下拉列表中选择“转为 Excel”选项，如图 6-29 所示。

图 6-29 选择“转为 Excel”选项

步骤 03 弹出“金山 PDF 转换”对话框，❶ 设置好保存路径和导出格式，❷ 单击“开始转换”按钮，如图 6-30 所示。

步骤 04 执行操作后，即可将 PDF 文件转换为 Excel 表格，效果如图 6-31 所示。

步骤 05 在表格中将序号和第 7 行、第 8 行的边框线补充完整，调整表格数据居中对齐，并将职位列删除，最终效果如图 6-32 所示。

图 6-30　单击“开始转换”按钮

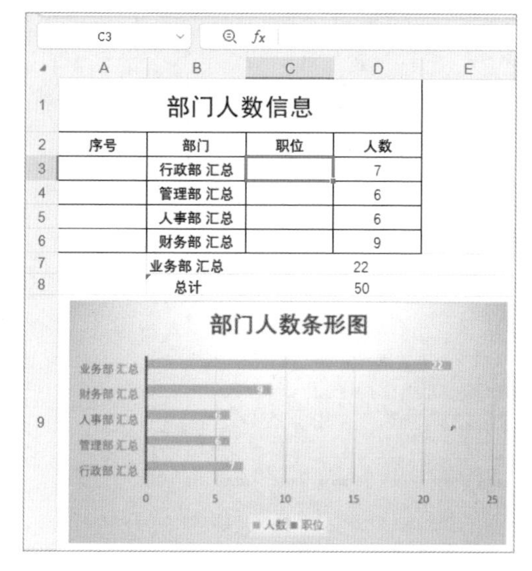

	A	B	C	D
1	部门人数信息			
2	序号	部门	职位	人数
3		行政部 汇总		7
4		管理部 汇总		6
5		人事部 汇总		6
6		财务部 汇总		9
7		业务部 汇总		22
8		总计		50

图 6-31　将 PDF 文件转换为 Excel 表格

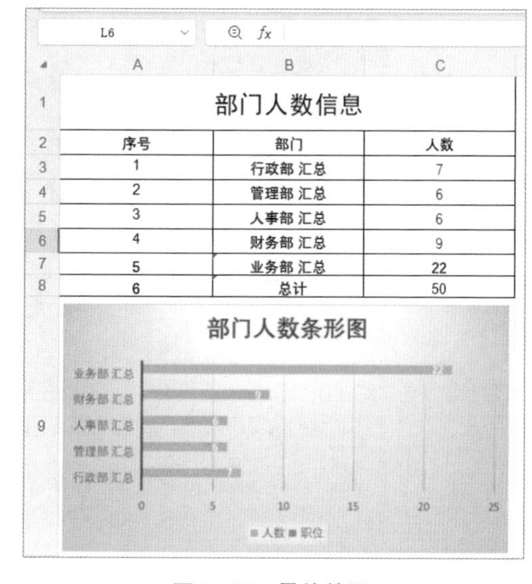

	A	B	C
1	部门人数信息		
2	序号	部门	人数
3	1	行政部 汇总	7
4	2	管理部 汇总	6
5	3	人事部 汇总	6
6	4	财务部 汇总	9
7	5	业务部 汇总	22
8	6	总计	50

图 6-32　最终效果

6.2.3　练习实例：将 PDF 文件转换为 PPT 演示文稿

扫码看视频

将静态的 PDF 文件转换成动态的 PPT 演示文稿后，可以保持文档的原始格式和布局，使转换后的 PPT 与原始 PDF 文件基本一致，无论是文字、图片还是表格，都能完整地呈现在 PPT 中。无论是工作中需要做报告，还是学习中需要制作课件，都可以通过将 PDF 文件转换为 PPT 来实现。下面介绍将 PDF 文件转换为 PPT 的操作方法。

步骤 01 打开一份 PDF 文件，部分内容如图 6-33 所示，现需要将其转换为 PPT 演示文稿。

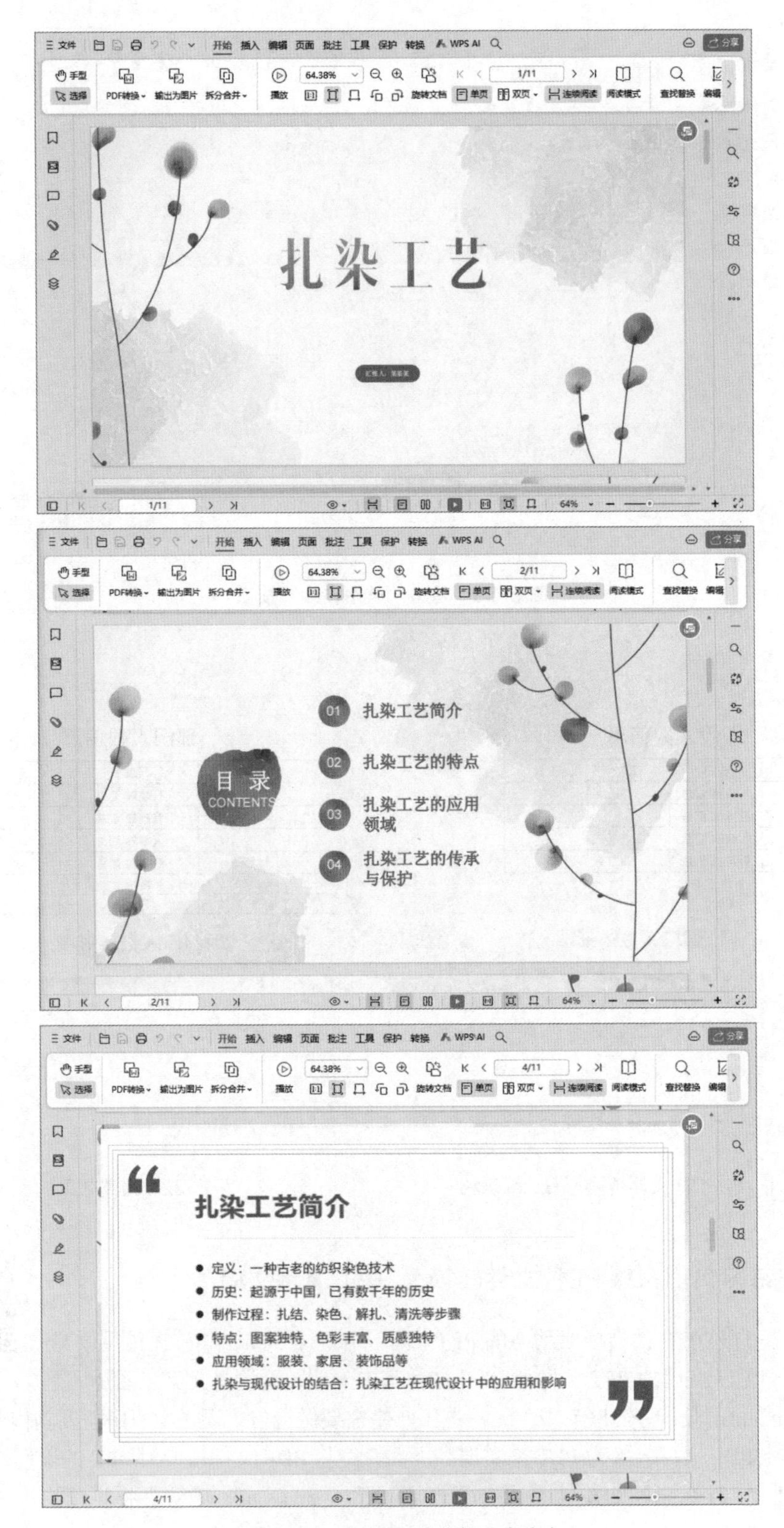

图 6-33 PDF 文件（部分内容）

步骤 02 在功能区中，❶ 单击“PDF 转换”下拉按钮，❷ 在弹出的下拉列表中选择“转为 PPT”选项，如图 6–34 所示。

步骤 03 弹出“金山 PDF 转换”对话框，❶ 设置好保存路径和导出格式，❷ 单击“开始转换”按钮，如图 6–35 所示。

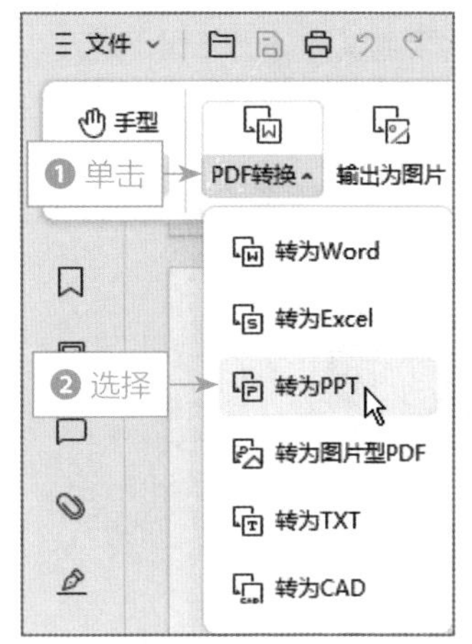

图 6–34 选择“转为 PPT”选项

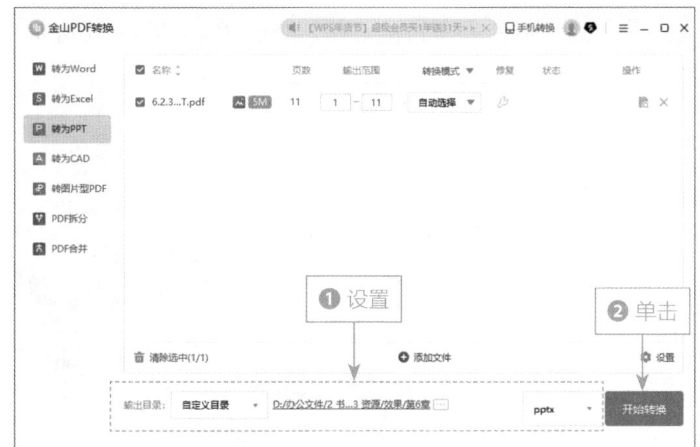

图 6–35 单击“开始转换”按钮

步骤 04 执行上述操作后，即可将 PDF 文件转换为 PPT 演示文稿，效果如图 6–36 所示。

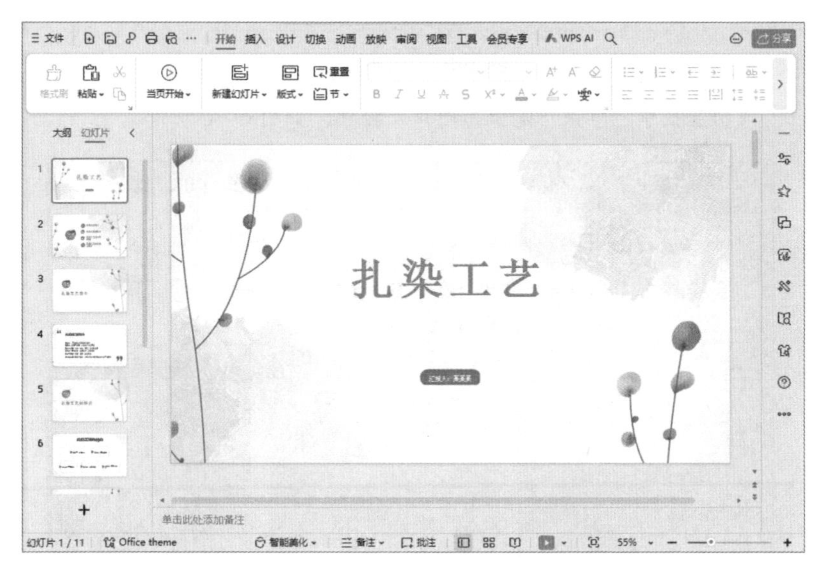

图 6–36 将 PDF 文件转换为 PPT 演示文稿

专家提示

转换后文档中的图形可能会出现细微的变化，文字的位置也可能会出现排版错位，用户可以在 PPT 中适当地进行调整和修改。

扫码看视频

6.2.4 练习实例：将 PDF 文件输出为图片

将 PDF 文件输出为图片格式，可以使文件更易于浏览和分享。无论是在电脑上还是在移动设备上，打开和查看图片比打开 PDF 文件更加方便快捷。此外，图片格式也更适合在社交媒体上分享。下面介绍将 PDF 文件输出为图片的操作方法。

步骤 01 打开一份 PDF 文件，部分内容如图 6–37 所示，需要将其输出为图片格式。

图 6–37 PDF 文件

步骤 02 在功能区中，单击“输出为图片”按钮，如图 6–38 所示。

图 6–38 单击“输出为图片”按钮

步骤 03 弹出“批量输出为图片”对话框，设置“输出方式”为“合成长图”，如图 6–39 所示。

步骤 04 单击“开始输出”按钮，弹出“输出成功”对话框，单击“打开图片”按钮，如图 6–40 所示。

步骤 05 稍等片刻，即可打开图片，效果如图 6–41 所示。

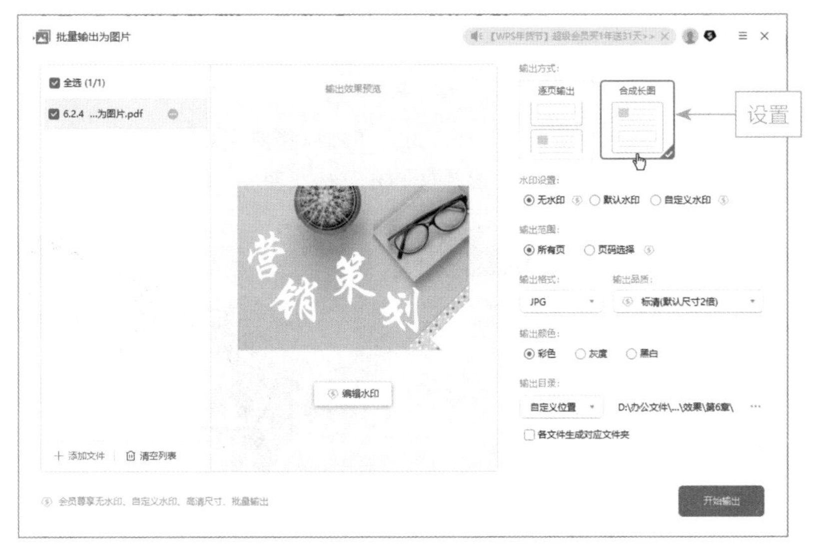

图 6-39　设置“输出方式”为“合成长图”

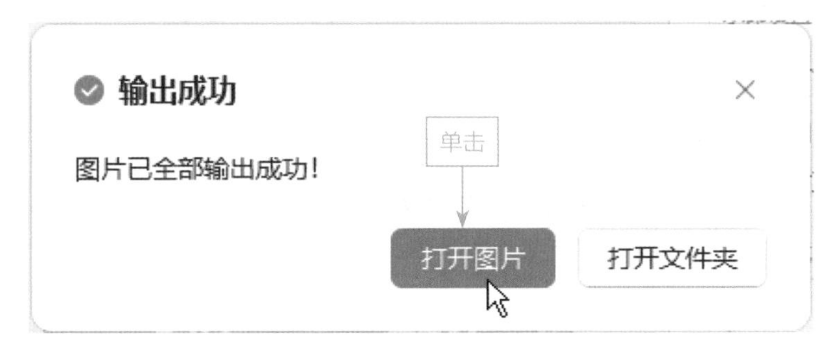

图 6-40　单击“打开图片”按钮

图 6-41　图片效果

知识拓展

图片转 PDF 文件

除了可以将 PDF 文件输出为图片外，用户还可以将图片转换为 PDF 格式。在图片上右击，在弹出的快捷菜单中选择“图片转 PDF”选项即可，如图 6–42 所示。

图 6–42　选择“图片转 PDF”选项

6.3　编辑与添加图文内容

WPS PDF 注重用户体验，界面简洁直观，无论是在文件翻译、编辑还是页面设计等方面，WPS PDF 都能满足用户的需求，成为办公和学习的好帮手。本节主要介绍在 WPS PDF 中编辑文档内容、翻译内容以及添加审批图章、文字水印、图片背景等操作方法。

扫码看视频

6.3.1　练习实例：编辑文档内容

WPS PDF 为用户提供了“编辑内容”功能，可以编辑 PDF 文档中的文字、图片和矢量图对象，满足用户的编辑需求。下面介绍具体的操作方法。

步骤 01 打开一份 PDF 文档，部分内容如图 6–43 所示，现需要将文中的小标题加粗显示，并删除“*”符号。

步骤 02 在“编辑”功能区中，单击“编辑内容”按钮，如图 6–44 所示。

步骤 03 执行操作后，页面中会显示虚框，表示可编辑内容，如图 6–45 所示。

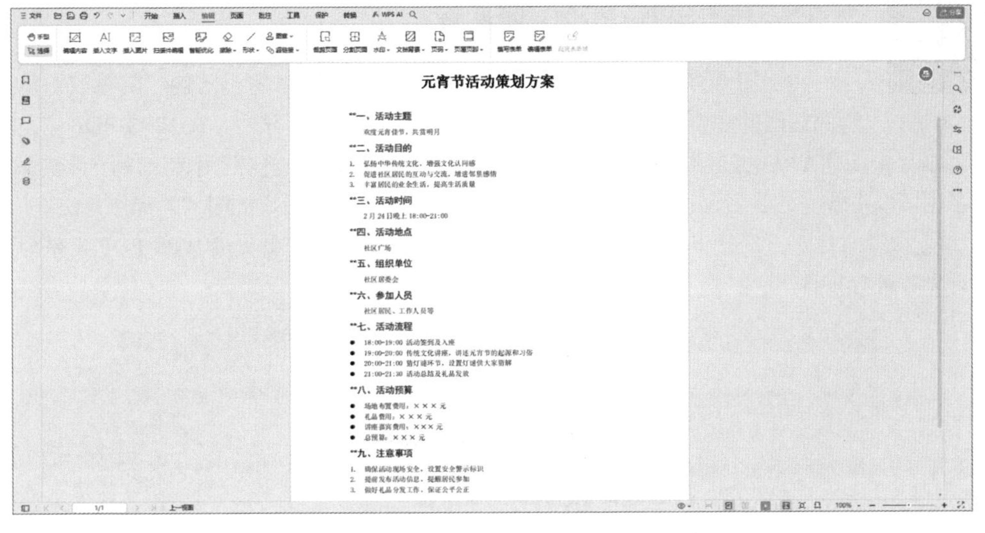

图 6-43　PDF 文档（部分内容）

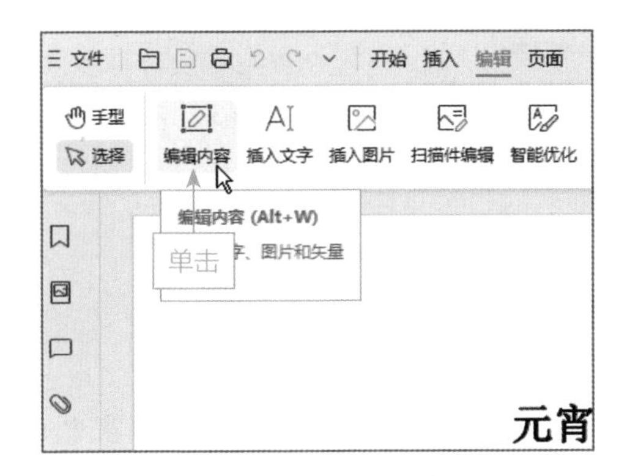

图 6-44　单击“编辑内容”按钮

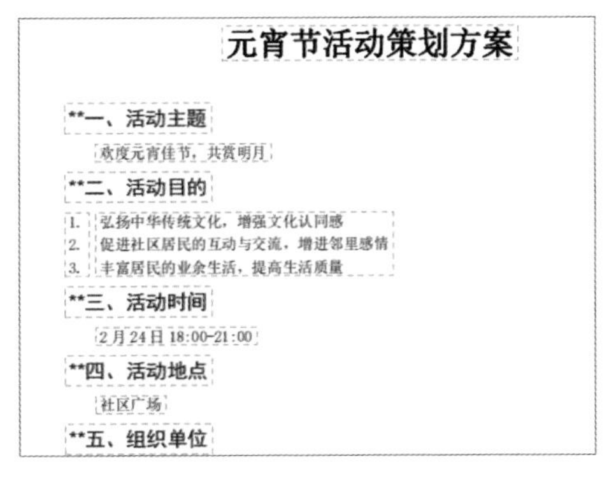

图 6-45　显示虚框，表示可编辑内容

步骤 04 将小标题前面的“*”符号删除，并选中小标题，按 Ctrl+B 组合键加粗，效果如图 6-46 所示。

步骤 05 执行操作后，可以按 Esc 键退出，或在功能区中单击“退出编辑”按钮退出编辑状态，如图 6-47 所示。至此，完成文档内容的编辑操作。

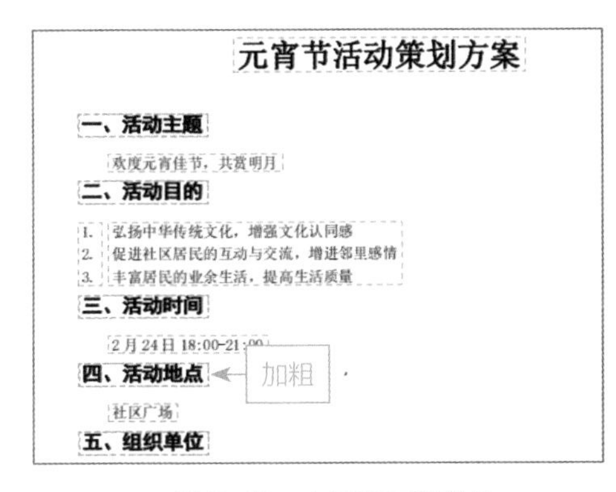

图 6-46　小标题加粗效果

图 6-47　单击“退出编辑”按钮

扫码看视频

6.3.2 练习实例：添加审批图章

文档图章可以用于签署合同、审批文件，还可以用于防伪、防篡改，从而确保文档的完整性和真实性，提高文档的可信度和可靠性。在 WPS PDF 中，用户可以直接使用 WPS 提供的审批图章，也可以自定义图章，不需要使用传统的印章或手写签名也可以很快完成签名过程。下面介绍在 WPS PDF 文档中添加审批图章的操作方法。

步骤 01 打开一份待审批的 PDF 文档，如图 6-48 所示，需要利用 WPS PDF 提供的图章对文档进行审批。

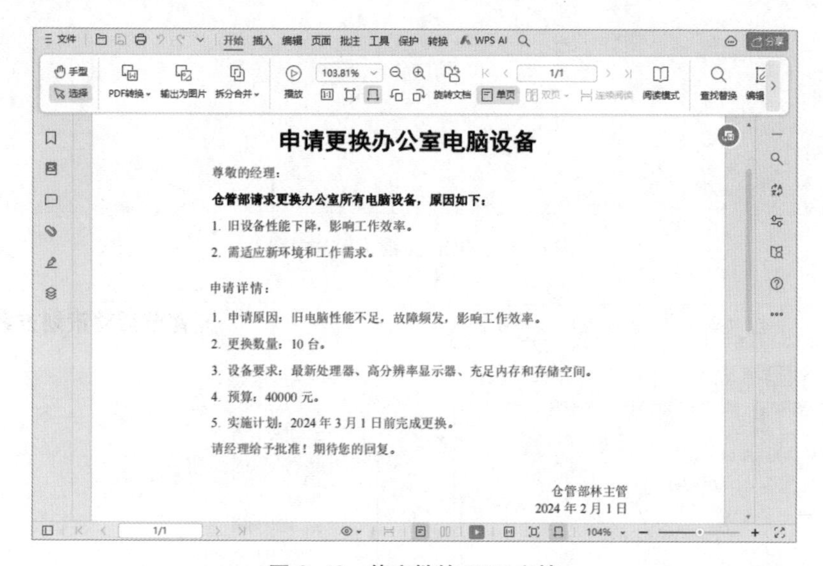

申请更换办公室电脑设备

尊敬的经理：

仓管部请求更换办公室所有电脑设备，原因如下：

1. 旧设备性能下降，影响工作效率。
2. 需适应新环境和工作需求。

申请详情：

1. 申请原因：旧电脑性能不足，故障频发，影响工作效率。
2. 更换数量：10 台。
3. 设备要求：最新处理器、高分辨率显示器、充足内存和存储空间。
4. 预算：40000 元。
5. 实施计划：2024 年 3 月 1 日前完成更换。

请经理给予批准！期待您的回复。

仓管部林主管
2024 年 2 月 1 日

图 6-48 待审批的 PDF 文档

步骤 02 在“插入”功能区中，❶ 单击“图章”下拉按钮，❷ 在弹出的下拉列表中选择“驳回”图章，如图 6-49 所示。

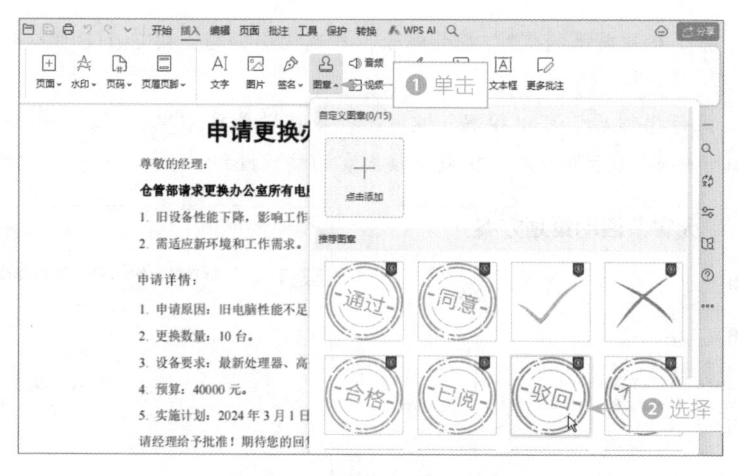

图 6-49 选择“驳回”图章

步骤 03 执行上述操作后，鼠标指针将变成所选图章，在合适的位置单击鼠标左键，即可添加文档图章，根据需要调整其大小即可，效果如图 6-50 所示。

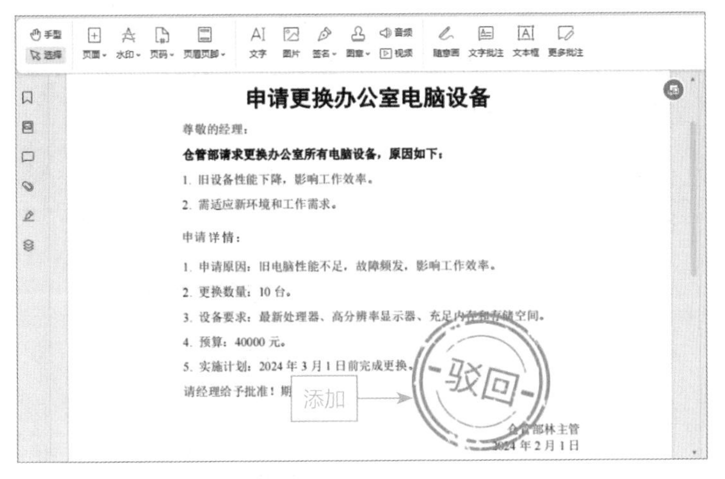

图 6-50　添加文档图章

6.3.3　练习实例：添加文字水印

扫码看视频

水印可以防止文档被非法复制或篡改，也可以用于标识文档的来源，如公司名称、机构或个人等，方便文档管理和使用。WPS PDF 支持添加文本或图片水印，用户可以根据个人需要选择适合的水印形式。下面介绍在 WPS PDF 文档中添加文字水印的操作方法。

步骤 01 打开一份 PDF 文档，部分内容如图 6-51 所示，现需要添加公司名称作为文档水印。

图 6-51　PDF 文档（部分内容）

步骤 02 在“插入”功能区中，❶ 单击“水印”下拉按钮，❷ 在弹出的下拉列表中单击“自定义水印”下方的“点击添加”按钮，如图 6-52 所示。

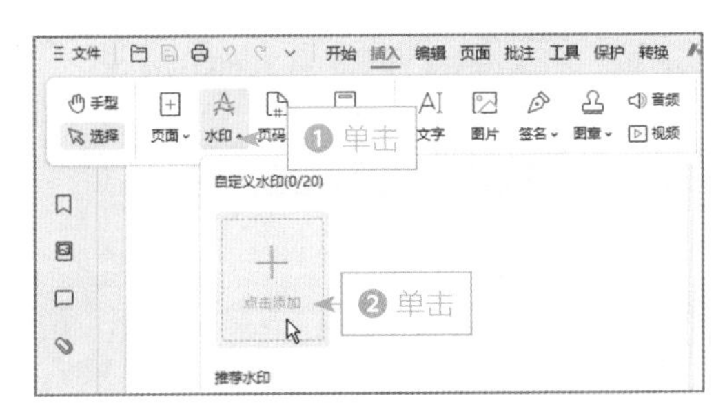

图 6-52　单击“点击添加”按钮

步骤 03 弹出“添加水印”对话框，❶ 在“文本”文本框中输入公司名称“×× 科技研发集团”。❷ 在“外观”选项区中设置“不透明度”为 15%、“相对页面比例”为 60%、“多行水印”为“一页三行”，如图 6–53 所示。

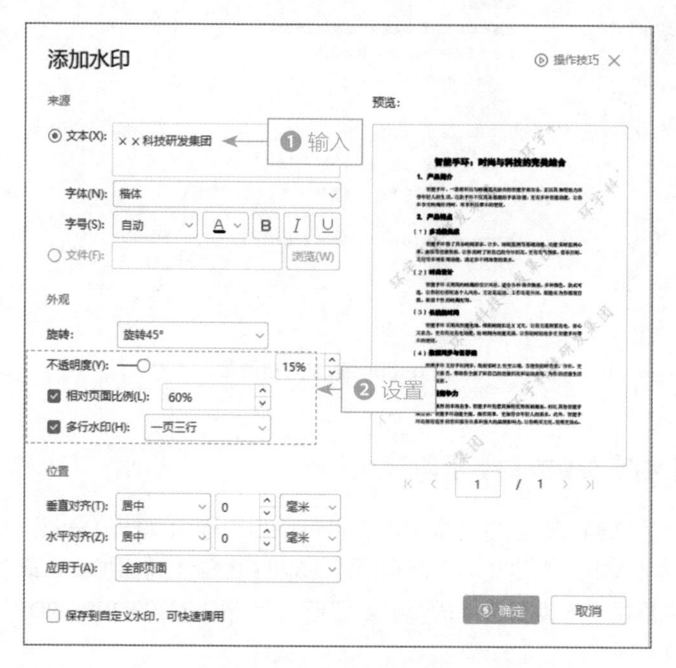

图 6–53　水印参数设置

步骤 04 执行上述操作后，单击“确定”按钮，即可在文档中添加水印，效果如图 6–54 所示。

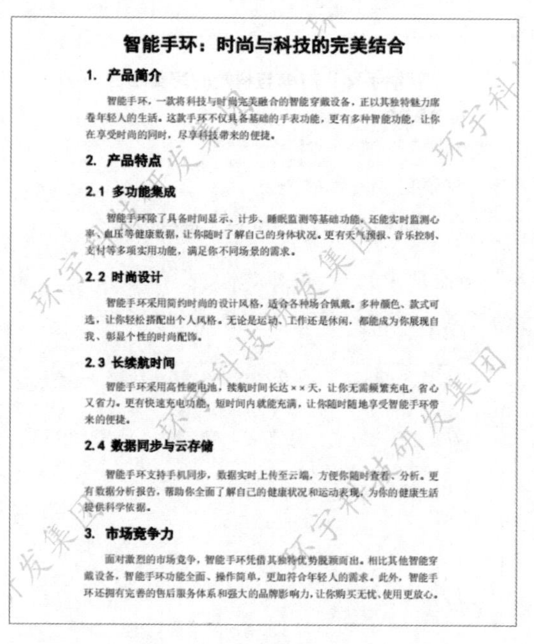

智能手环：时尚与科技的完美结合

1. 产品简介

智能手环，一款将科技与时尚完美融合的智能穿戴设备，正以其独特魅力席卷年轻人的生活。这款手环不仅具备基础的手表功能，更有多种智能功能，让你在享受时尚的同时，尽享科技带来的便捷。

2. 产品特点

2.1 多功能集成

智能手环除了具备时间显示、计步、睡眠监测等基础功能，还能实时监测心率、血压等健康数据，让你随时了解自己的身体状况。更有天气预报、音乐控制、支付等多项实用功能，满足你不同场景的需求。

2.2 时尚设计

智能手环采用简约时尚的设计风格，适合各种场合佩戴。多种颜色、款式可选，让你轻松搭配出个人风格。无论是运动、工作还是休闲，都能成为你展现自我、彰显个性的时尚配饰。

2.3 长续航时间

智能手环采用高性能电池，续航时间长达××天，让你无需频繁充电，省心又省力。更有快速充电功能，短时间内就能充满，让你随时随地享受智能手环带来的便捷。

2.4 数据同步与云存储

智能手环支持手机同步，数据实时上传至云端，方便你随时查看、分析。更有数据分析报告，帮助你全面了解自己的健康状况和运动表现，为你的健康生活提供科学依据。

3. 市场竞争力

面对激烈的市场竞争，智能手环凭借其独特优势脱颖而出。相比其他智能穿戴设备，智能手环功能全面、操作简单，更加符合年轻人的需求。此外，智能手环还拥有完善的售后服务体系和强大的品牌影响力，让你购买无忧、使用更放心。

图 6–54　添加文字水印

6.3.4 练习实例：添加图片背景

扫码看视频

在 WPS PDF 中为文档添加背景可以增强文档的美观度和可读性，提高文档的整体阅读体验。对于长时间阅读或需要重点突出的内容，可以选择适当的背景颜色或图案来提升阅读的舒适度，也可以使用渐变背景来增强视觉效果。下面介绍在 WPS PDF 文档中添加图片背景的操作方法。

步骤 01 打开一份 PDF 格式的文档，部分内容如图 6–55 所示，现需要为文档添加图片背景。

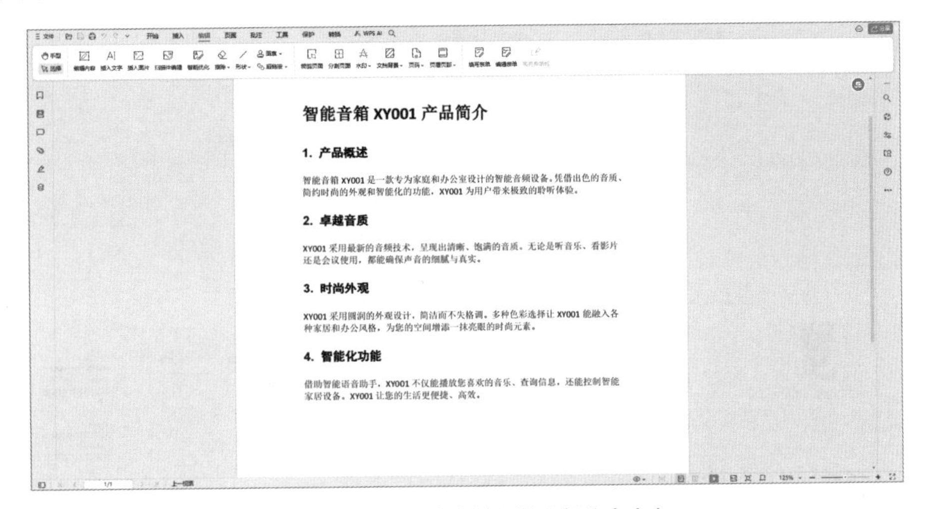

图 6–55 PDF 格式的文档（部分内容）

步骤 02 在“编辑”功能区中，❶ 单击“文档背景”下拉按钮，❷ 在弹出的下拉列表中选择“添加背景”选项，如图 6–56 所示。

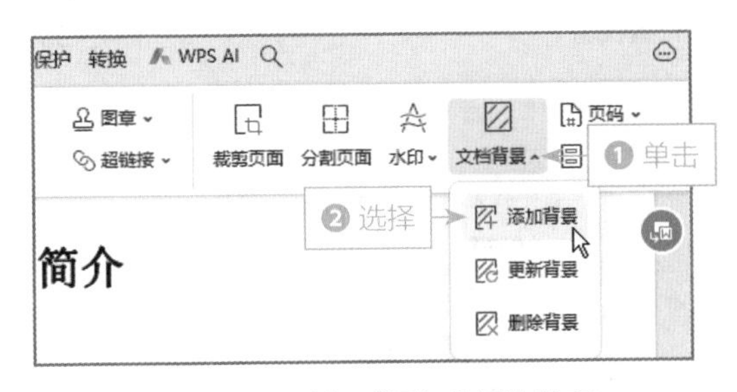

图 6–56 选择“添加背景”选项

步骤 03 弹出“添加背景”对话框，❶ 选中“图片”单选按钮，❷ 单击“浏览”按钮，如图 6–57 所示。

步骤 04 弹出“打开”对话框，找到背景图片所在的文件路径，选择背景图片，如图 6–58 所示。

步骤 05 单击“打开”按钮，返回“添加背景”对话框，❶ 设置“不透明度”为 10%，降低背景图片的透明度，使文字能够清晰显示。❷ 设置“相对页面比例”为 130%，调大背景图片的尺寸大小，使其可以覆盖整个背景画布，如图 6–59 所示。

步骤 06 单击“确定”按钮，完成背景图片的添加，效果如图 6–60 所示。

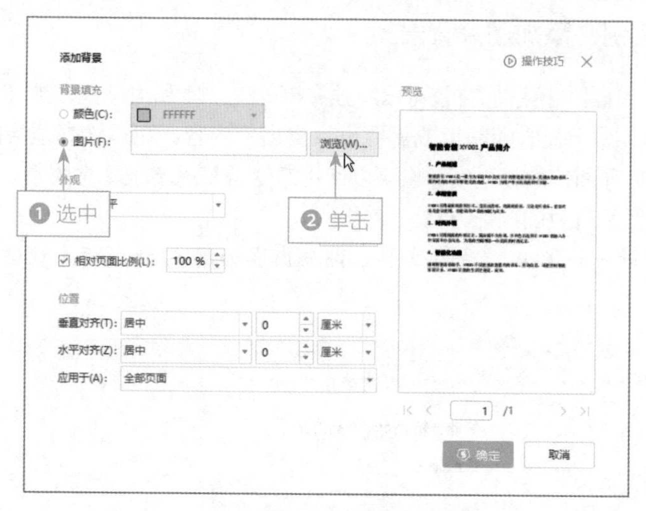

图 6-57　单击“浏览”按钮

图 6-58　选择背景图片

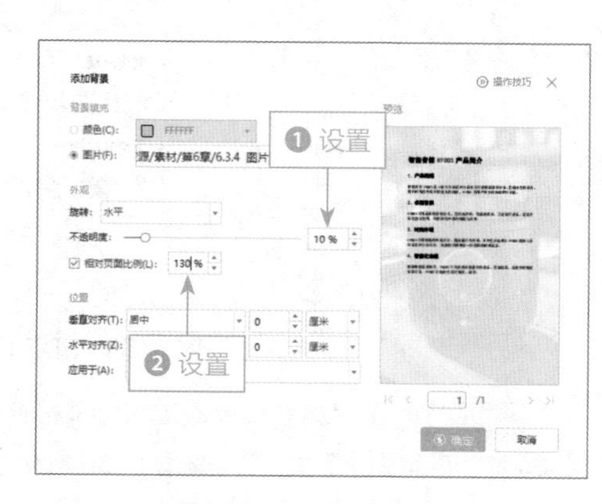

图 6-59　设置各参数

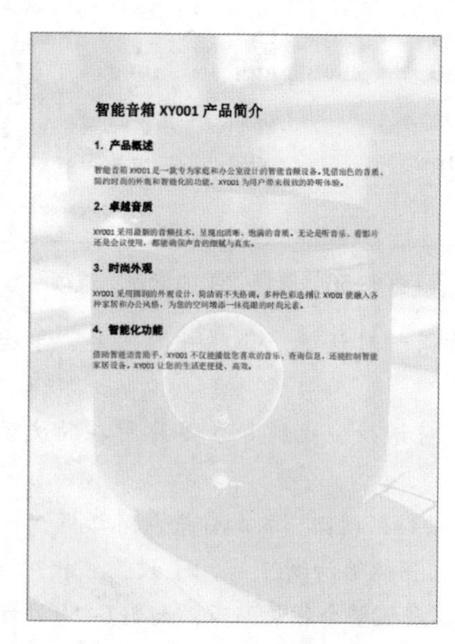

智能音箱 XY001 产品简介

1. 产品概述

智能音箱 XY001 是一款专为家庭和办公室设计的智能音频设备。凭借出色的音质、简约时尚的外观和智能化的功能，XY001 为用户带来极致的聆听体验。

2. 卓越音质

XY001 采用最新的音频技术，呈现出清晰、饱满的音质。无论是听音乐、看影片还是会议使用，都能确保声音的细腻与真实。

3. 时尚外观

XY001 采用圆润的外观设计，简洁而不失格调。多种色彩选择让 XY001 能融入各种家居和办公风格，为您的空间增添一抹亮眼的时尚元素。

4. 智能化功能

借助智能语音助手，XY001 不仅能播放您喜欢的音乐、查询信息，还能控制智能家居设备。XY001 让您的生活更便捷、高效。

图 6-60　图片背景效果

6.3.5 练习实例：添加纸质签名

扫码看视频

将手写的纸质签名改为电子版并在PDF文件中应用，可以提高签署效率，保障文件的安全性和真实性，方便文件管理和追溯，是现代商务活动中越来越受欢迎的一种方式。下面介绍在WPS PDF文档中添加纸质签名的操作方法。

步骤 01 打开一份PDF格式的文档，如图6-61所示，现需要在文档中添加手写的签名。

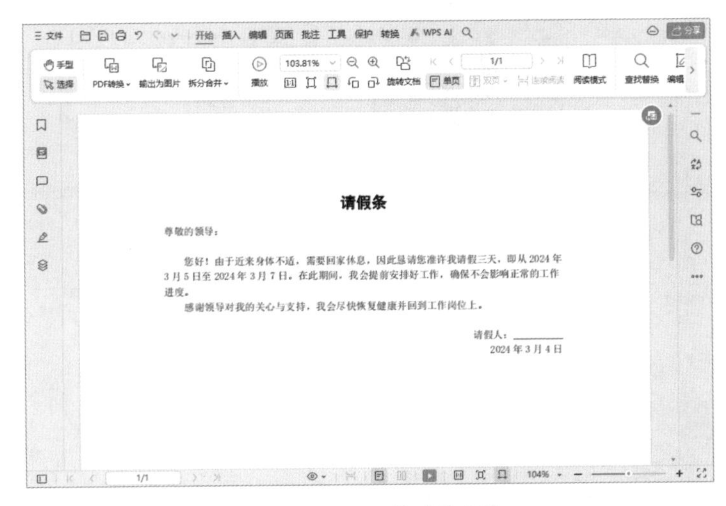

图6-61 PDF格式的文档

步骤 02 在"插入"功能区中，单击"图片"按钮，如图6-62所示。

步骤 03 弹出"打开"对话框，选择一张手写的纸质签名图片，如图6-63所示。

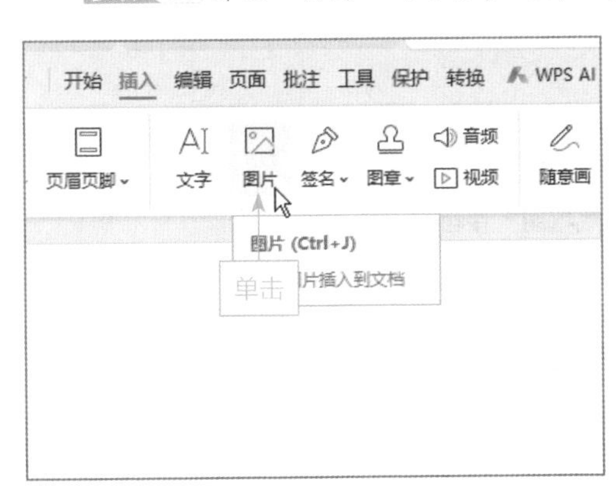

图6-62 单击"图片"按钮

图6-63 选择一张手写的纸质签名图片

步骤 04 单击"打开"按钮，返回PDF格式文档，在空白位置处单击鼠标左键，❶即可添加图片。❷在弹出的"属性"面板中单击"抠图"按钮，如图6-64所示。

步骤 05 弹出"智能抠图"对话框，左边为原图，右边为自动抠图后的效果，可以看到手写签名被完整地抠取出来，单击"完成抠图"按钮，如图6-65所示。

步骤 06 返回PDF格式文档，调整签名的大小和位置，将其置于"请假人："右侧的横线上，效果如图6-66所示。至此，完成纸质手写签名的添加操作。

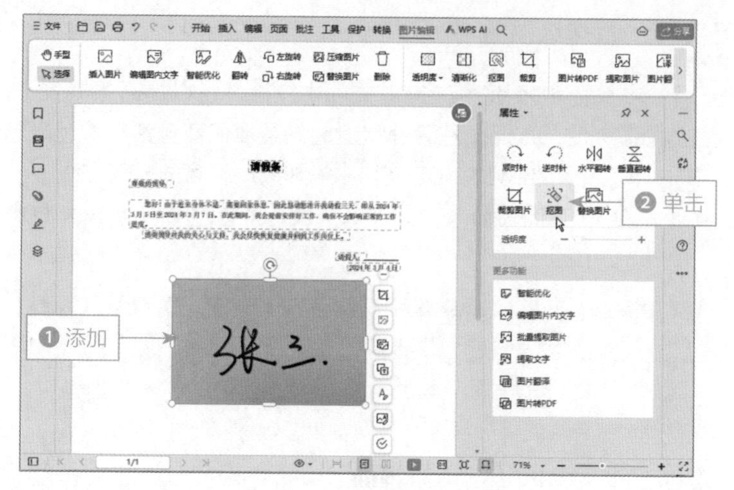

图 6-64　单击“抠图”按钮

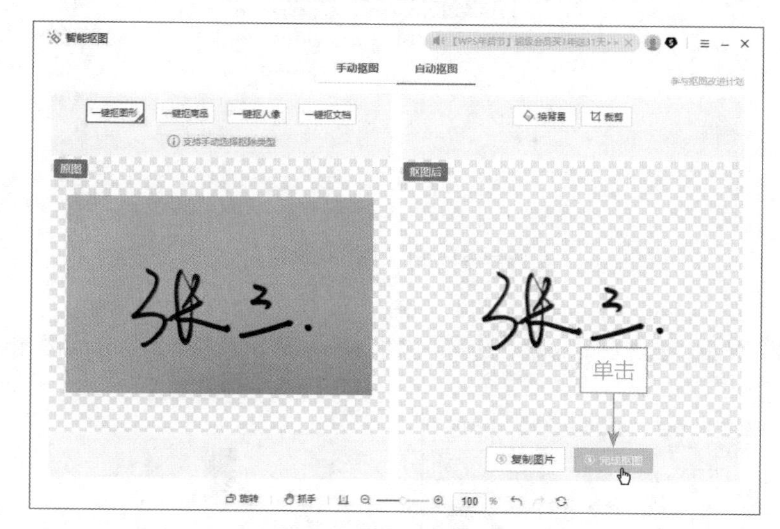

图 6-65　单击“完成抠图”按钮

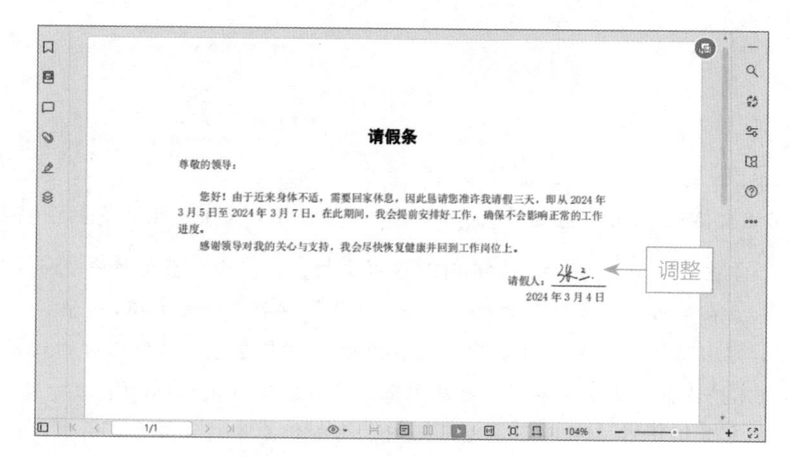

图 6-66　调整签名的大小和位置

6.4 综合实例：翻译外文合同内容

扫码看视频

当用户在WPS PDF中阅读外文书籍、合同、文件时，如果对某些词汇不理解，可以选择该词汇进行划词翻译，不需要用户离开WPS PDF界面，直接在文档中划词即可获得翻译结果，方便又快捷。此外，还可以使用WPS AI助手进行翻译。下面介绍在WPS PDF中翻译外文合同内容的操作方法。

步骤 01 打开一份PDF格式的外文合同文档，部分内容如图6-67所示，现需要利用WPS PDF提供的“划词翻译”功能对文档中不理解的词汇进行实时翻译。

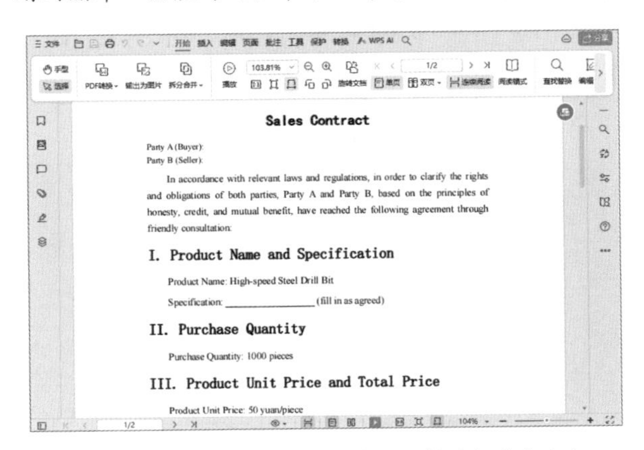

图6-67 PDF格式的外文合同文档（部分内容）

步骤 02 ❶ 在文档中选择需要翻译的内容，❷ 即可弹出“划词翻译”悬浮面板，实时翻译所选内容，如图6-68所示。

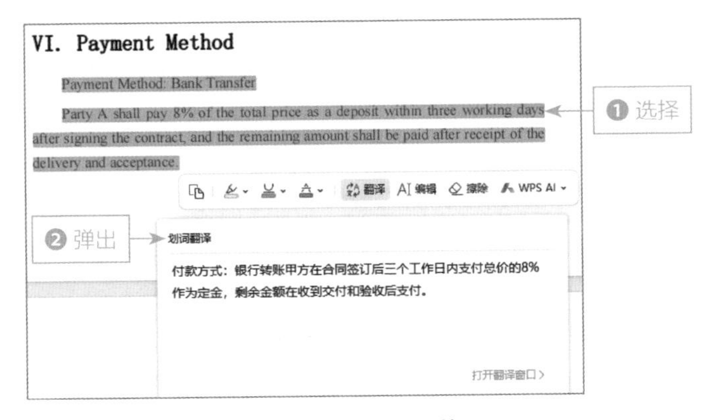

图6-68 划词翻译效果

步骤 03 除了划词翻译外，还可以使用WPS AI进行翻译，❶ 选择另一段需要翻译的内容，❷ 在悬浮面板中单击WPS AI下拉按钮，❸ 在弹出的下拉列表中选择“翻译”→“英文－中文”选项，如图6-69所示。

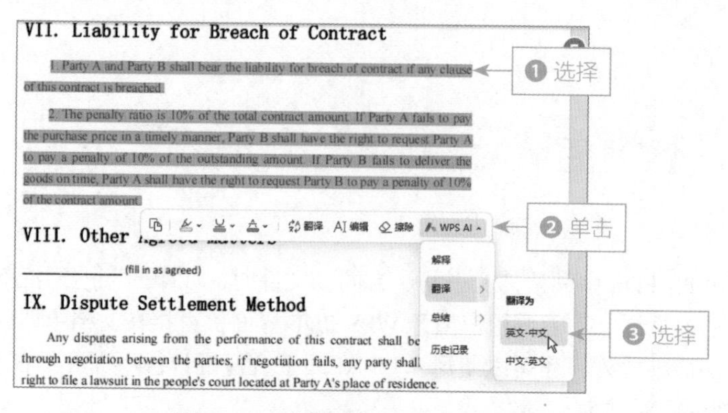

图 6-69　选择“英文 - 中文”选项

步骤 04　执行操作后，AI 即可生成翻译内容，效果如图 6-70 所示。

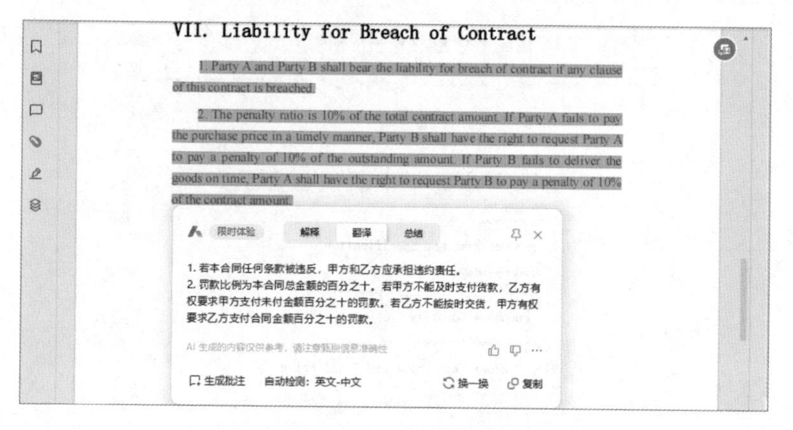

图 6-70　AI 生成翻译内容

技巧提示

将翻译内容生成批注

将外文进行翻译后，用户可以在面板下方单击“生成批注”按钮，如图 6-71 所示，将翻译内容保留在批注中。

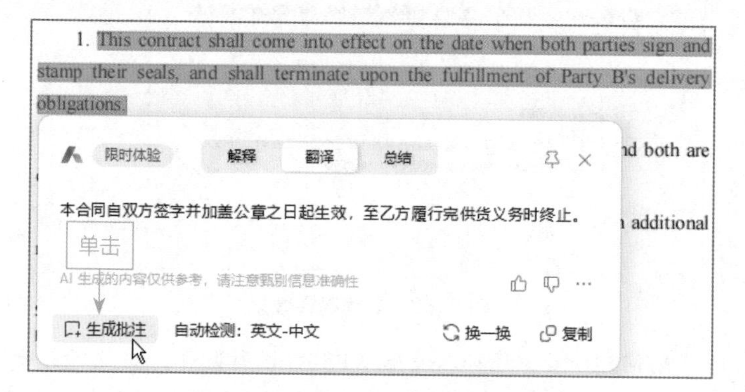

图 6-71　单击“生成批注”按钮

本章小结

本章首先介绍了使用 WPS AI 扫描分析 PDF 文档的操作方法，包括通过 AI 总结文章要点、通过 AI 对话检索文档、通过 AI 总结段落要点、选择 AI 推荐的问题和通过 AI 对话进行提问等；其次介绍了转换 PDF 文件格式的操作方法，包括将 PDF 文件转成 Word 文件、Excel 表格、PPT 演示文稿等操作；再次介绍了编辑与添加图文内容的操作方法，包括编辑文档内容、添加审批图章、添加文字水印和纸质签名等；最后介绍了翻译外文合同内容的操作方法。

课后习题

1. 在本章 6.4 节中的 PDF 外文合同中，让 WPS AI 检索全文，回复合同中的订单数量有多少，效果如图 6-72 所示。

2. 在本章 6.4 节中的 PDF 外文合同中，让 WPS AI 检索全文，回复合同中的产品单价和总价分别是多少，效果如图 6-73 所示。

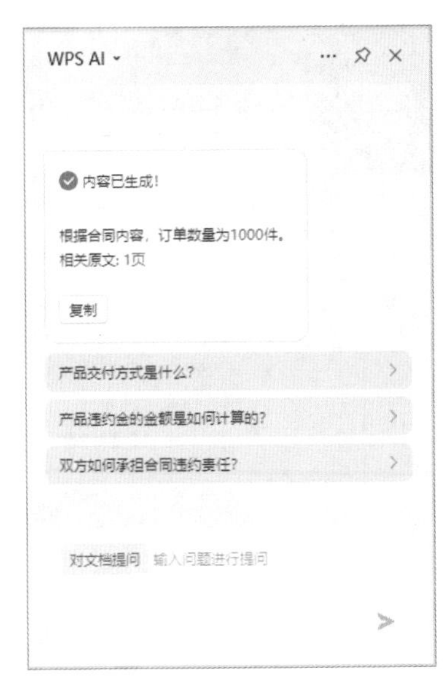

图 6-72 WPS AI 回复订单数量

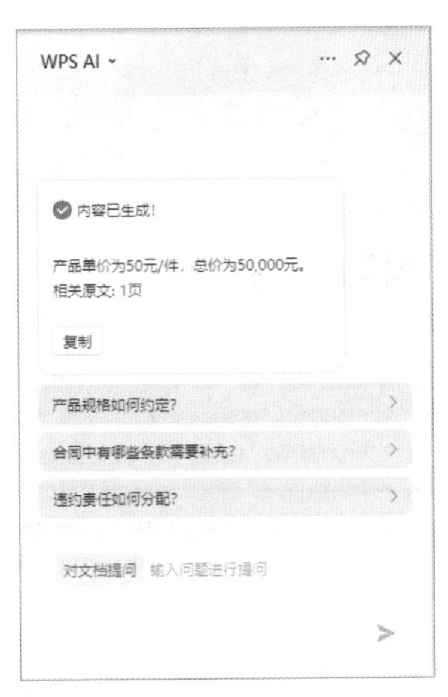

图 6-73 WPS AI 回复产品单价和总价

扫码看视频

扫码看视频

获取 WPS AI 文档、表单模板

第 7 章

在 WPS 中，为用户提供了 AI 文档模板和智能表单模板，用户可以在线选择并获取这些模板，方便直接套用，节省时间，提高文档、表单的质量和规范性，提升用户的使用体验。

本章重点

- ➢ 使用 AI 文档模板
- ➢ 使用智能表单模板
- ➢ 综合实例：使用“行业报告”模板

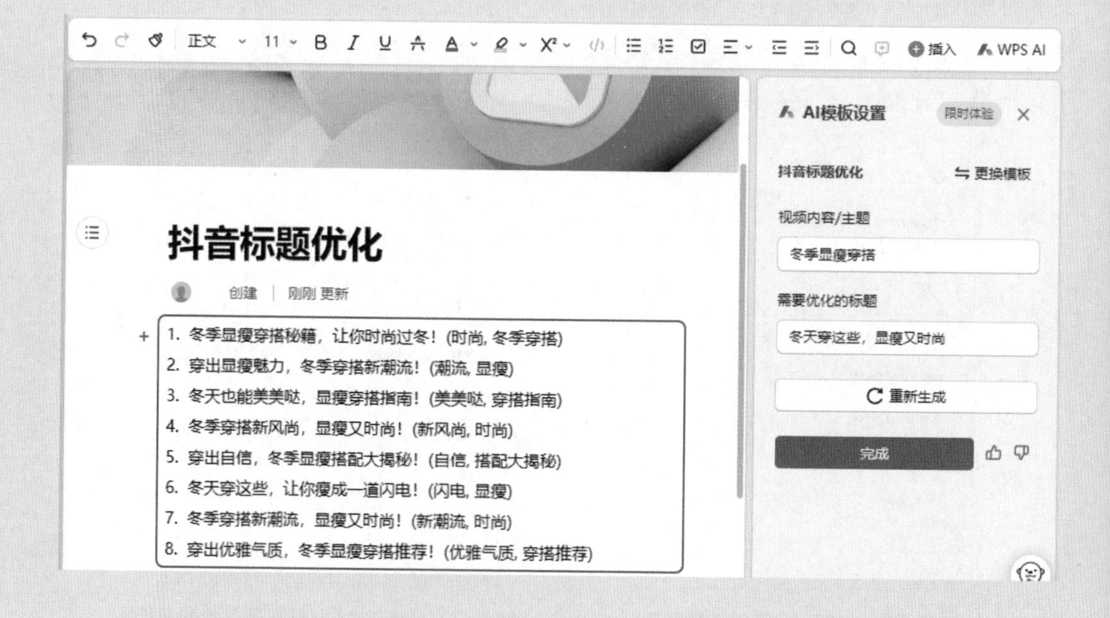

7.1 使用AI文档模板

WPS智能文档中的AI模板具有标准化和自动化的特点，它简化了文档编辑的过程，使得用户可以专注于内容而不是格式。智能文档为用户提供了项目管理、周报日报、工作规划、团队管理、互联网、校园生活、人力资源、电商运营和个人常用等模板类型，涵盖了新媒体、教育、互联网和电商等各个行业领域的AI模板。在WPS中使用AI模板，可以让用户更加高效、准确地创建和编辑文档。

7.1.1 练习实例：使用“抖音标题优化”模板

扫码看视频

在智能文档提供的AI模板中，使用“抖音标题优化”模板，可以通过AI技术根据用户输入的视频内容或主题，以及需要优化的标题，自动生成有创意、有吸引力的标题，有助于提高抖音视频的质量和吸引力，增加用户的参与度，从而提升账号的影响力和商业价值。下面介绍使用AI模板生成抖音穿搭类爆款标题的操作方法。

步骤 01 在WPS首页，单击“新建”→“智能文档”按钮，进入“新建智能文档”界面，单击“AI模板”右侧的“查看更多”按钮，如图7-1所示。

步骤 02 进入“AI模板”界面，选择“抖音标题优化”模板，如图7-2所示。

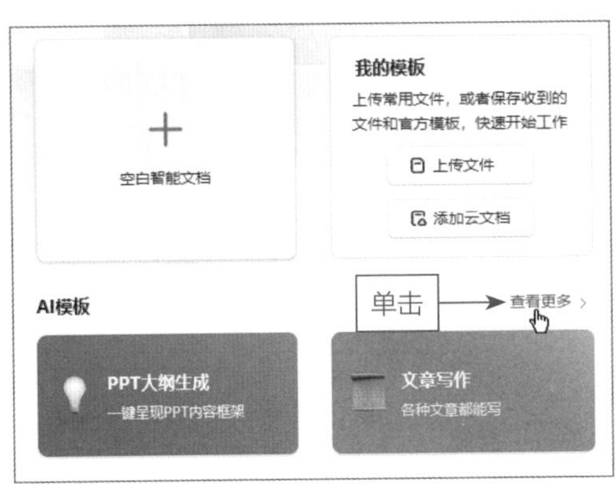

图7-1 单击“查看更多”按钮

图7-2 选择“抖音标题优化”模板

专家提示

用户也可以在进入“AI模板”界面后在搜索框中搜索模板关键词，然后在界面中选择需要的模板使用。

步骤 03 执行操作后，即可使用“抖音标题优化”模板，文档右侧会弹出“AI模板设置”面板，文档中会显示示例内容，如图7-3所示。

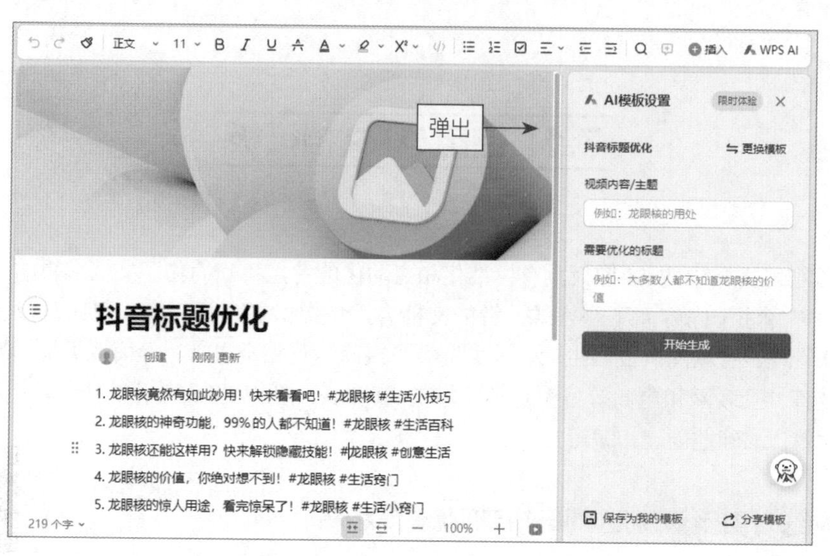

图 7-3 “AI 模板设置”面板

步骤 04 在“AI 模板设置”面板中，根据需要输入“视频内容 / 主题”和“需要优化的标题”，❶ 这里分别输入“冬季显瘦穿搭”和“冬天穿这些，显瘦又时尚”，❷ 单击“开始生成”按钮，如图 7–4 所示。

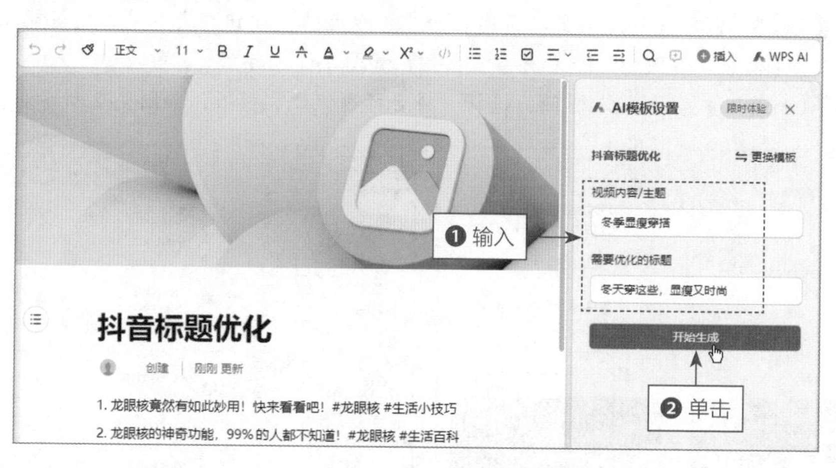

图 7–4 单击“开始生成”按钮

步骤 05 弹出“是否重新生成”对话框，提示当前文档中的示例内容将会被删除，单击“确定”按钮，如图 7–5 所示。

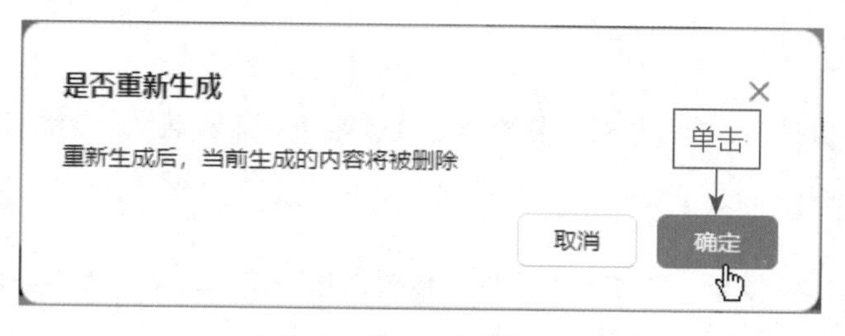

图 7–5 单击“确定”按钮

步骤 06 执行操作后，AI即可生成多个标题，如图7-6所示。单击"完成"按钮，即可完成抖音标题优化操作。

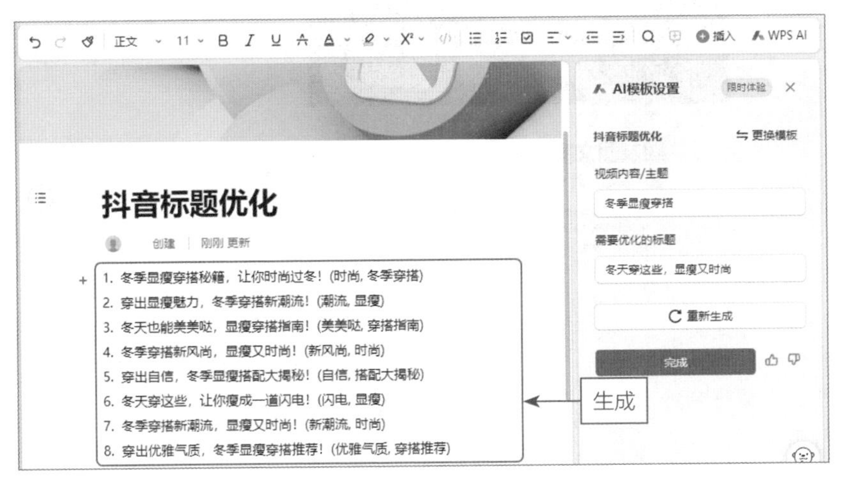

图7-6 AI生成多个标题

7.1.2 练习实例：使用"朋友圈文案润色"模板

扫码看视频

"朋友圈文案润色"AI模板支持个性化定制，AI通过对大量朋友圈文案进行深度学习，掌握了各种优秀的表达方式和修辞手法，使用它来润色朋友圈文案，可以使文案更加生动、有趣、有感染力，从而吸引更多人点击、阅读、点赞和转发。下面介绍通过AI模板润色朋友圈文案的操作方法。

步骤 01 在WPS首页，单击"新建"→"智能文档"按钮，进入"新建智能文档"界面，单击"AI模板"右侧的"查看更多"按钮，如图7-7所示。

步骤 02 进入"AI模板"选项卡，选择"朋友圈文案润色"模板，如图7-8所示。

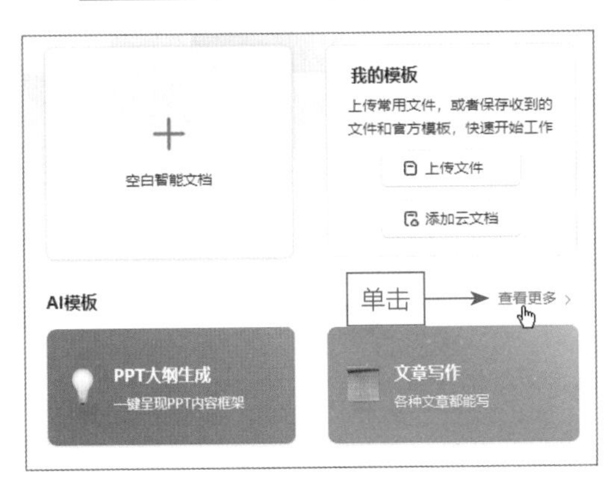

图7-7 单击"查看更多"按钮

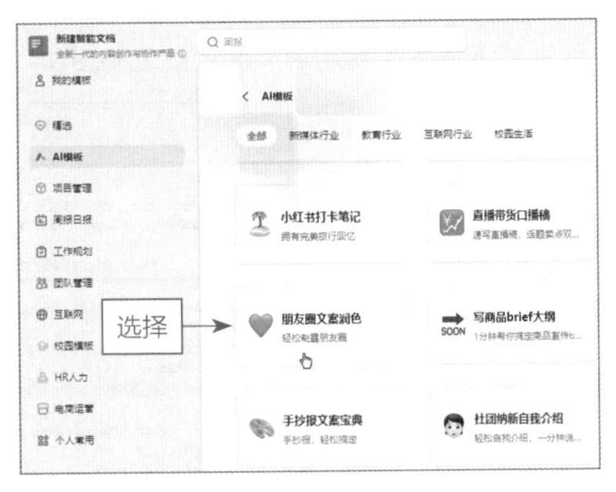

图7-8 选择"朋友圈文案润色"模板

步骤 03 执行操作后，即可使用"朋友圈文案润色"模板，文档中会显示示例内容，如图7-9所示。

图 7-9　使用“朋友圈文案润色”模板

步骤 04 在“AI 模板设置”面板中，❶根据需要在文本框中输入想发的内容，例如“雪山之旅，心灵得到净化，仿佛置身于人间仙境！”，❷设置“文案风格”为“浪漫”，如图 7-10 所示。

图 7-10　设置“文案风格”为“浪漫”

步骤 05 单击“开始生成”按钮，弹出“是否重新生成”对话框，单击“确定”按钮，AI 即可生成多条朋友圈文案，效果如图 7-11 所示。单击“完成”按钮，即可完成朋友圈文案润色操作。

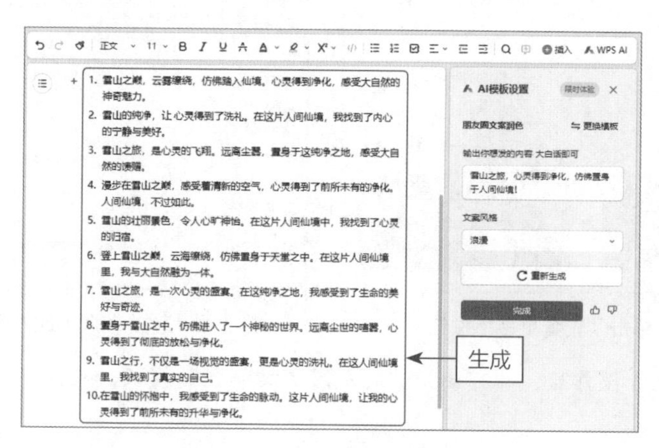

图 7-11　AI 生成多条朋友圈文案

专家提示

当智能文档中的封面不符合文案主题内容时，用户可以将封面图片删除或更换成更符合文案主题的图片。

7.1.3 练习实例：使用“创业计划书大纲”模板

扫码看视频

很多人在撰写创新、创业计划书时会有很多困惑，不知道该如何开始，尽管他们已具备初步思路，但却不知道如何构建一个完整的大纲。此时，AI模板将成为化解这一难题的有效工具！下面介绍通过AI模板快速生成创业计划书大纲的操作方法。

步骤 01 在WPS首页，单击“新建”→“智能文档”按钮，进入“新建智能文档”界面，单击“AI模板”右侧的“查看更多”按钮，进入“AI模板”选项卡，选择“创业计划书大纲”模板，如图7–12所示。

图7–12 选择“创业计划书大纲”模板

步骤 02 执行操作后，即可使用“创业计划书大纲”模板，文档中会显示示例内容，如图7–13所示。

图7–13 使用“创业计划书大纲”模板

步骤 03 在“AI模板设置”面板的“创业赛道或领域”文本框中输入“智能家居”，

在“目标用户人群是”文本框中输入“年轻家庭和科技爱好者”，在“创新创业计划书的主题是”文本框中输入“通过智能家居设备提升生活便利性和舒适度”，如图 7-14 所示。

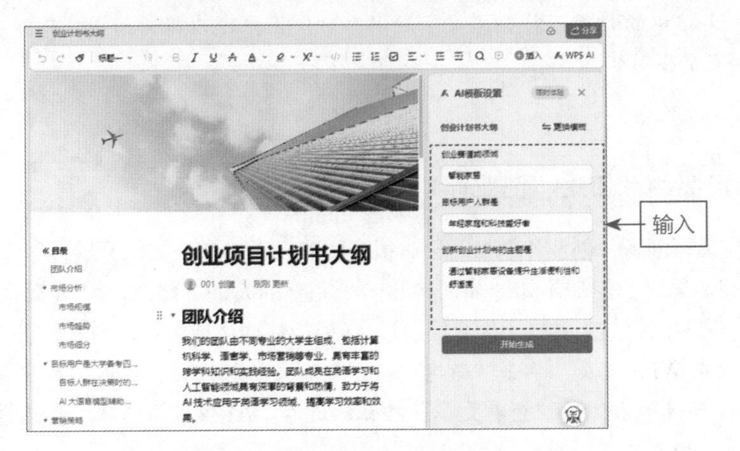

图 7-14　在文本框中输入相应的内容

步骤 04 单击“开始生成”按钮，弹出“是否重新生成”对话框，单击“确定”按钮，AI 即可生成创业计划书大纲，单击“完成”按钮，查看生成的内容，效果如图 7-15 所示。

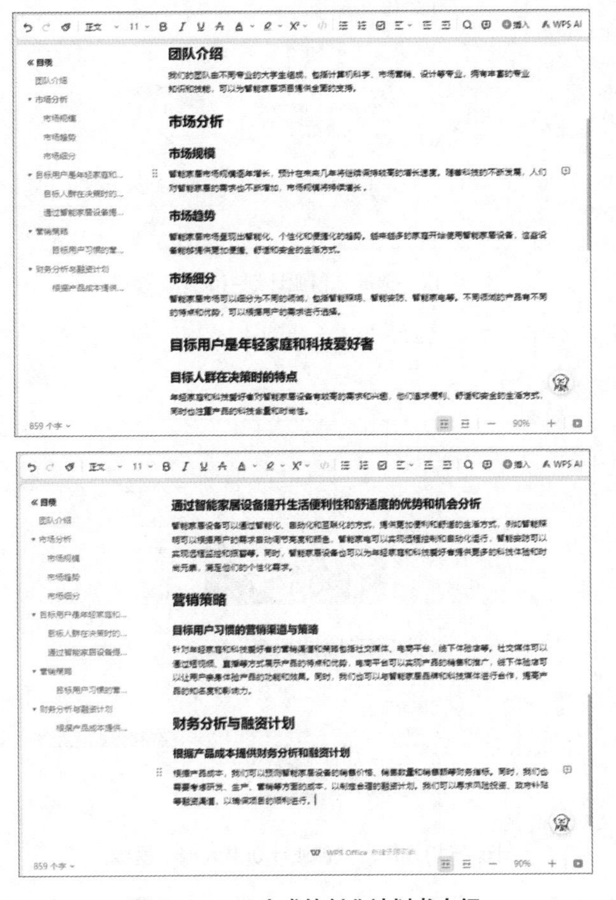

图 7-15　AI 生成的创业计划书大纲

7.1.4 练习实例：获取学校运动会相关 AI 模板

扫码看视频

AI 模板中，为用户提供了多款与学校运动会（简称“校运会”）相关的模板，当用户需要生成校运会策划案、颁奖词、主持词、加油稿和班级口号等内容时，可以通过搜索关键词来获取 AI 模板，让 AI 帮你轻松生成这些内容，具体操作方法如下。

步骤 01 在 WPS 首页，单击“新建”→“智能文档”按钮，进入“新建智能文档”界面，单击“AI 模板”右侧的“查看更多”按钮，进入“AI 模板”选项卡，在上方的搜索框中输入关键词“校运会”，如图 7–16 所示。

图 7–16 输入关键词

步骤 02 按 Enter 键或单击“搜索”按钮，即可搜索到关于校运会的模板，用户可以根据需要选择模板，这里选择“校运会策划案”模板，如图 7–17 所示。

图 7–17 选择“校运会策划案”模板

步骤 03 执行操作后，即可使用“校运会策划案”模板，如图 7–18 所示，文档中会显示示例内容。

步骤 04 在“AI 模板设置”面板的各个文本框中，分别输入校运会活动日期、主办单位、校运会主题和预算，效果如图 7–19 所示。

步骤 05 单击“开始生成”按钮，弹出“是否重新生成”对话框，单击“确定”按钮，AI 即可生成校运会策划案，单击“完成”按钮，查看生成的内容，效果如图 7–20 所示。

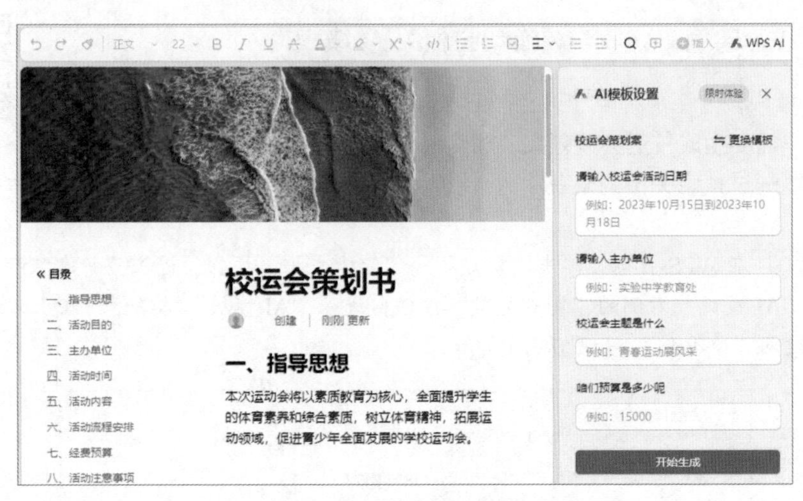

图 7-18　使用“校运会策划案”模板

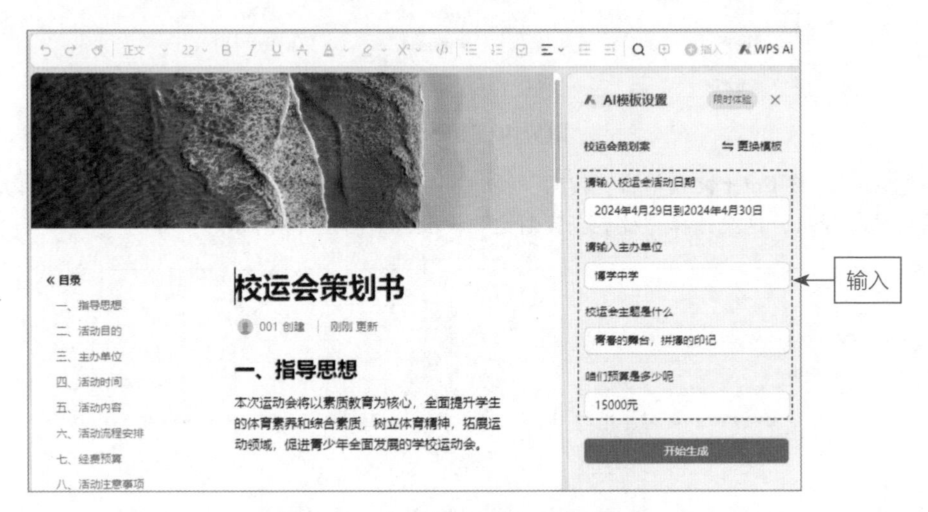

图 7-19　在文本框中输入相应的内容

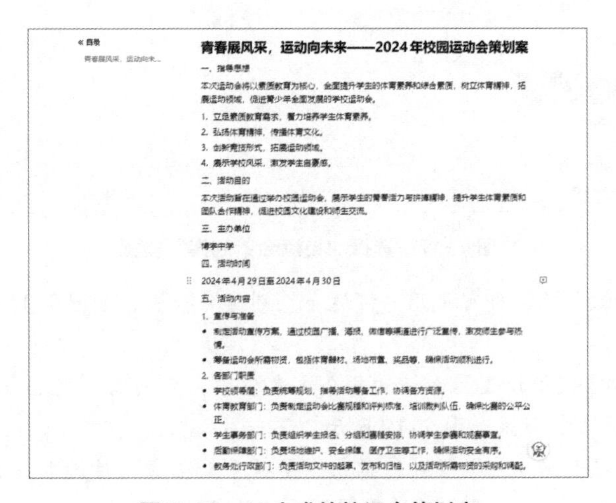

« 目录

青春展风采，运动向未来...

青春展风采，运动向未来——2024 年校园运动会策划案

一、指导思想

本次运动会将以素质教育为核心，全面提升学生的体育素养和综合素质，树立体育精神，拓展运动领域，促进青少年全面发展的学校运动会。

1. 立足素质教育需求，着力培养学生体育素养。
2. 弘扬体育精神，传播体育文化。
3. 创新竞技形式，拓展运动领域。
4. 展示学校风采，激发学生自豪感。

二、活动目的

本次活动旨在通过举办校园运动会，展示学生的青春活力与拼搏精神，提升学生体育素质和团队合作精神，促进校园文化建设和师生交流。

三、主办单位

博学中学

四、活动时间

2024 年 4 月 29 日至 2024 年 4 月 30 日

五、活动内容

1. 宣传与准备
- 制定活动宣传方案，通过校园广播、海报、微信等渠道进行广泛宣传，激发师生参与热情。
- 筹备运动会所需物资，包括体育器材、场地布置、奖品等，确保活动顺利进行。
2. 各部门职责
- 学校领导层：负责统筹规划，指导活动筹备工作，协调各方资源。
- 体育教育部门：负责制定运动会比赛规程和评判标准，培训裁判队伍，确保比赛的公平公正。
- 学生事务部门：负责组织学生报名、分组和赛程安排，协调学生参赛和观赛事宜。
- 后勤保障部门：负责场地维护、安全保障、医疗卫生等工作，确保活动安全有序。
- 教务处行政部门：负责活动文件的起草、发布和归档，以及活动所需物资的采购和调配。

图 7-20　AI 生成的校运会策划案

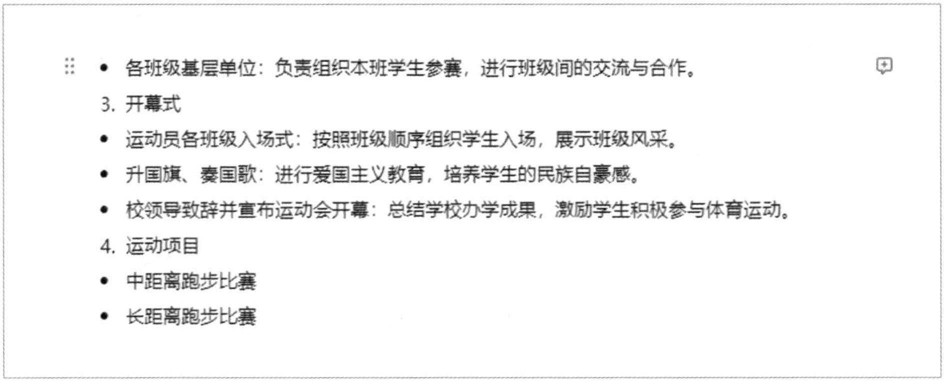

- 各班级基层单位：负责组织本班学生参赛，进行班级间的交流与合作。

3. 开幕式

- 运动员各班级入场式：按照班级顺序组织学生入场，展示班级风采。
- 升国旗、奏国歌：进行爱国主义教育，培养学生的民族自豪感。
- 校领导致辞并宣布运动会开幕：总结学校办学成果，激励学生积极参与体育运动。

4. 运动项目

- 中距离跑步比赛
- 长距离跑步比赛

图 7-20（续）

7.2 使用智能表单模板

使用 WPS 中的智能表单模板能够快速生成各个领域、各式各样的表单，例如“考勤打卡”类、“教育培训”类、“调研问卷”类、“作业收集”类和“求职招聘”类表单等，这对于需要快速收集大量信息或进行调研的场景非常有用。

用户只需要使用模板即可创建需要的表单，将创建的表单通过二维码、链接、微信和 QQ 等方式分享给其他同事、调查人员、研究人员和学生等填写表单关键信息即可，大大提高了表单的创建与填写效率。

7.2.1 练习实例：使用“摄影比赛报名表”表单

扫码看视频

在“新建智能表单”界面中，展开“教育培训”选项卡，其中包含多款关于教育培训、教学管理、学生管理、家校管理、后勤管理和比赛活动等表单模板。下面以“摄影比赛报名表”表单为例，介绍其使用方法。

步骤 01 在 WPS 首页，单击“新建”→“智能表单”按钮，如图 7-21 所示。

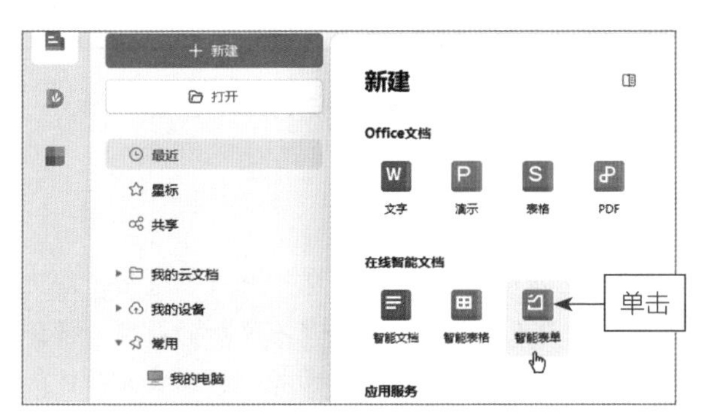

图 7-21 单击“智能表单”按钮

步骤 02 进入"新建智能表单"界面，在界面左侧的模板类型中，❶ 选择"教育培训"选项，进入"教育培训"选项卡，❷ 在"摄影比赛报名表"模板上单击"立即使用"按钮，如图 7-22 所示。

图 7-22　单击"立即使用"按钮

步骤 03 执行操作后，即可使用"摄影比赛报名表"模板，在"编辑"界面中可以根据需要编辑表单题目并进行题目设置，单击界面右上角的"发布并分享"按钮，如图 7-23 所示。

图 7-23　单击"发布并分享"按钮

专家提示

如图 7-23 所示，界面左边为表单"题型"和"题库"选项卡，用户可以根据需要在表单中添加题型；界面中间为表单编辑区，如果有添加的题型，将会显示在中间，用户可以编辑题目；界面右边为"全局题目设置"面板，可以设置题目，例如设置题目为必填、字数限制为 20 个字等。

步骤 04 进入“分享”界面，可以通过二维码、链接、微信、QQ和公众号等方式分享摄影比赛报名表，单击“直接打开”按钮，如图7-24所示。

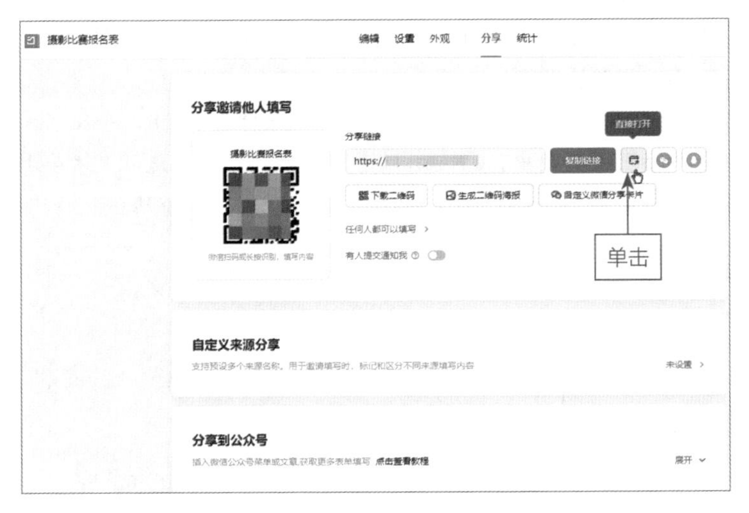

图7-24 单击“直接打开”按钮

步骤 05 打开“摄影比赛报名表”表单，用户可以在此处进行表单填写与提交，如图7-25所示。

摄影比赛报名表

* 1.您的姓名

请输入

* 2.您的性别

○ 男　○ 女

* 3.电子邮箱

请输入邮箱

* 4.联系方式

请输入手机号

* 5.请上传您的摄影作品（或作品集）

上传文件

最多上传3个文件，单个文件10MB以内

* 6.作品说明

请简要说明作品背景、灵感或意义

请输入

提交

图7-25 “摄影比赛报名表”表单

扫码看视频

7.2.2 练习实例：使用“员工考勤打卡上报”表单

“员工考勤打卡上报”表单是企业进行高效管理的重要工具之一，有助于提升员工的工作效率和工作纪律，优化企业的运营管理。下面介绍在 WPS 中使用“员工考勤打卡上报”表单的操作方法。

步骤 01 在 WPS 首页，单击“新建”→“智能表单”按钮，进入“新建智能表单”界面，在界面左侧的模板类型中，❶选择“考勤打卡”选项，进入“考勤打卡”选项卡，❷在“员工考勤打卡上报”模板上单击“预览”按钮，如图 7-26 所示。

图 7-26 单击“预览”按钮

步骤 02 执行操作后，即可预览“员工考勤打卡上报”模板，如图 7-27 所示。模板中已经创建了工号、打卡员工等表单项目。

图 7-27 预览“员工考勤打卡上报”模板

步骤 03 单击“使用该模板创建”按钮，即可使用模板创建“员工考勤打卡上报”表单，如图 7-28 所示。

图 7-28　创建“员工考勤打卡上报”表单

步骤 04 ❶ 选择“打卡员工”，此处需要事先准备好公司员工信息工作表，以便关联员工信息数据；在“全局题目设置”面板中，❷ 单击“关联表格”右侧的“未设置”按钮，如图 7-29 所示。

图 7-29　单击“未设置”按钮

步骤 05 弹出“关联表格数据”面板，单击“上传本地表格”按钮，如图 7-30 所示。用户也可以单击“使用示例表格”按钮，关联 WPS 提供的虚拟数据进行体验。

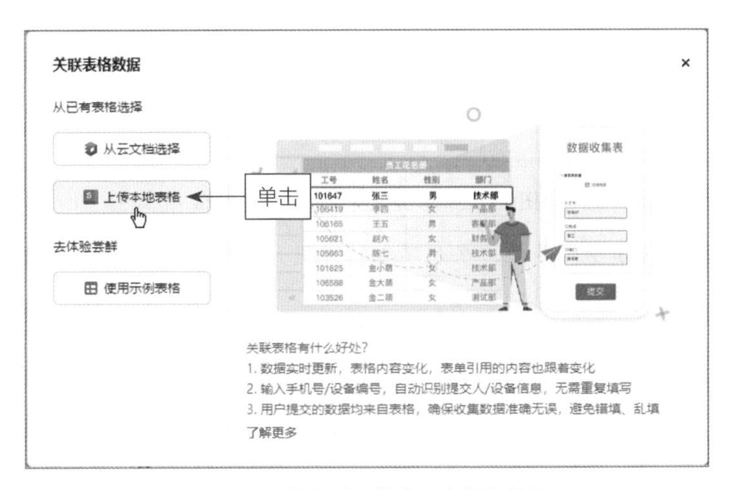

图 7-30　单击“上传本地表格”按钮

步骤 06 执行操作后，上传准备好的员工信息工作表，即可关联表格数据，设置“选数据时显示哪几列”为“A 列 | 工号”、“选择方式”为“下拉选择”、“选完后自动填充哪几列”为“B 列 | 姓名”，如图 7–31 所示，在下拉列表框中选择工号后，会自动填充姓名。

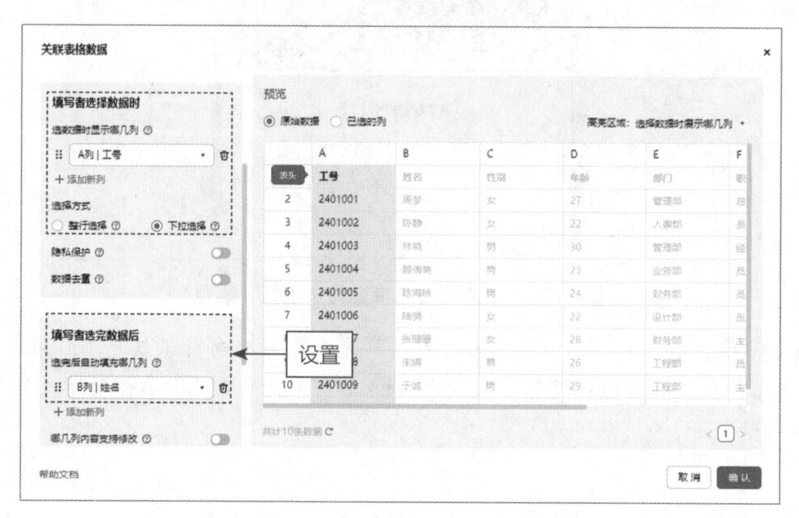

图 7–31　对关联的表格数据进行设置

步骤 07 单击“确认”按钮，返回表单“编辑”界面，❶修改“工号”的题目为“日期”，将题型改为日期时间，❷单击界面右上角的“发布并分享”按钮，如图 7–32 所示。

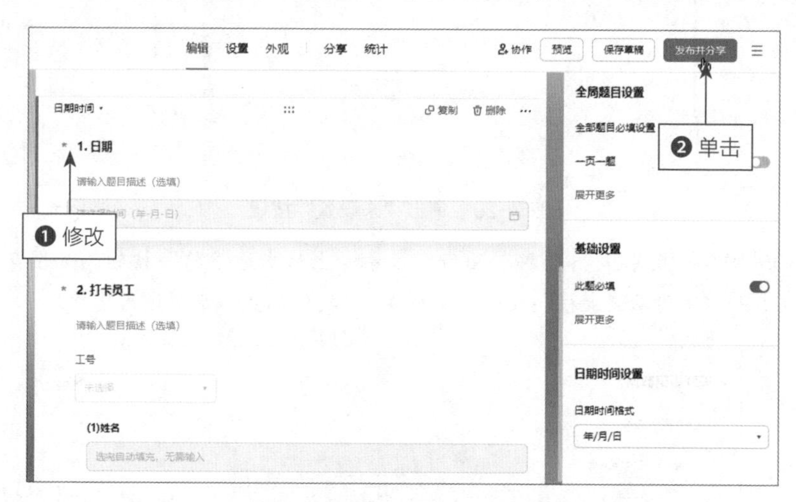

图 7–32　单击“发布并分享”按钮

步骤 08 进入“分享”界面，在分享之前，用户也可以自己先填写测试一下，单击“直接打开”按钮，如图 7–33 所示。

步骤 09 执行操作后，即可打开“员工考勤打卡上报”表单，❶输入一个日期，❷单击“打卡员工”下方的“工号”下拉按钮，❸在下拉列表中选择一个工号，如图 7–34 所示。

步骤 10 执行操作后，即可在下方自动填入工号对应的员工姓名，❶在“打卡类型”下方选中“上班”单选按钮，至此即可填完表单，❷单击“提交”按钮，如图 7–35 所示。

图 7-33　单击“直接打开”按钮

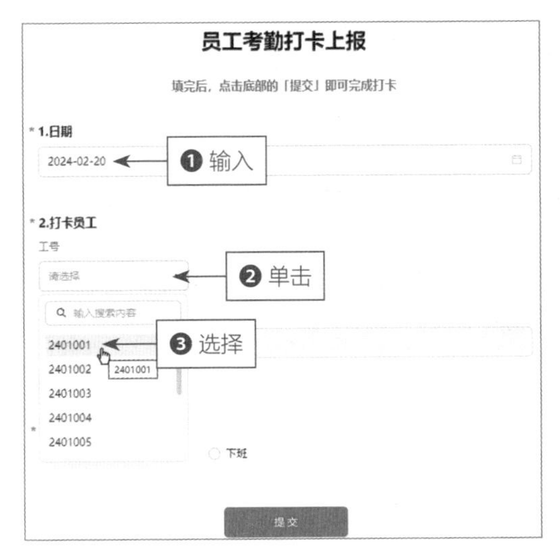

图 7-34　选择一个工号

图 7-35　单击“提交”按钮

步骤 11 弹出“温馨提示”对话框，单击“确认”按钮，如图 7-36 所示。

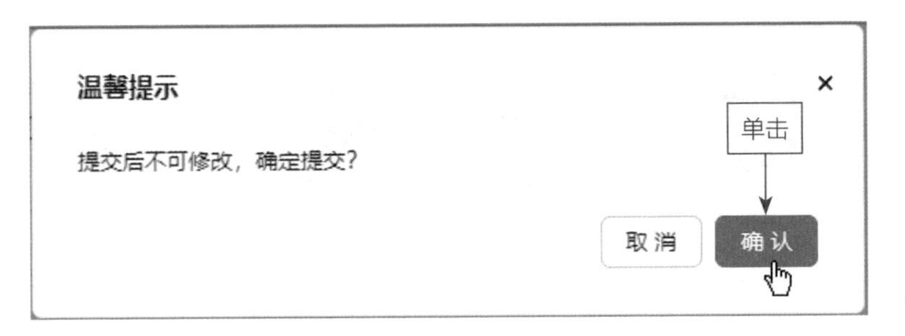

图 7-36　单击“确认”按钮

步骤 12 切换至“统计”界面，如图 7-37 所示，可以查看表单收集的数据。

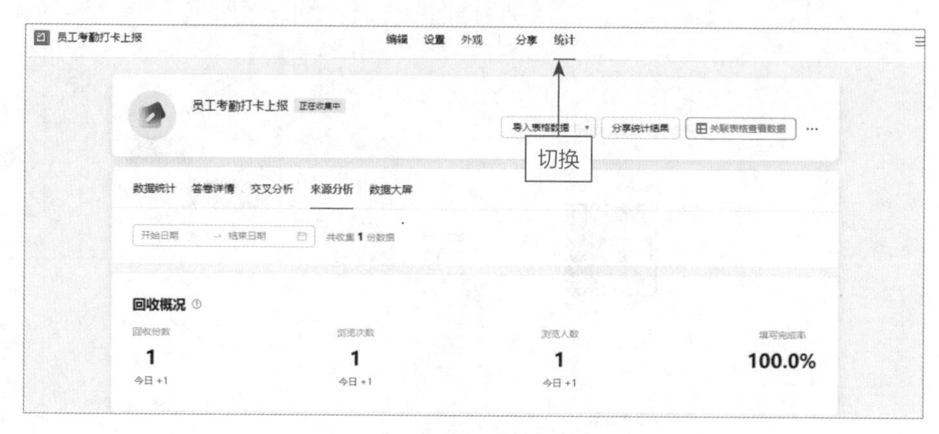

图 7-37 切换至“统计”界面

扫码看视频

7.3 综合实例：使用“行业报告”模板

除了可以在“AI 模板”界面中选择模板外，用户还可以通过“灵感市集”面板选择实用的 AI 模板。下面以选择“行业报告”模板为例，介绍具体的操作方法。

步骤 01 在 WPS 首页，单击“新建”→“智能文档”按钮，进入“新建智能文档”界面，单击“空白智能文档”缩略图，如图 7-38 所示。

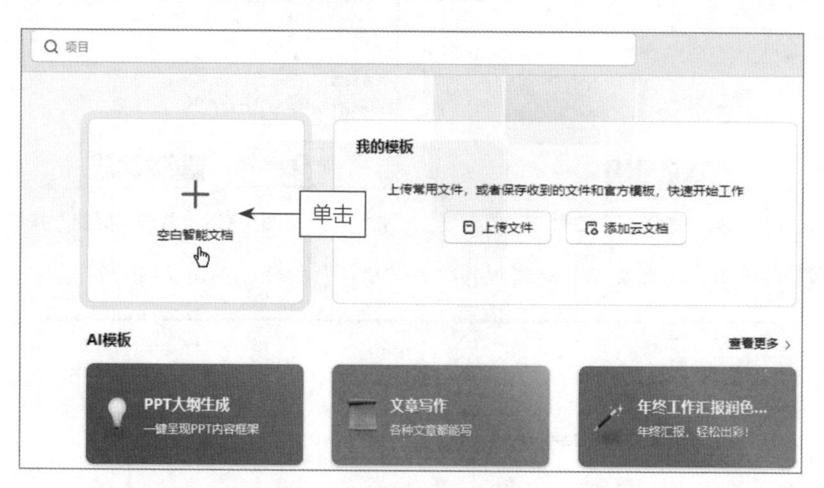

图 7-38 单击“空白智能文档”缩略图

步骤 02 执行操作后，即可新建一个智能文档，唤起 WPS AI，在输入框下方的列表框中选择“去灵感市集探索”选项，如图 7-39 所示。

步骤 03 弹出“灵感市集”面板，其中显示了多个 AI 模板，如图 7-40 所示。

步骤 04 在“搜索指令”文本框中，❶ 输入“行业报告”指令，即可搜索出“行业报告”模板，❷ 单击“使用”按钮，如图 7-41 所示。

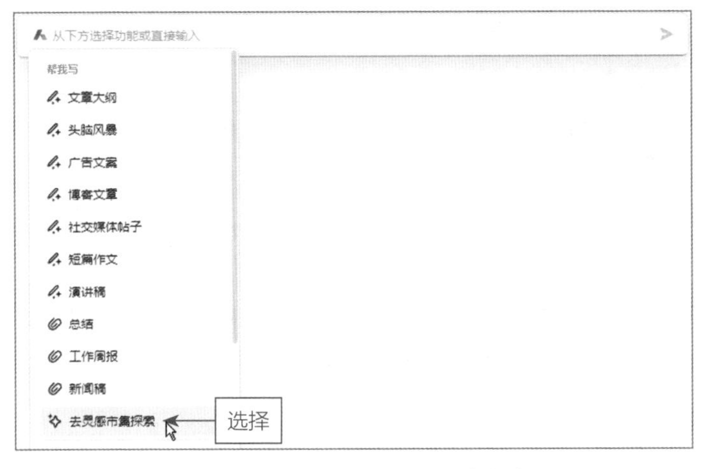

图 7-39　选择“去灵感市集探索”选项

图 7-40　“灵感市集”面板

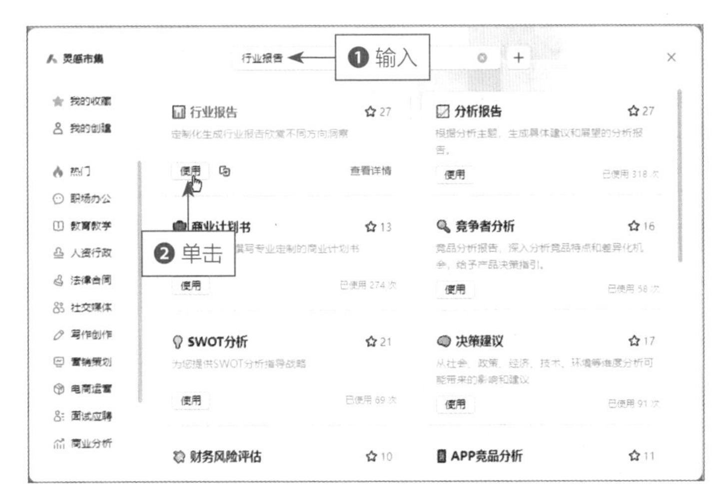

图 7-41　单击“使用”按钮

步骤 05 弹出 WPS AI 输入框，其中已经编写好指令模板，如图 7–42 所示。

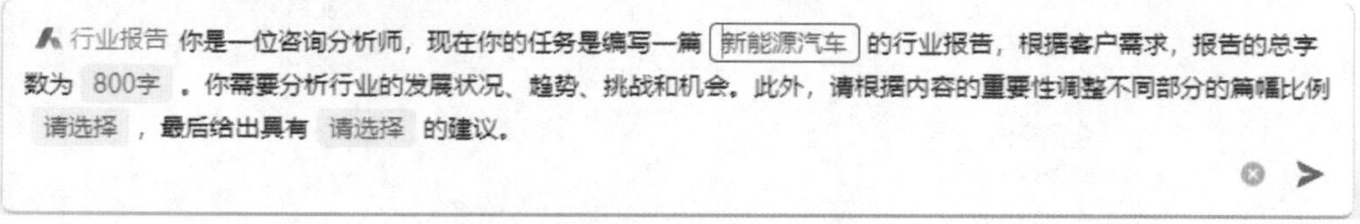

行业报告 你是一位咨询分析师，现在你的任务是编写一篇 新能源汽车 的行业报告，根据客户需求，报告的总字数为 800字 。你需要分析行业的发展状况、趋势、挑战和机会。此外，请根据内容的重要性调整不同部分的篇幅比例 请选择 ，最后给出具有 请选择 的建议。

图 7-42 弹出 WPS AI 输入框

步骤 06 ❶ 在输入框的前两个空白文本框中输入关键信息，❷ 单击第 3 个空白文本框，❸ 在弹出的列表中选中“重点突出”单选按钮，如图 7–43 所示。

输入标题
刚刚 更新
❶ 输入
❷ 单击
行业报告 你是一位咨询分析师，现在你的任务是编写一篇 关于虚拟游戏 的行业报告，根据客户需求，报告的总字数为 300字 。你需要分析行业的发展状况、趋势、挑战和机会。此外，请根据内容的重要性调整不同部分的篇幅比例 请选择 ，最后给出具有 请选择 的建议。
大致平均
重点突出
综合评述
❸ 选中

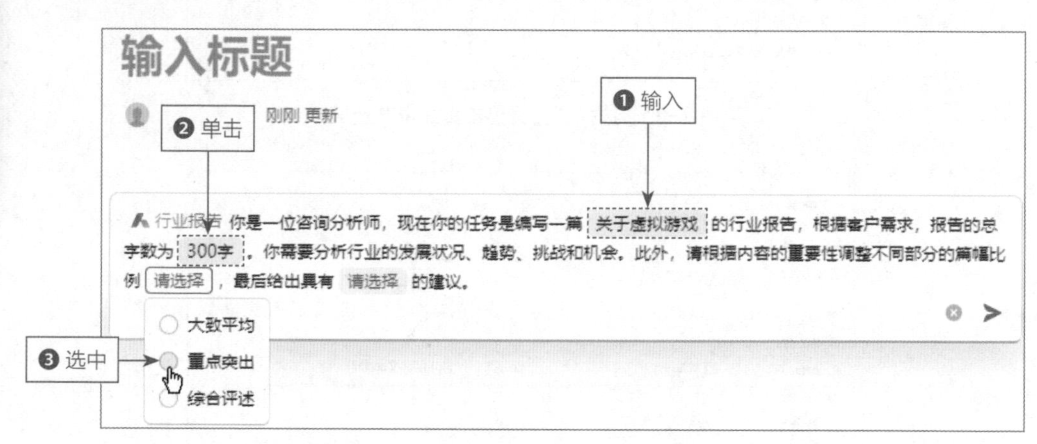

图 7-43 选中“重点突出”单选按钮

步骤 07 ❶ 单击第 4 个空白文本框，❷ 在弹出的列表中选中“可执行性”单选按钮，如图 7–44 所示。

输入标题
创建 | 刚刚 更新
❶ 单击
行业报告 你是一位咨询分析师，现在你的任务是编写一篇 关于虚拟游戏 的行业报告，根据客户需求，报告的总字数为 300字 。你需要分析行业的发展状况、趋势、挑战和机会。此外，请根据内容的重要性调整不同部分的篇幅比例 重点突出 ，最后给出具有 请选择 的建议。
❷ 选中
可执行性
战略性
前瞻性

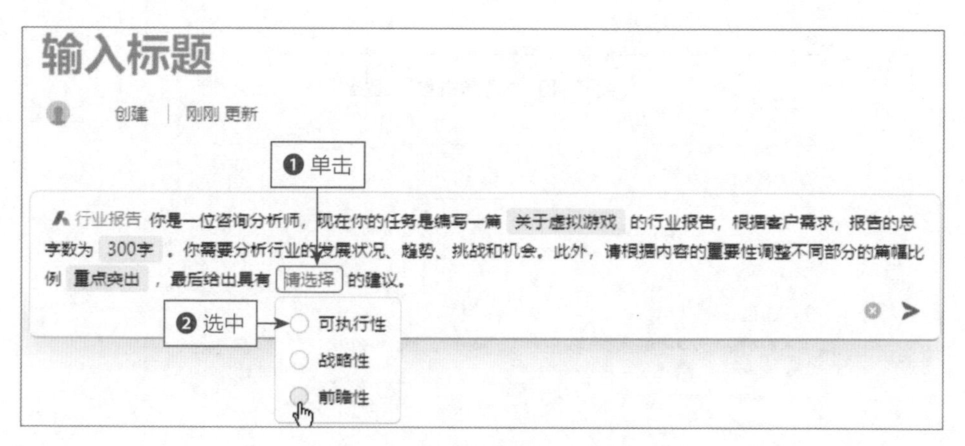

图 7-44 选中“可执行性”单选按钮

步骤 08 按 Enter 键发送，稍等片刻，AI 即可生成虚拟游戏行业报告，效果如图 7–45 所示。单击“保留”按钮，即可自动将生成的内容填入智能文档中。

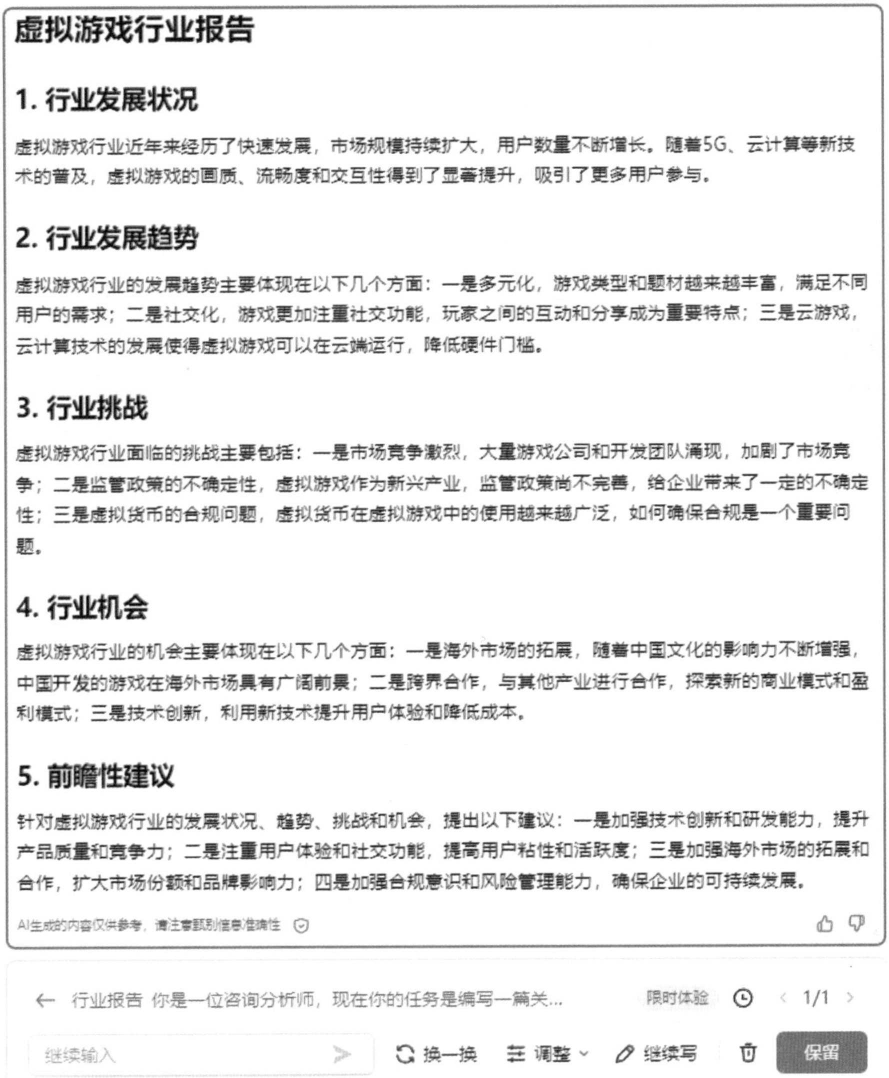

虚拟游戏行业报告

1. 行业发展状况

虚拟游戏行业近年来经历了快速发展，市场规模持续扩大，用户数量不断增长。随着5G、云计算等新技术的普及，虚拟游戏的画质、流畅度和交互性得到了显著提升，吸引了更多用户参与。

2. 行业发展趋势

虚拟游戏行业的发展趋势主要体现在以下几个方面：一是多元化，游戏类型和题材越来越丰富，满足不同用户的需求；二是社交化，游戏更加注重社交功能，玩家之间的互动和分享成为重要特点；三是云游戏，云计算技术的发展使得虚拟游戏可以在云端运行，降低硬件门槛。

3. 行业挑战

虚拟游戏行业面临的挑战主要包括：一是市场竞争激烈，大量游戏公司和开发团队涌现，加剧了市场竞争；二是监管政策的不确定性，虚拟游戏作为新兴产业，监管政策尚不完善，给企业带来了一定的不确定性；三是虚拟货币的合规问题，虚拟货币在虚拟游戏中的使用越来越广泛，如何确保合规是一个重要问题。

4. 行业机会

虚拟游戏行业的机会主要体现在以下几个方面：一是海外市场的拓展，随着中国文化的影响力不断增强，中国开发的游戏在海外市场具有广阔前景；二是跨界合作，与其他产业进行合作，探索新的商业模式和盈利模式；三是技术创新，利用新技术提升用户体验和降低成本。

5. 前瞻性建议

针对虚拟游戏行业的发展状况、趋势、挑战和机会，提出以下建议：一是加强技术创新和研发能力，提升产品质量和竞争力；二是注重用户体验和社交功能，提高用户粘性和活跃度；三是加强海外市场的拓展和合作，扩大市场份额和品牌影响力；四是加强合规意识和风险管理能力，确保企业的可持续发展。

AI生成的内容仅供参考，请注意甄别信息准确性

← 行业报告 你是一位咨询分析师，现在你的任务是编写一篇关… 限时体验 1/1

继续输入 换一换 调整 继续写 保留

图 7-45 AI 生成虚拟游戏行业报告

本章小结

本章首先介绍了使用 AI 文档模板的操作方法，包括使用“抖音标题优化”模板、“朋友圈文案润色”模板、“创业计划书大纲”模板和获取 AI 学校运动会相关模板的操作方法；其次介绍了使用智能表单模板的方法，包括使用“摄影比赛报名表”表单和“员工考勤打卡上报”表单等的操作方法；最后介绍了在“灵感市集”面板中使用“行业报告”模板的实操方法。

课后习题

1. 在 WPS 中，如何获取“在职证明”文档模板？效果如图 7-46 所示。

扫码看视频

在职证明

创建 | 刚刚 更新

兹证明 ________，性别________，出生日期________，身份证号码 __________________________，为我公司在职员工。自 _____ 年_____ 月 _____ 日入职本公司并工作至今，目前担任 __________ 职务。

特此证明！

声明：本证明仅用于证明我公司员工的工作情况，不作为本公司对该员工任何形式的担保文件。

公司名称（盖章）：____________________
证 明 人：____________________
联系电话：____________________
日 期：____________________

图 7-46 “在职证明”文档模板

2. 在 WPS 中，如何获取“离职证明”文档模板？效果如图 7-47 所示。

扫码看视频

离职证明

创建 | 刚刚 更新

兹有_____（先生/女士），出生日期________，身份证号码 ________________________，自________年_______月_______日至_______年_______月_______日止，在我公司担任_______，在职期间无不良表现，现因_______原因申请离职，与公司解除劳动关系。

现该员工与公司已就经济补偿金及劳动关系存续期间的所有问题达成一致，并已一次性结清，同时公司已经为该员工办妥离职手续。

特此证明。

公司名称（盖章）：____________________
证 明 人：____________________
联系电话：____________________
日 期：____________________

图 7-47 “离职证明”文档模板

ChatGPT 与 WPS 的结合

第 8 章

ChatGPT 作为一款强大的语言模型，凭着人机交互的系统模式，成为 AI 办公利器，改变了人们工作的方式。本章，我们探讨如何将 ChatGPT 与 WPS 结合使用，实现更多的办公目标，让工作变得更加高效省力。

本章重点

- 用 ChatGPT 生成 WPS 办公文档
- 用 ChatGPT 整理 WPS 表格内容
- 用 ChatGPT 生成 WPS 演示文稿
- 综合实例：用 ChatGPT 智能编写分析报告

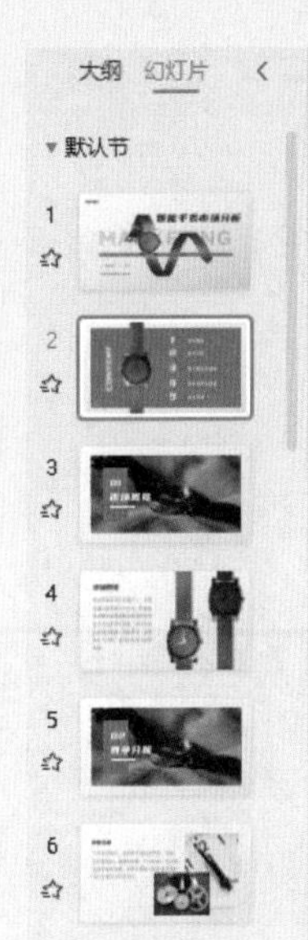

8.1 用 ChatGPT 生成 WPS 办公文档

通过 ChatGPT，用户可以轻松创建符合要求的 WPS 办公文档，并且可以定制个性化的内容和格式。这种联合办公的模式为用户提供了高效、智能的办公文档生成方法，可以使工作变得更加便捷和高效。

扫码看视频

8.1.1 练习实例：用 ChatGPT 生成旅游行程规划

通过 ChatGPT，用户可以便捷地获取个性化的旅游行程规划。该智能系统将结合用户提供的信息和喜好，自动生成丰富多样的行程安排，涵盖景点推荐、交通规划和餐饮建议等方面。下面介绍用 ChatGPT 生成旅游行程规划的操作方法。

步骤 01 打开 ChatGPT 聊天窗口，如果用户想让 ChatGPT 生成的旅游行程详细、精准，那么在输入指令时，可以将自己的旅游地点、时间、经费预算和要求提供给 ChatGPT，相关的指令和回复内容如下。

提问

帮我制定云南 5 天旅游行程攻略，预算 1 万元人民币，行程安排需涵盖热门景点推荐、交通规划以及食宿建议等

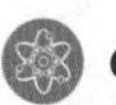

ChatGPT

当然可以！以下是一个大致的云南 5 天旅游行程攻略，预算 1 万元人民币。请注意，价格和可用性可能会有所变化，因此建议在出发前确认一切安排。

第一天：昆明 – 大理

早上：抵达昆明，参观滇池和西山，品尝昆明的早餐。

中午：前往大理，午餐在大理古城内品尝本地美食。

下午：漫步大理古城，参观三塔和大理国旗岛。

晚上：在大理古城内找一家特色餐厅用晚餐，可以品尝洱海鱼和其他当地美食。

第二天：大理 – 丽江

早上：游览洱海，欣赏清晨的美景。

中午：在洱海畔用午餐，品尝新鲜的海鲜。

下午：前往丽江，抵达后参观束河古镇。

晚上：在丽江古城内散步，品尝当地小吃。

第三天：丽江 – 香格里拉

早上：参观丽江古城，品尝丽江美食。

中午：前往香格里拉，途中欣赏金沙江第一湾。

下午：抵达香格里拉后，游览松赞林寺和香格里拉古城。

晚上：在香格里拉古城内用晚餐，品尝藏式美食。

第四天：香格里拉 – 泸沽湖

早上：前往泸沽湖，途中参观纳帕海。

中午：在泸沽湖畔用午餐，欣赏湖景。

下午：乘船游览泸沽湖，可以参与当地的民俗活动。

晚上：在泸沽湖畔用晚餐，品尝特色菜肴。

第五天：泸沽湖 – 昆明

早上：在泸沽湖畔欣赏日出，享受宁静的湖畔时光。

中午：返回昆明，途中参观木家寨。

下午：抵达昆明后，参观翠湖公园。

晚上：在昆明享受最后一顿丰盛的云南菜。

交通规划：

昆明到大理：可以选择飞机或高铁，视预算和时间而定。

大理到丽江：可以选择高铁或长途巴士。

丽江到香格里拉：选择巴士或租车，途中欣赏雪山美景。

香格里拉到泸沽湖：租车或包车是比较方便的选择。

泸沽湖到昆明：可以选择巴士或租车。

食宿建议：

尽量选择当地特色餐馆，品尝云南特色美食。

住宿选择可以考虑在景区附近的客栈或酒店，以便更好地体验当地文化。

以上行程安排仅供参考，具体安排还需根据个人兴趣和时间做进一步调整。希望您有一个愉快的云南之行！

步骤 02 如果觉得ChatGPT的回复有些平铺直叙，还可以让ChatGPT以表格的形式重新生成内容，使其更有组织性和易于阅读，相关的指令和回复内容如下。

将以上内容以表格的形式重新生成旅游行程

日期	行程安排	交通规划	食宿建议
第一天	昆明 – 大理	昆明滇池、西山；大理古城	昆明早餐；大理古城内晚餐，品尝洱海鱼和本地美食
第二天	大理 – 丽江	大理洱海；丽江束河古镇	大理洱海畔午餐，品尝海鲜；丽江古城内晚餐，品尝小吃
第三天	丽江 – 香格里拉	丽江古城；香格里拉松赞林寺、古城	丽江古城内午餐；香格里拉古城内晚餐，品尝藏式美食

续表

日期	行程安排	交通规划	食宿建议
第四天	香格里拉－泸沽湖	香格里拉途中欣赏金沙江第一湾；泸沽湖、纳帕海、游船	泸沽湖畔午餐，参与民俗活动；泸沽湖畔晚餐，品尝特色菜肴
第五天	泸沽湖－昆明	泸沽湖畔欣赏日出；昆明翠湖公园	泸沽湖畔晚餐；昆明最后一顿丰盛云南菜
		昆明至大理：飞机 / 高铁	
		大理至丽江：高铁 / 长途巴士	
		丽江至香格里拉：巴士 / 租车	
		香格里拉至泸沽湖：租车 / 包车	
		泸沽湖至昆明：巴士 / 租车	
			尽量选择当地特色餐馆，体验云南美食；选择景区附近食宿

以上表格为您提供了更清晰的云南 5 天旅游行程安排，希望对您的旅行有所帮助！

步骤 03 选择 ChatGPT 生成的旅游行程表格，按 Ctrl + C 组合键复制，新建一个 WPS 空白文档，❶ 在首行输入内容标题，❷ 粘贴复制的表格，通过拖曳表格边框和控制柄的方式调整表格的大小，如图 8–1 所示。

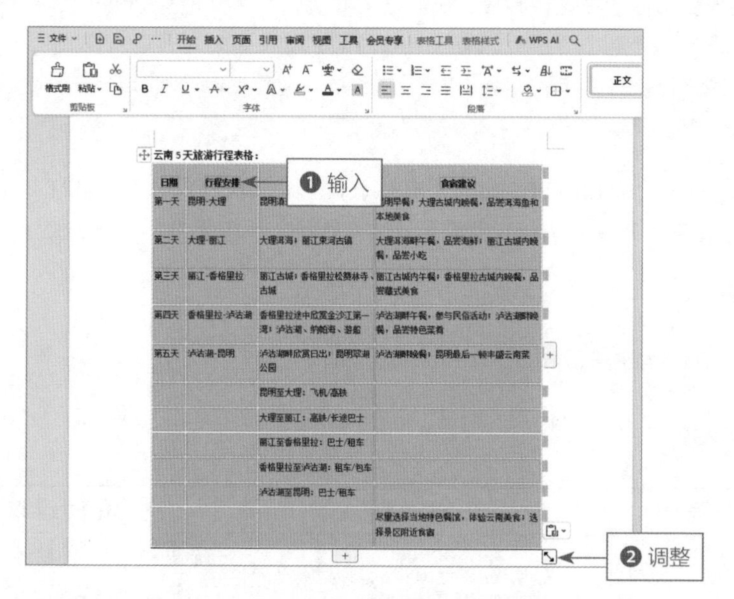

图 8–1　粘贴复制的表格并调整表格大小

步骤 04 ❶ 选择表格中的行程内容，右击，❷ 在弹出的快捷菜单中选择“单元格对齐方式”，❸ 在展开的列表中单击按钮，表示文本上下居中并靠左对齐，如图 8–2 所示。

步骤 05 ❶ 选择日期和表头，❷ 在弹出的悬浮面板中单击按钮，❸ 在弹出的列表中选择“居中对齐”选项，如图 8–3 所示。

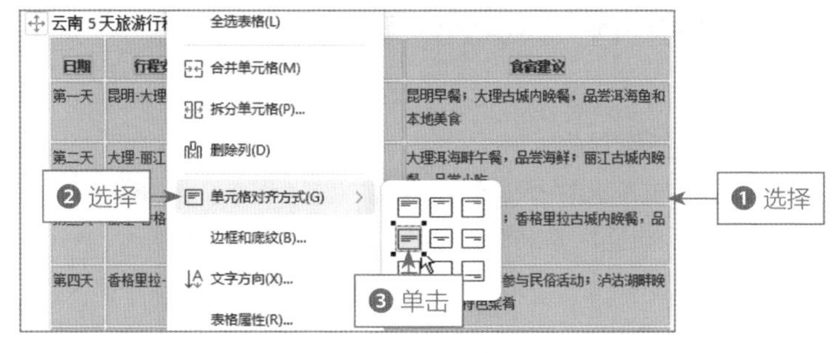

图 8-2　单击按钮

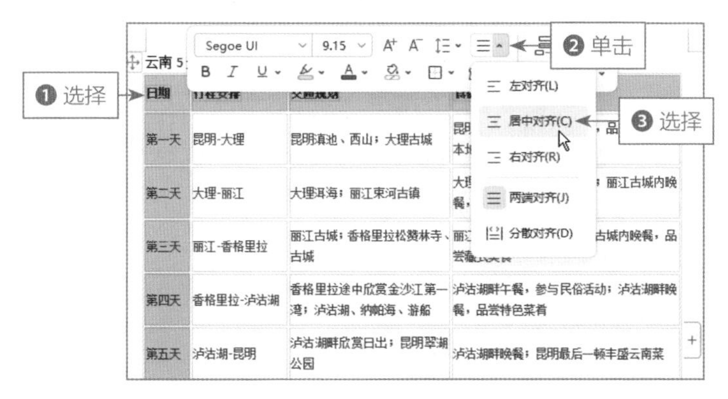

图 8-3　选择“居中对齐”选项

步骤 06 执行操作后，即可使日期和表头居中对齐，最终效果如图 8-4 所示。至此，完成行程表格的编辑。

云南 5 天旅游行程表格：

日期	行程安排	交通规划	食宿建议
第一天	昆明-大理	昆明滇池、西山；大理古城	昆明早餐；大理古城内晚餐，品尝洱海鱼和本地美食
第二天	大理-丽江	大理洱海；丽江束河古镇	大理洱海畔午餐，品尝海鲜；丽江古城内晚餐，品尝小吃
第三天	丽江-香格里拉	丽江古城；香格里拉松赞林寺、古城	丽江古城内午餐；香格里拉古城内晚餐，品尝藏式美食
第四天	香格里拉-泸沽湖	香格里拉途中欣赏金沙江第一湾；泸沽湖、纳帕海、游船	泸沽湖畔午餐，参与民俗活动；泸沽湖畔晚餐，品尝特色菜肴
第五天	泸沽湖-昆明	泸沽湖畔欣赏日出；昆明翠湖公园	泸沽湖畔晚餐；昆明最后一顿丰盛云南菜
		昆明至大理：飞机/高铁	
		大理至丽江：高铁/长途巴士	
		丽江至香格里拉：巴士/租车	
		香格里拉至泸沽湖：租车/包车	
		泸沽湖至昆明：巴士/租车	
			尽量选择当地特色餐馆，体验云南美食；选择景区附近食宿

图 8-4　最终效果

扫码看视频

8.1.2 练习实例：用 ChatGPT 生成培训计划

ChatGPT 的计划能力也很强，用户可以使用 ChatGPT 智能生成专业性的培训计划，具体操作方法如下。

步骤 01 打开 ChatGPT 聊天窗口，向 ChatGPT 发送指令，ChatGPT 即可智能生成通用的培训计划，相关的指令和回复内容如下。

提问

帮我生成入职 3 天岗位培训计划

ChatGPT

当然可以！以下是一个入职 3 天的岗位培训计划的示例。请注意，具体的培训内容和时间安排可能需要根据公司和岗位的特定要求进行调整。

第一天：公司介绍和基础培训

上午：公司介绍

公司历史和愿景

组织结构和团队介绍

公司文化和价值观

下午：基础培训

公司的核心业务

产品 / 服务概述

公司政策和流程

第二天：部门培训和工作流程

上午：部门介绍

部门的角色和职责

与其他部门的协作和沟通方式

下午：工作流程

具体工作流程的详细解释

使用的工具和软件的介绍

常见问题和解决方案

第三天：实际操作和交互

上午：实际操作

系统和工具的实际操作演练

岗位相关的具体技能培训

下午：团队互动和反馈

与同事的交互和合作演练

问题解答和答疑环节

反馈机制和培训后支持

这个培训计划是一个基本框架，可以根据实际情况进行调整。同时，建议在培训期间给新员工提供相关文档和资料，以便他们在培训后能够进一步学习和巩固知识。

步骤 02 复制 ChatGPT 生成的培训计划，新建一个 WPS 文档，❶ 在首行输入内容标题，❷ 粘贴复制的培训计划，如图 8–5 所示。

步骤 03 单击菜单栏中的 WPS AI 标签，弹出 WPS AI 面板，选择“文档排版”选项，进入“文档排版”面板，单击“通用文档”中的“开始排版”按钮，如图 8–6 所示。

步骤 04 执行操作后，弹出相应的面板，单击“确认”按钮，即可完成排版操作，删除多余的空行，并根据需要调整格式，例如将小标题加粗，最终效果如图 8–7 所示。

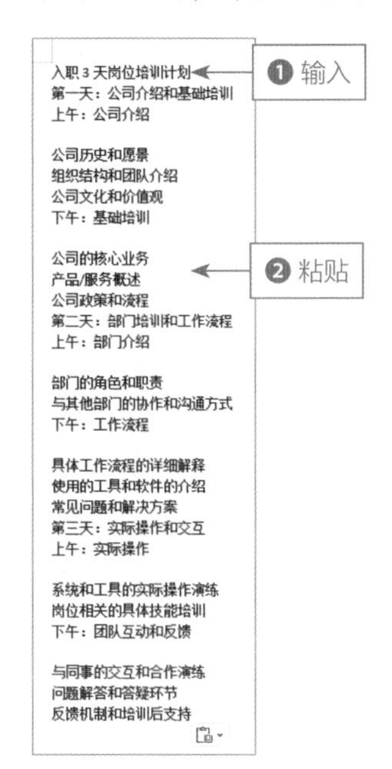

图 8–5 粘贴培训计划

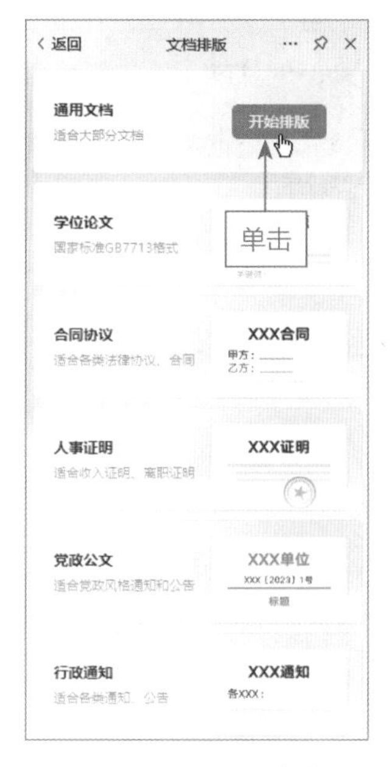

图 8–6 单击“开始排版”按钮

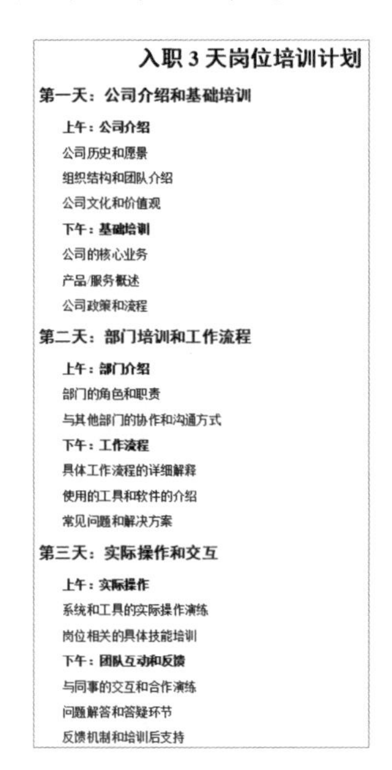

图 8–7 最终效果

8.2 用 ChatGPT 整理 WPS 表格内容

ChatGPT 虽然不能直接操作软件，但用户可以通过文本的形式，将需要完成的具体任务和数据整理的细节提供给 ChatGPT，让其提供相关建议和指导，比如计算公式、排序筛选等。

8.2.1 练习实例：用 ChatGPT 查找客户名单

扫码看视频

在一个客户名单表中，包含客户姓名和所在城市，用户需要根据指定的城市查找客户名单，当用户不确定用哪个函数公式时，可以让 ChatGPT 来编写函数公式。下面通过实例介绍具体的操作方法。

步骤 01 在 WPS 中打开一个工作表，如图 8-8 所示，B 列为客户姓名、C 列为客户所在城市，需要找出在北京的客户名单。

	A	B	C	D	E
1	序号	客户姓名	所在城市		在北京的客户名单
2	1	周璐	上海		
3	2	张晓菲	北京		
4	3	程天宇	广州		
5	4	李晓	广州		
6	5	龙雅丽	北京		
7	6	周美华	北京		
8	7	刘敏月	上海		
9	8	陈蕾	上海		
10	9	徐杰	广州		
11	10	郑莉	北京		

图 8-8 打开一个工作表

步骤 02 打开 ChatGPT 聊天窗口，向 ChatGPT 发送指令，ChatGPT 即可提供找出客户名单的公式，相关的指令和回复内容如下。

提问

在工作表中，B 列为客户姓名、C 列为客户所在城市，需要找出在北京的客户名单，并将结果返回到 E 列单元格中，可以用哪个函数公式?

ChatGPT

在 Excel 中，你可以使用 IF 和 VLOOKUP 函数来找出在北京的客户名单，并将结果返回到 E 列单元格中。下面是一个简单的例子。

假设你的数据从第 2 行开始，B 列是客户姓名，C 列是客户所在城市，你可以在 E 列使用以下公式。

```
=IF(VLOOKUP(" 北京 ",C:C,1,FALSE)=C2,B2,"")
```

这个公式的作用是，首先使用 VLOOKUP 函数在城市列中查找是否存在 " 北京 "，然后使用 IF 函数判断如果找到的城市与当前行的城市相同，则返回对应的客户姓名，否则返回空字符串。这样，E 列将显示在北京的客户姓名，而其他行将显示空字符串。

步骤 03 复制 ChatGPT 提供的计算公式，在 WPS 工作表中，❶ 选择 E2:E11 单元格，❷ 在编辑栏中粘贴复制的公式：=IF(VLOOKUP(" 北京 ",C:C,1,FALSE)=C2,B2,"")，如图 8-9 所示。

图 8-9 粘贴公式

步骤 04 按 Ctrl+Enter 组合键确认，即可找出在北京的客户名单，效果如图 8–10 所示。

E2 =IF(VLOOKUP("北京",C:C,1,FALSE)=C2,B2,"")

	A	B	C	D	E	F
1	序号	客户姓名	所在城市		在北京的客户名单	
2	1	周璐	上海			
3	2	张晓菲	北京		张晓菲	
4	3	程天宇	广州			
5	4	李晓	广州			
6	5	龙雅丽	北京		龙雅丽	
7	6	周美华	北京		周美华	
8	7	刘敏月	上海			
9	8	陈蕾	上海			
10	9	徐杰	广州			
11	10	郑莉	北京		郑莉	

图 8–10　找出在北京的客户名单

8.2.2 练习实例：用 ChatGPT 筛选无用数据

扫码看视频

当表格数据内容较多时，筛选出无用数据常常是一个费时费力的任务。然而，借助 ChatGPT 强大的数据处理能力，这一任务可以得到显著简化。下面通过实例介绍用 ChatGPT 筛选无用数据的具体操作。

步骤 01 在 WPS 中打开一个工作表，如图 8–11 所示，需要将采购数量为空的数据筛选出来并删除。

	A	B	C
1	序号	产品	采购数量
2	1	环保型涂料	100桶
3	2	智能摄像头	5组
4	3	便携式充电宝	
5	4	高效节能灯具	30个
6	5	绿色环保家具	10套
7	6	智能门锁	8套
8	7	智能家居系统	2套
9	8	节能环保空调	
10	9	高品质音响设备	7套
11	10	高性能服务器	20台
12	11	高级办公椅	
13	12	无线蓝牙耳机	
14	13	高性能电动自行车	3台

图 8–11　打开一个工作表

步骤 02 打开 ChatGPT 聊天窗口，向 ChatGPT 发送指令，ChatGPT 即可提供筛选并删除无用数据的方法，相关的指令和回复内容如下。

提问

在 WPS 表格中，A 列为序号、B 列为产品、C 列为采购数量，可以用什么方法筛选出采购数量为空的产品数据并删除？

ChatGPT

在 WPS 表格中，你可以使用筛选和删除功能来找到并删除采购数量为空的产品数据。

以下是一些步骤，具体操作可能会因WPS表格版本的不同而略有变化：

1. 筛选空白的采购数量

选中C列，或者你的采购数量所在的列。

在菜单栏中选择“数据”或类似的选项。

选择“筛选”或“高级筛选”。

在弹出的窗口中，找到采购数量列（C列）并选择“空白”或“空值”选项。

2. 选中筛选结果的产品数据

选中显示出来的采购数量为空的产品数据。

3. 删除选中的数据

在菜单栏中找到“编辑”或类似的选项。

选择“删除”或“删除行”。

4. 确认删除操作

在删除数据之前，系统可能会要求你进行确认，确保你想要删除的是正确的数据。

5. 取消筛选

在完成删除操作后，取消筛选以显示所有的数据。

在菜单栏中找到“数据”或类似的选项。

选择“清除筛选”或“取消筛选”。

这些步骤可能在不同版本的WPS表格中略有差异，但通常来说，基本的筛选和删除功能是相似的。请根据你使用的具体版本进行适当的调整。

步骤 03 参考ChatGPT提供的方法，在WPS工作表中，❶选择C1单元格，❷在“数据”功能区中单击“筛选”按钮，如图8-12所示。

步骤 04 执行操作后，即可添加筛选下拉按钮，❶单击C1单元格中的筛选下拉按钮，❷在展开的下拉列表中仅选中“（空白）”复选框，如图8-13所示。

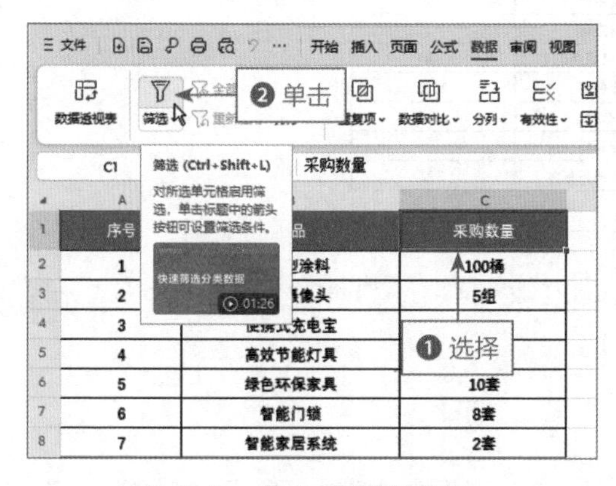

图8-12 单击“筛选”按钮

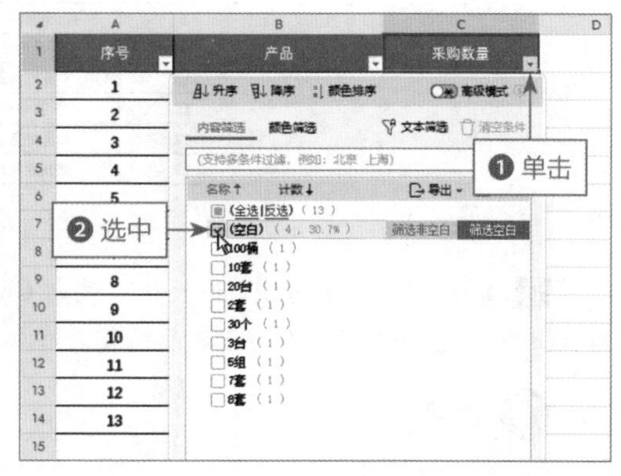

图8-13 仅选中“（空白）”复选框

步骤 05 单击“确定”按钮或按Enter键，即可筛选出购买记录为空的数据行，❶选择筛选出的数据单元格，右击，❷在弹出的快捷菜单中选择“删除”→“整行”选项，如图8-14所示。

步骤 06 执行上述操作后，即可将数据行删除，展开筛选下拉列表，选中“（全选|反

选）”复选框，单击“确定”按钮，即可显示全部数据，效果如图 8-15 所示，此时购买记录为空的数据已被删除。

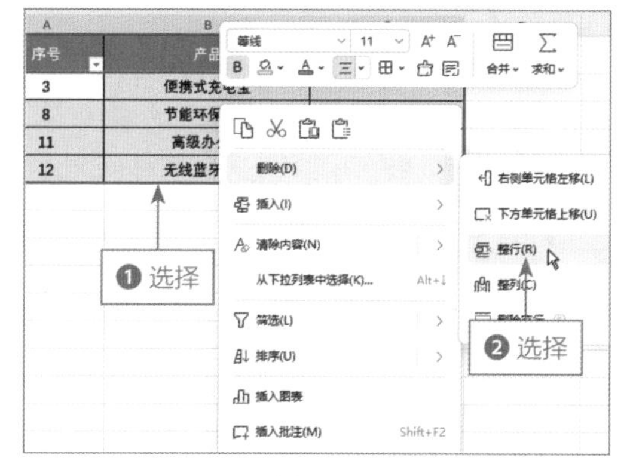

图 8-14　选择“整行”选项

序号	产品	采购数量
1	环保型涂料	100桶
2	智能摄像头	5组
4	高效节能灯具	30个
5	绿色环保家具	10套
6	智能门锁	8套
7	智能家居系统	2套
9	高品质音响设备	7套
10	高性能服务器	20台
13	高性能电动自行车	3台

图 8-15　显示全部数据

8.3　用 ChatGPT 生成 WPS 演示文稿

与 WPS AI 一键生成幻灯片不同，ChatGPT 可以指定生成的页数和字数。利用 ChatGPT 用户可以快速生成演示文稿的各个部分，如标题页、目录页、内容页等。借助 ChatGPT，用户无须花费大量时间查阅资料、整理思路，只需简单描述需求，ChatGPT 便能迅速生成初稿，构建清晰的内容框架，大大提高了制作效率。

8.3.1　练习实例：用 ChatGPT 生成商务演示 PPT

扫码看视频

商务演示 PPT 通常用于展示商业计划、销售报告、市场分析、产品演示和公司战略等内容，可以在会议、销售演示、培训课程和商业展览等场合使用。WPS 演示文稿提供了多款 PPT 模板，用户可以登录会员账号，在“新建演示”界面中，挑选喜欢的 PPT 模板进行使用。下面介绍用 ChatGPT 生成商务演示 PPT 的操作方法。

步骤 01 打开 ChatGPT 聊天窗口，向 ChatGPT 发送生成 PPT 的指令，让 ChatGPT 根据发送的指令生成一份商务演示 PPT 内容，相关的指令和回复内容如下。

提问

生成一份有关智能手表市场分析的商务演示 PPT 内容，要包括封面页的标题、目录页和内容页。要求内容页有 5 页，每页字数不超过 200 个字。

ChatGPT

当然可以！首先是封面页和目录页，接下来就是 5 页内容了：

封面页：

标题：智能手表市场分析

副标题：当前趋势、竞争格局与未来发展

目录页：

1. 市场概览
2. 竞争分析
3. 用户需求与趋势
4. 技术创新与发展
5. 未来展望

内容页 1– 市场概览（不超过 200 字）：

智能手表市场正迅速扩大，年复合增长率达到 10% 以上。主要驱动因素包括健康意识的提高和生活方式的数字化转变。该市场涉及到健康监测、智能支付、通信等多个领域，呈现出多元化发展趋势。

内容页 2– 竞争分析（不超过 200 字）：

市场竞争激烈，主要参与者包括苹果、三星、华为等巨头。品牌知名度、产品功能、价格竞争成为制胜关键。差异化策略与创新能力将决定企业在市场中的地位。

内容页 3– 用户需求与趋势（不超过 200 字）：

用户对智能手表的需求不断演变，从基础的健康监测到更高级的生活辅助功能。个性化定制和时尚设计成为用户选择的重要考量，驱动市场朝向差异化发展。

内容页 4– 技术创新与发展（不超过 200 字）：

技术创新推动着智能手表市场的快速演进。人工智能、生物传感技术的整合为智能手表增加了更多强大的功能，如睡眠分析、情感识别等，提高了用户体验。

内容页 5– 未来展望（不超过 200 字）：

智能手表市场前景广阔。随着 5G 技术的普及和物联网的发展，智能手表将更加融入人们的生活，成为不可或缺的数字伙伴。企业应紧密关注技术趋势，灵活调整战略以应对未来的市场变化。

步骤 02 启动 WPS 应用程序，进入“新建演示文稿”界面，在“搜索”文本框中，❶ 输入“市场分析”，按 Enter 键搜索即可搜索出与市场分析相关的 PPT 模板，❷ 选择“手表营销策划 PPT 模板”，如图 8–16 所示。

图 8–16　选择相应的模板

步骤 03 弹出“手表营销策划 PPT 模板”预览面板，单击“立即使用”按钮，如图 8-17 所示。

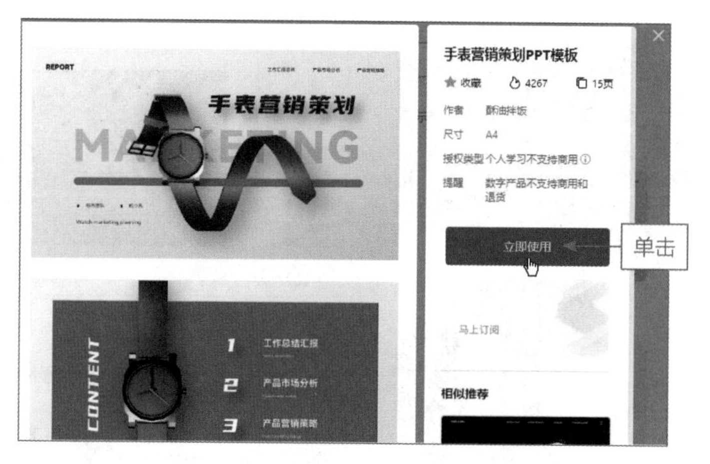

图 8-17 单击“立即使用”按钮

步骤 04 执行操作后，即可使用“手表营销策划 PPT 模板”，效果如图 8-18 所示。

图 8-18 使用相应的模板

步骤 05 在封面页中，删除多余的文本内容和文本框，❶ 输入 ChatGPT 生成的标题，❷ 输入汇报人姓名和日期，封面页制作效果如图 8-19 所示。

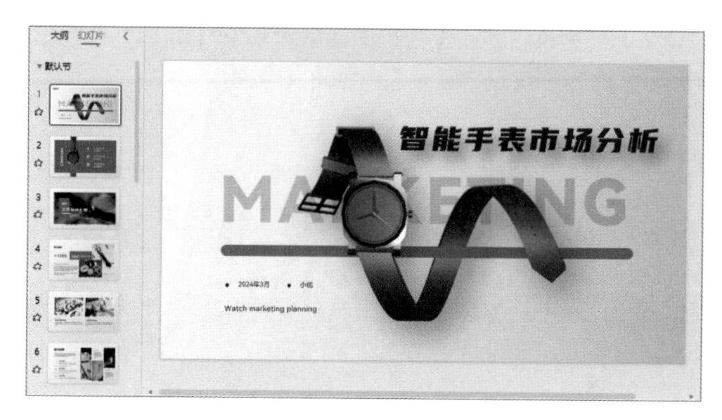

图 8-19 封面页制作效果

步骤 06 用相同的方法，将 ChatGPT 生成的 PPT 内容输入各个幻灯片中，并将多余的幻灯片删除，制作完成的智能手表市场分析 PPT 效果如图 8-20 所示。

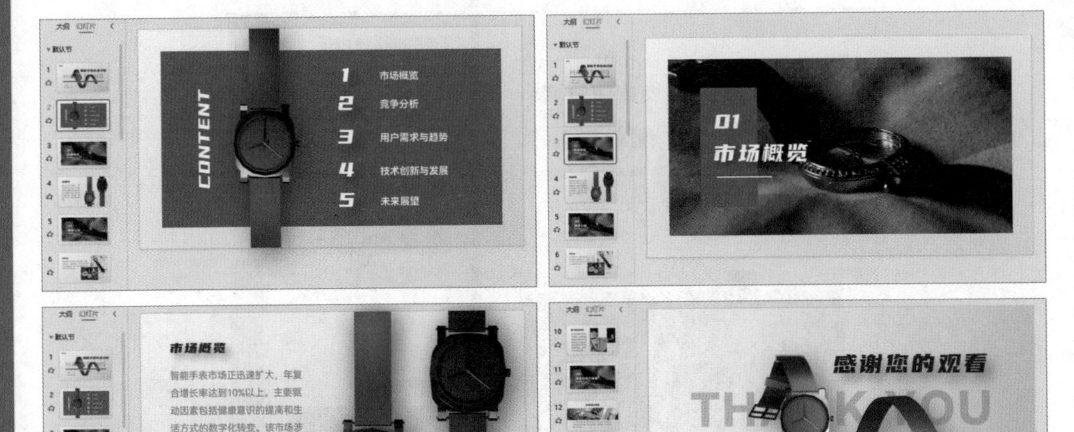

图 8-20 制作完成的智能手表市场分析 PPT（部分内容）

扫码看视频

8.3.2 练习实例：用 ChatGPT 生成活动策划 PPT

活动策划 PPT 是用于策划、组织和展示活动方案和细节的演示文稿。活动策划 PPT 的目的是提供一个清晰而详细的框架，以便参与者能够理解活动的整体规划和运行方式，因此在让 ChatGPT 生成 PPT 内容时，指令中可以不用限制其生成页数。下面介绍用 ChatGPT 生成活动策划 PPT 的操作方法。

步骤 01 打开 ChatGPT 聊天窗口，向 ChatGPT 发送 PPT 的指令，让 ChatGPT 根据发送的指令生成一份活动策划 PPT 内容，相关的指令和回复内容如下。

提问

生成一份有关双十一美妆店铺线上推广的活动策划 PPT 内容，要包括封面页的标题、目录页和内容页。要求内容页每页字数不超过 300 个字。

ChatGPT

当然可以！让我们一起开始吧。

封面页：

标题：美丽狂欢节：双十一美妆店铺线上推广策划

子标题：挥洒美丽，点亮双十一！

目录页：

1. 引言

2. 市场背景

3. 活动目标

4. 策略概览

5. 亮点预告

6. 社交媒体推广

7. 线上合作与促销

8. 用户互动

9. 数据分析与优化

10. 结语

内容页：

1. 引言

美妆狂欢季即将开启，我们携手双十一为您奉上一场绚烂的美妆盛宴！本次活动将突破传统，以创新的策略为您的店铺带来更多关注和销售。

2. 市场背景

揭示当前美妆市场趋势，探讨双十一对消费者购物行为的影响，为制定策略提供基础数据。

3. 活动目标

明确双十一美妆店铺推广的具体目标，包括销售额增长、用户涌入、品牌曝光等方面。

4. 策略概览

概述本次活动的核心策略，例如限时特惠、新品首发、购物返利等，以引发用户兴趣。

5. 亮点预告

精彩活动提前曝光，引导用户期待，例如限量礼盒、明星同款、抽奖活动等，制造话题性。

6. 社交媒体推广

详细介绍在各大社交平台上的推广计划，包括原创内容、互动话题、用户参与活动等。

7. 线上合作与促销

展示与合作品牌的联动计划，以及与电商平台的合作方案，共同助力推广。

8. 用户互动

介绍用户参与的方式，如晒单有奖、互动话题讨论等，增强用户粘性和活跃度。

9. 数据分析与优化

提出数据监测方案，通过实时数据分析，及时调整推广策略，最大化推广效果。

10. 结语

总结全文，感谢团队的努力，展望美好的双十一狂欢之旅。

希望这份 PPT 能够为您的双十一美妆店铺线上推广提供有力支持！

步骤 02 启动 WPS 应用程序，新建一个空白演示文稿，删除默认创建的幻灯片，❶ 单击“稻壳资源”按钮，弹出“稻壳资源”面板，❷ 在搜索文本框中输入需要的模板关键词“双十一美妆店铺线上推广”，❸ 在搜到的模板中找到一款与主题相符合的模板并单击“立即使用”按钮，如图 8–21 所示。

图 8–21　单击“立即使用”按钮

步骤 03 执行操作后，即可使用整套模板，根据需要将 ChatGPT 生成的 PPT 内容输入模板中，调整幻灯片的位置，并将多余的幻灯片删除，完成双十一美妆店铺线上推广活动策划 PPT 的制作，效果如图 8–22 所示。

图 8–22　制作完成的双十一美妆店铺线上推广活动策划 PPT（部分内容）

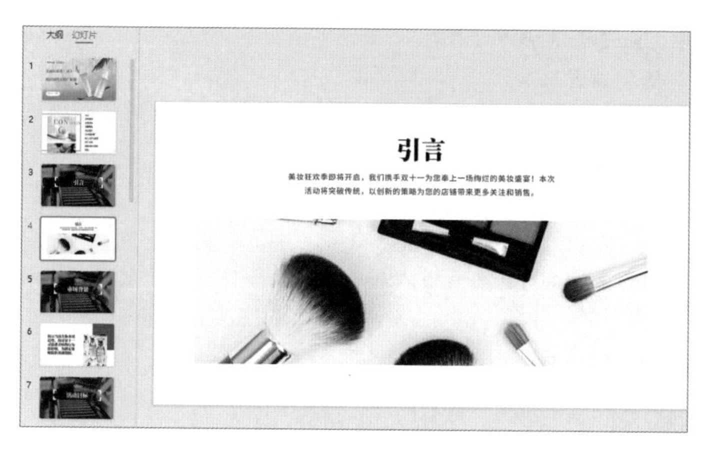

图 8-22（续）

8.4　综合实例：用 ChatGPT 智能编写分析报告

扫码看视频

ChatGPT 可以智能化、精准化地编写分析报告，为各行各业的决策者和专业人士提供更多有价值的信息。下面介绍采用“帮我编写一份关于 ××× 的分析报告”指令模板，用 ChatGPT 智能编写分析报告的操作方法。

步骤 01 打开 ChatGPT 聊天窗口，向 ChatGPT 发送指令，让 ChatGPT 智能编写一份分析报告，相关的指令和回复内容如下。

提问

帮我编写一份关于智能驾驶技术市场趋势的分析报告。

ChatGPT

智能驾驶技术市场趋势分析报告

1. 市场概览

智能驾驶技术是一种通过整合人工智能、机器学习、传感器技术等，使汽车能够在没有人类干预的情况下执行特定任务的技术。随着科技的不断进步，智能驾驶技术已成为汽车行业的一个关键领域，引领着汽车产业的变革与发展。

2. 市场驱动因素

2.1　技术进步和创新

随着人工智能、机器学习等技术的迅速发展，智能驾驶技术的性能和可靠性不断提升，推动了市场的发展。

2.2　政府政策支持

许多国家和地区纷纷出台政策鼓励智能驾驶技术的研发和应用，例如放宽法规限制、提供资金支持等，促进了市场的增长。

2.3 安全和便利性需求

智能驾驶技术能够提高驾驶安全性、减少交通事故发生率，并提供更便捷的出行方式，因此受到消费者的青睐。

3. 市场挑战

3.1 技术成本

智能驾驶技术涉及到高昂的研发成本和生产成本，使得智能驾驶汽车的售价较高，限制了市场的普及程度。

3.2 安全与法律问题

智能驾驶技术在实际应用中可能面临安全隐患，同时法律法规和责任问题也需要进一步完善和解决，这些问题制约了智能驾驶技术的发展。

4. 市场机会

4.1 新兴市场需求

发展中国家和地区对智能驾驶技术的需求逐渐增加，这些市场具有巨大的潜力和发展空间。

4.2 产业合作与生态建设

智能驾驶技术的发展需要跨行业的合作与生态系统的建设，包括汽车制造商、技术公司、政府机构等的协同合作，这为市场提供了更广阔的发展空间。

5. 市场预测

智能驾驶技术市场预计将继续保持快速增长的态势，在未来几年内市场规模有望不断扩大。随着技术的进步、成本的下降以及政策的支持，智能驾驶技术将会在汽车行业发挥越来越重要的作用，成为汽车产业的一个重要增长点。

结论

智能驾驶技术市场充满了机遇与挑战，企业需要不断提升技术实力、降低成本，并与利益相关方密切合作，以抓住市场机会，实现可持续发展。同时，政府和监管部门也应加强政策引导，完善法律法规，促进智能驾驶技术的健康发展，为社会提供更安全、更便捷的出行方式。

步骤 02 复制 ChatGPT 生成的分析报告，新建一个 WPS 文档，粘贴分析报告（部分内容）如图 8–23 所示。

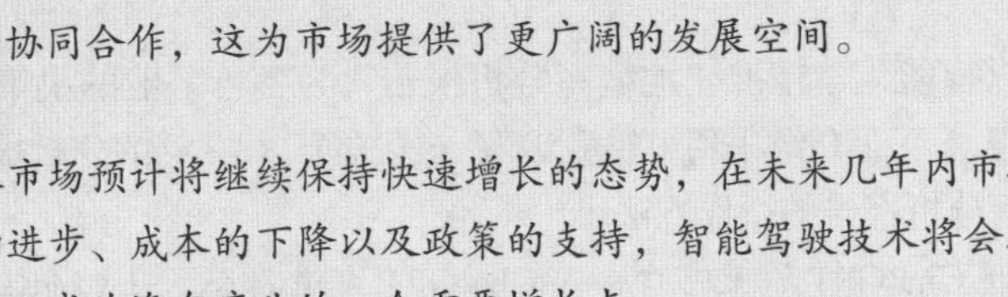

智能驾驶技术市场趋势分析报告

1. 市场概览

智能驾驶技术是一种通过整合人工智能、机器学习、传感器技术等，使汽车能够在没有人类干预的情况下执行特定任务的技术。随着科技的不断进步，智能驾驶技术已成为汽车行业的一个关键领域，引领着汽车产业的变革与发展。

2. 市场驱动因素

2.1 技术进步和创新

随着人工智能、机器学习等技术的迅速发展，智能驾驶技术的性能和可靠性不断提升，推动了市场的发展。

图 8–23 粘贴分析报告（部分内容）

步骤 03 单击菜单栏中的 WPS AI 标签，弹出 WPS AI 面板，选择“文档排版”选项，进入“文档排版”面板，单击“通用文档”中的“开始排版”按钮，弹出相应的面板，单击“确认”按钮，即可完成排版操作，删除多余的符号，最终效果如图 8-24 所示。

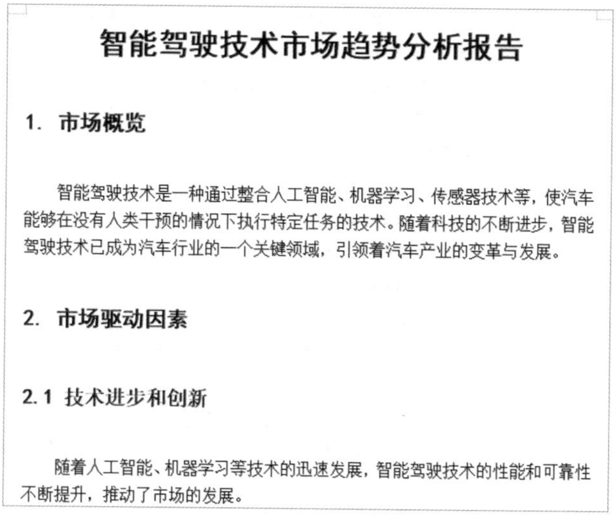

智能驾驶技术市场趋势分析报告

1. 市场概览

智能驾驶技术是一种通过整合人工智能、机器学习、传感器技术等，使汽车能够在没有人类干预的情况下执行特定任务的技术。随着科技的不断进步，智能驾驶技术已成为汽车行业的一个关键领域，引领着汽车产业的变革与发展。

2. 市场驱动因素

2.1 技术进步和创新

随着人工智能、机器学习等技术的迅速发展，智能驾驶技术的性能和可靠性不断提升，推动了市场的发展。

图 8-24 最终效果（部分内容）

本章小结

本章主要向读者介绍了 ChatGPT 和 WPS 结合应用高效办公的相关操作，首先介绍了用 ChatGPT 生成 WPS 办公文档的操作方法，其次介绍了用 ChatGPT 整理 WPS 表格内容的操作方法，最后介绍了用 ChatGPT 生成 WPS 演示文稿的操作方法等。通过对本章的学习，读者可以掌握利用 ChatGPT 结合 WPS 进行高效办公的操作方法。

课后习题

1. 使用 ChatGPT 生成一份读书计划，效果如图 8-25 所示。

扫码看视频

当然，以下是一个关于如何在两周内读完一本300页书籍的简单读书计划：

第一周：

第一天至第三天：

通过快速浏览整本书，大致了解内容和结构。

阅读并摘要书的引言和前言部分，以及每章的标题和主要内容。

第四天至第七天：

每天安排时间阅读书的第一部分或前几章节。

确保在阅读时做好笔记，并标记重要部分或感兴趣的内容。

第二周：

第八天至第九天：

继续阅读书的中间部分，尽量保持每天的阅读量相对稳定。

如果可能的话，与其他人讨论所读的内容，这可以帮助加深理解。

第十天至第十二天：

完成书的剩余部分。

回顾之前做的笔记和摘要，确保理解并记忆书中的关键点。

第十三天：

重新阅读书的摘要或关键章节，强化记忆和理解。

如果时间允许，可以额外花一些时间深入阅读或重点研究书中的某些部分。

最后一天：

进行最后的复习，并确保对整本书的内容有一个清晰的认识。

总结这两周学到的东西，并思考书中的观点如何与你的思想相联系或与你的想法相冲突。

通过合理安排时间和保持专注，你应该能够在两周内成功完成这本书的阅读。记得保持积极的态度，并享受阅读的过程！

图 8-25　用 ChatGPT 生成一份读书计划

2. 使用 ChatGPT 生成一份调岗申请书，效果如图 8-26 所示。

扫码看视频

调岗申请书

尊敬的领导:

我希望通过此申请书表达我对公司的热爱以及对视频剪辑工作的喜欢和渴望。在担任文员助理期间,我不断努力学习和提升自己的视频剪辑技能,并对此充满热情。我相信,通过公司的培训和指导,我将能够更好地发挥我的才能，并为公司的发展贡献力量。

我承诺在培训期间全力以赴,认真学习每一个知识点,并且将所学应用到实际工作中。我相信,通过我的努力和学习,我可以成为-名出色的视频剪辑师，为公司的发展做出贡献。

诚挚地希望能够得到您的认可和支持，谢谢!

此致

敬礼

申请人：×××

图 8-26　用 ChatGPT 生成一份调岗申请书

WPS AI 智能办公综合实例 第 9 章

WPS Office 可用于制作各种办公文件，而利用 AI 助手生成文档、演示文稿和处理表格数据，能够大大提高办公人员日常工作质量和效率。本章将向读者介绍利用 WPS Office 和 AI 助手制作“员工工作证明”文档、“618 营销活动 PPT”演示文稿和“员工返岗统计表”表格的方法，帮助读者巩固所学的知识。

本章重点

- 综合实例：制作“员工工作证明”
- 综合实例：制作“618 营销活动 PPT”
- 综合实例：制作“员工返岗统计表”

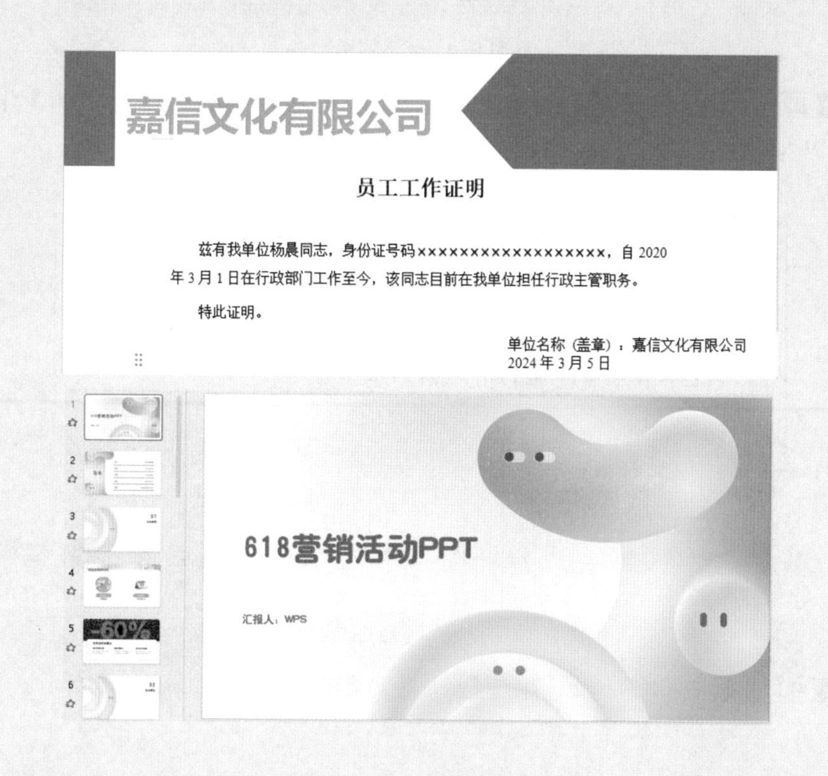

9.1 综合实例：制作“员工工作证明”

“员工工作证明”的用途有很多，它不仅证明了员工在当前单位的工作时间、职位和工作业绩等，而且也是证明员工专业背景和工作能力的重要依据。在申请签证、就业考试、资格考试、职称评定和申请交通补贴等场景中，工作证明都能发挥重要作用。使用 WPS AI 制作“员工工作证明”，可以大大节省用户的时间和精力，提高工作效率。

扫码看视频

9.1.1 用 AI 生成员工工作证明内容

制作“员工工作证明”，首先需要创建一个文字文档，然后唤起 WPS AI，用 AI 生成员工工作证明中的大致内容，省去用户手动编辑内容的时间，具体方法如下。

步骤 01 新建一个 WPS 空白文档，唤起 WPS AI，在输入框中输入指令“生成员工工作证明”，如图 9–1 所示。

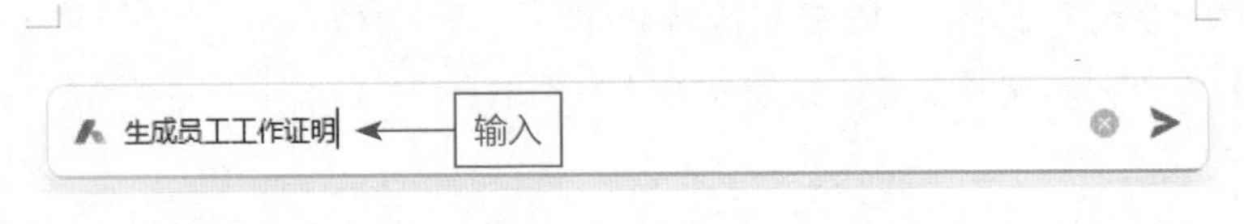

图 9–1 输入指令

步骤 02 单击➤按钮或按 Enter 键发送指令，稍等片刻，AI 即可生成员工工作证明内容，如图 9–2 所示。

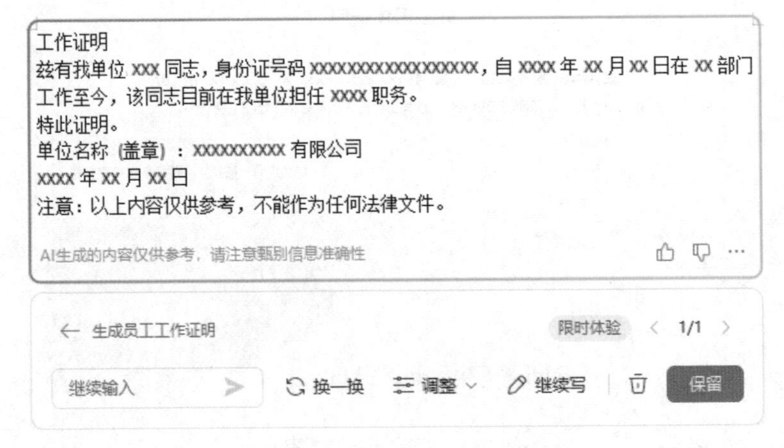

图 9–2 AI 生成员工工作证明内容

步骤 03 单击“保留”按钮，即可将生成的内容插入文档中，如图 9–3 所示。

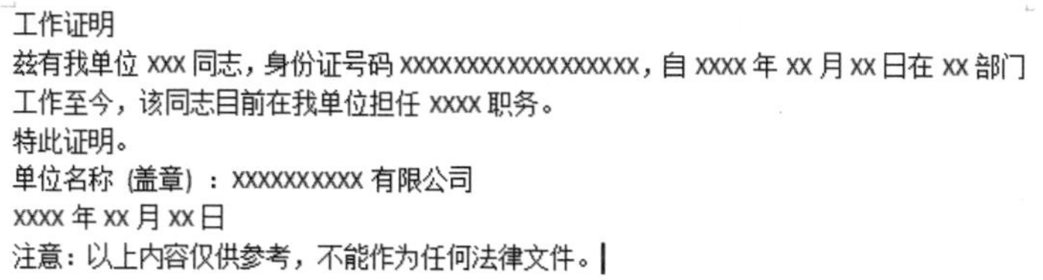

工作证明
兹有我单位 xxx 同志，身份证号码 xxxxxxxxxxxxxxxxxx，自 xxxx 年 xx 月 xx 日在 xx 部门工作至今，该同志目前在我单位担任 xxxx 职务。
特此证明。
单位名称（盖章）：xxxxxxxxxx 有限公司
xxxx 年 xx 月 xx 日
注意：以上内容仅供参考，不能作为任何法律文件。

图 9-3　将生成的内容插入文档中

9.1.2　完善员工工作证明并排版

扫码看视频

生成员工工作证明的大致内容后，需要对内容进行完善，例如删除多余的内容，将"×××"符号修改为对应的姓名、日期、职务和公司名称等信息，然后通过 WPS AI 进行排版，具体方法如下。

步骤 01 选择第 1 组"×××"，将其改为员工的名字，如图 9-4 所示。

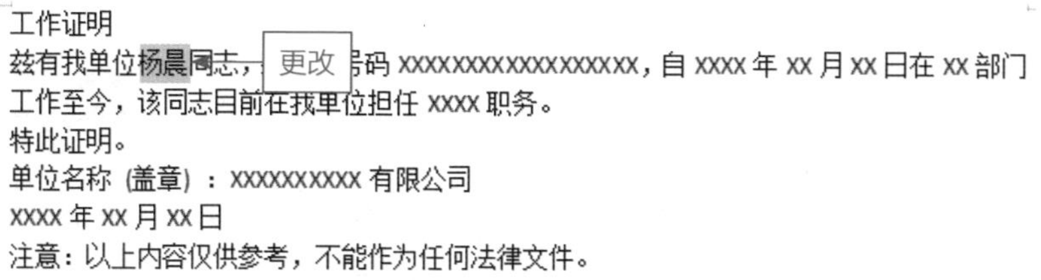

工作证明
兹有我单位杨晨同志，身份证号码 xxxxxxxxxxxxxxxxxx，自 xxxx 年 xx 月 xx 日在 xx 部门工作至今，该同志目前在我单位担任 xxxx 职务。
特此证明。
单位名称（盖章）：xxxxxxxxxx 有限公司
xxxx 年 xx 月 xx 日
注意：以上内容仅供参考，不能作为任何法律文件。
更改

图 9-4　输入员工的名字

步骤 02 用相同的方法，完善日期、部门、职务和公司名称（此处身份证号码不做更改，以免泄露真实的身份信息），如图 9-5 所示。

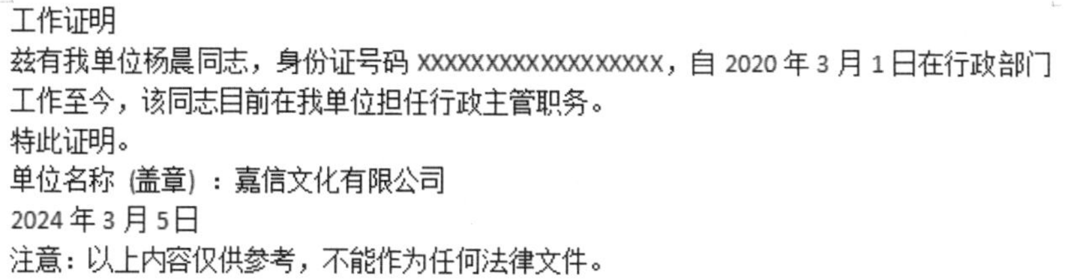

工作证明
兹有我单位杨晨同志，身份证号码 xxxxxxxxxxxxxxxxxx，自 2020 年 3 月 1 日在行政部门工作至今，该同志目前在我单位担任行政主管职务。
特此证明。
单位名称（盖章）：嘉信文化有限公司
2024 年 3 月 5 日
注意：以上内容仅供参考，不能作为任何法律文件。

图 9-5　完善其他信息

步骤 03 ❶ 将"工作证明"改为"员工工作证明"，❷ 选择最后一段文字，按 Delete 键删除，如图 9-6 所示。

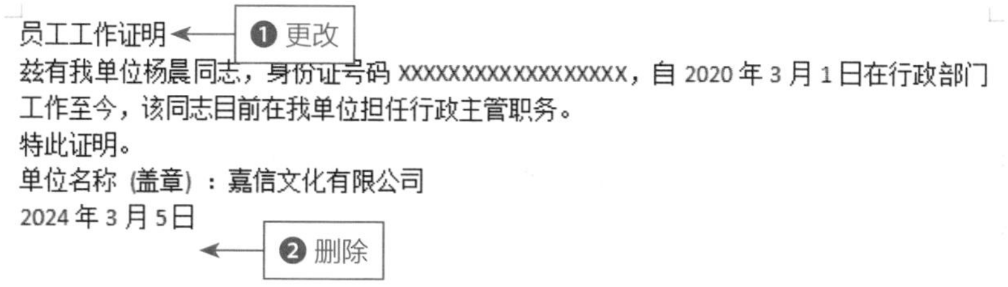

员工工作证明 ← ❶ 更改
兹有我单位杨晨同志，身份证号码 xxxxxxxxxxxxxxxxxx，自 2020 年 3 月 1 日在行政部门工作至今，该同志目前在我单位担任行政主管职务。
特此证明。
单位名称（盖章）：嘉信文化有限公司
2024 年 3 月 5 日
← ❷ 删除

图 9-6　删除最后一段文字

步骤 04 在菜单栏中单击 WPS AI 标签，弹出 WPS AI 面板，选择“文档排版”选项，如图 9-7 所示。

步骤 05 执行操作后，进入“文档排版”面板，单击“人事证明”右侧的“开始排版”按钮，如图 9-8 所示。

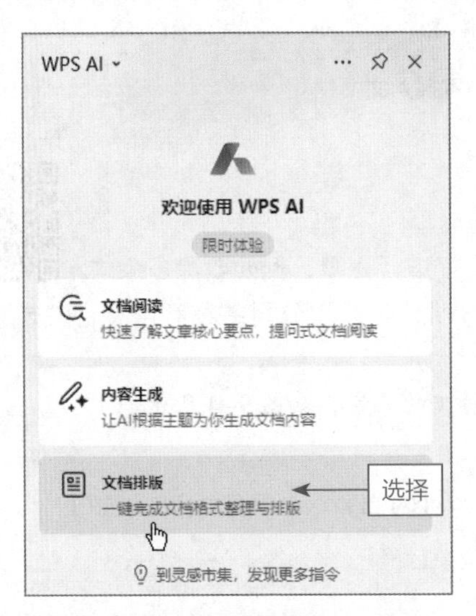

图 9-7 选择“文档排版”选项

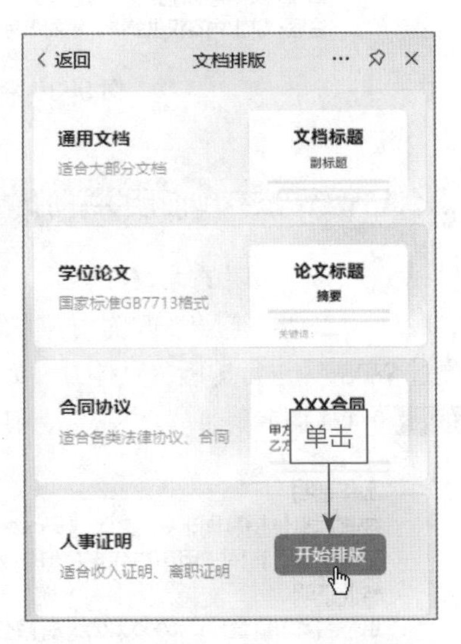

图 9-8 单击“开始排版”按钮

步骤 06 弹出相应的对话框，单击“确认”按钮，如图 9-9 所示。

图 9-9 单击“确认”按钮

步骤 07 执行操作后，即可用 AI 对文档进行排版，效果如图 9-10 所示。

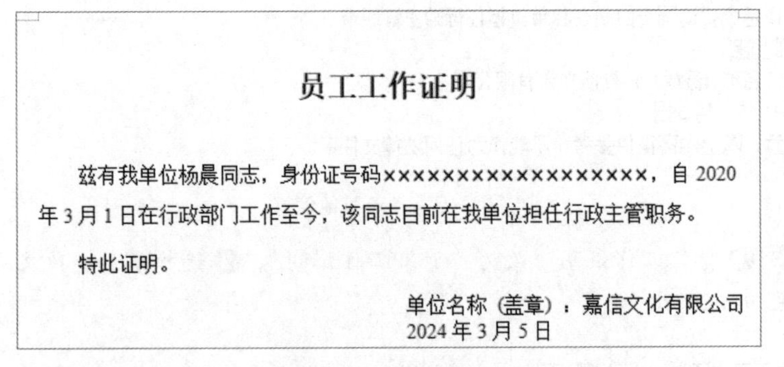

员工工作证明

兹有我单位杨晨同志，身份证号码××××××××××××××××××，自 2020 年 3 月 1 日在行政部门工作至今，该同志目前在我单位担任行政主管职务。

特此证明。

单位名称（盖章）：嘉信文化有限公司
2024 年 3 月 5 日

图 9-10 AI 排版效果

扫码看视频

9.1.3 在页眉中插入公司名称

将公司名称插入员工工作证明的页眉中，其作用主要是为了证明该文件是由公司出具的，可以增加证明的可信度。同时，公司名称的出现也可以起到宣传和推广的作用，让接收证明的人能够更加了解出具证明的公司。下面介绍在页眉中插入公司名称的操作方法。

步骤 01 在“插入”功能区中，单击“页眉页脚”按钮，如图 9–11 所示。

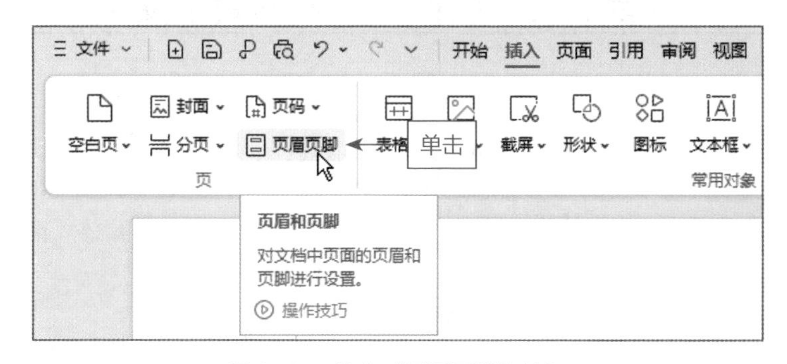

图 9–11 单击“页眉页脚”按钮

步骤 02 进入“页眉页脚”功能区，❶单击“页眉”下拉按钮，❷在弹出的下拉列表中找到“青色商务页眉”并单击“立即使用”按钮，如图 9–12 所示。

图 9–12 单击“立即使用”按钮

步骤 03 执行操作后，将页眉中的文字改为公司名称，按 Esc 键退出页眉编辑状态即可，效果如图 9–13 所示。

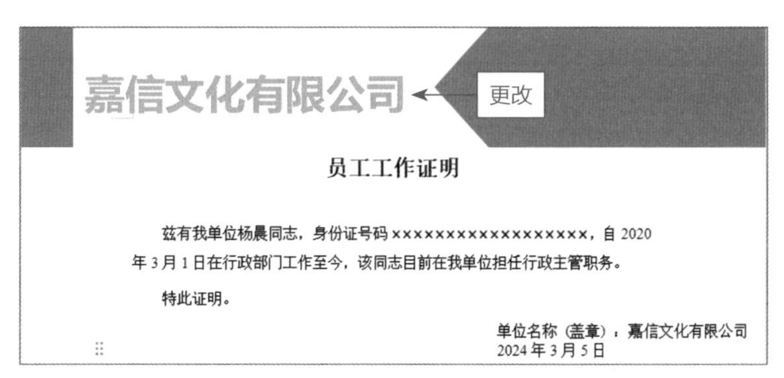

员工工作证明

兹有我单位杨晨同志，身份证号码 ××××××××××××××××××，自 2020 年 3 月 1 日在行政部门工作至今，该同志目前在我单位担任行政主管职务。

特此证明。

单位名称（盖章）：嘉信文化有限公司
2024 年 3 月 5 日

图 9–13 插入页眉后的效果

9.2 综合实例：制作“618 营销活动 PPT”

WPS AI 能够根据 618 营销活动的主题生成与之相关的内容，确保 PPT 内容与活动主题高度契合，有利于传递活动的重要信息。基于 618 营销活动的主题，WPS AI 还能提供个性化的 PPT 设计方案，如背景、配色、字体等，使 PPT 更加符合活动的整体风格和氛围。

扫码看视频

9.2.1 一键生成营销活动 PPT

在 WPS 的“新建演示文稿”界面中，用户可以通过单击“智能创作”缩略图创建演示文稿，并用 AI 技术一键生成“618 营销活动 PPT”内容，具体方法如下。

步骤 01 打开 WPS，单击“新建”按钮，在弹出的“新建”面板中单击“演示”按钮，即可进入“新建演示文稿”界面，单击“智能创作”缩略图，如图 9–14 所示。

图 9–14 单击“智能创作”缩略图

步骤 02 新建一个空白的演示文稿，并唤起 WPS AI，在输入框中输入幻灯片主题“618 营销活动 PPT”，如图 9–15 所示。

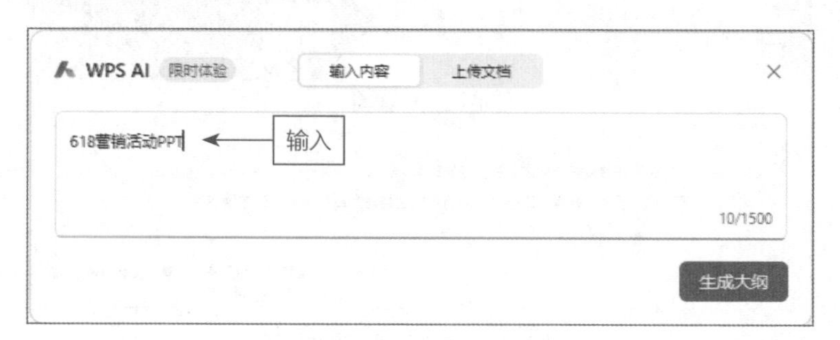

图 9–15 输入幻灯片主题

步骤 03 单击"生成大纲"按钮，稍等片刻，即可生成封面、章节和正文等内容，单击"生成幻灯片"按钮，如图 9-16 所示。

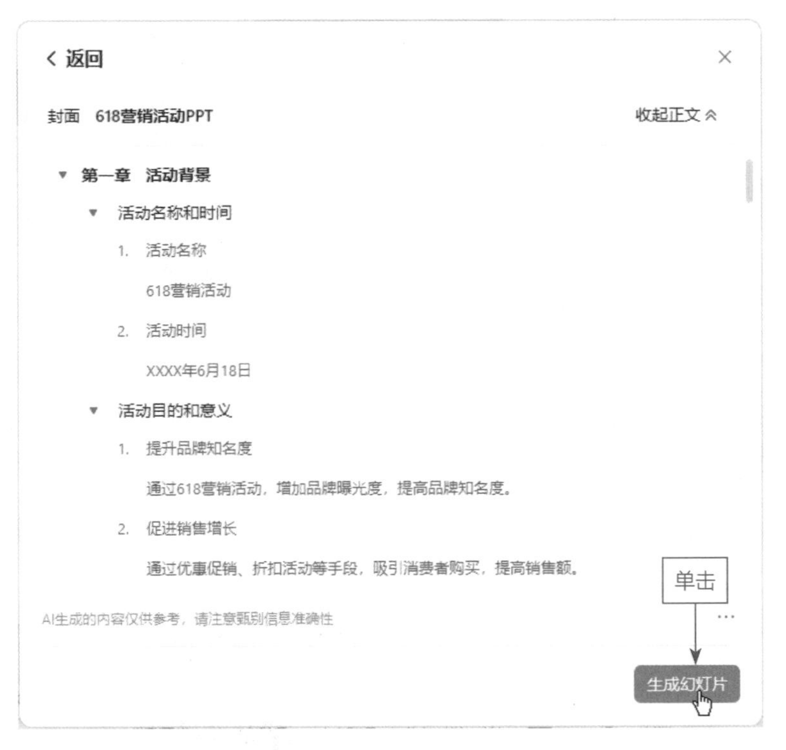

图 9-16 单击"生成幻灯片"按钮

步骤 04 弹出"选择幻灯片模板"面板，❶ 选择一个合适的模板样式，❷ 单击"创建幻灯片"按钮，如图 9-17 所示。

图 9-17 单击"创建幻灯片"按钮

步骤 05 稍等片刻，即可一键生成"618 营销活动 PPT"内容，部分效果如图 9-18 所示。

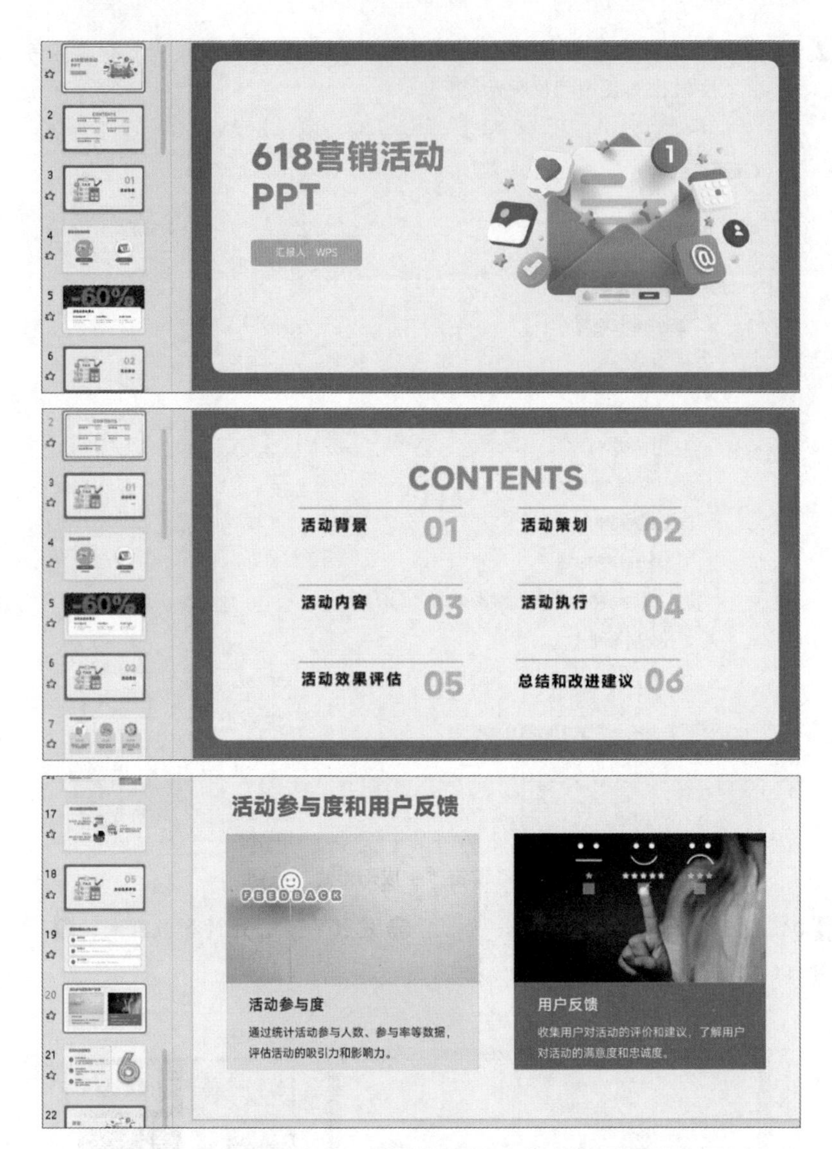

图 9-18　一键生成“618 营销活动 PPT”内容（部分内容）

9.2.2　智能美化营销活动 PPT

扫码看视频

AI 生成的 PPT 主题风格有时候不符合 PPT 内容，此时用户可以通过与 AI 对话更换主题风格，也可以使用 WPS 的“更换主题”功能智能美化 PPT。下面通过使用 WPS 的“更换主题”功能更换 AI 生成的主题来介绍智能美化营销活动 PPT 的操作方法。

步骤 01 在 PPT 的右侧单击“更换主题”按钮，如图 9-19 所示。

步骤 02 弹出“更换主题”面板，其中显示了根据 PPT 内容推荐的主题方案，找到一个合适的主题方案，单击“立即使用”按钮，如图 9-20 所示。

步骤 03 执行操作后，即可更换 PPT 主题，删除多余的文本框，效果如图 9-21 所示。

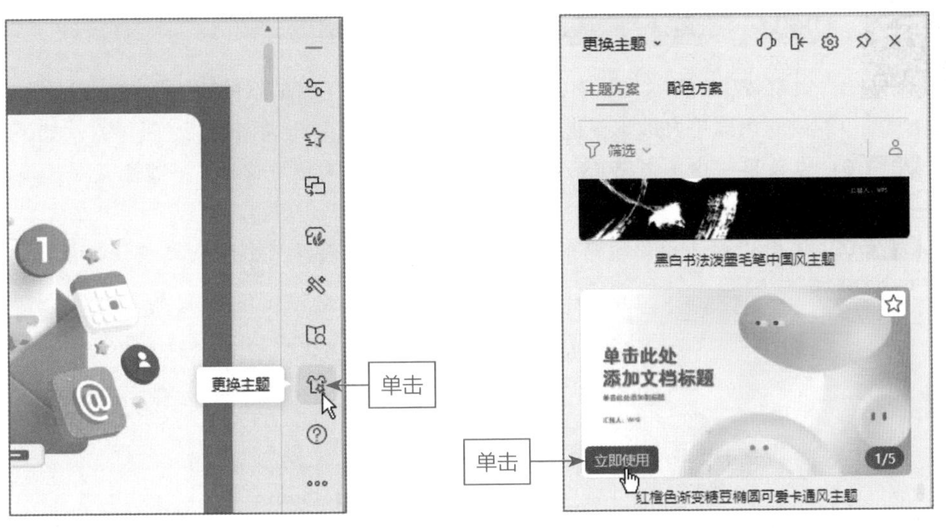

图 9-19　单击“更换主题”按钮

图 9-20　单击“立即使用”按钮

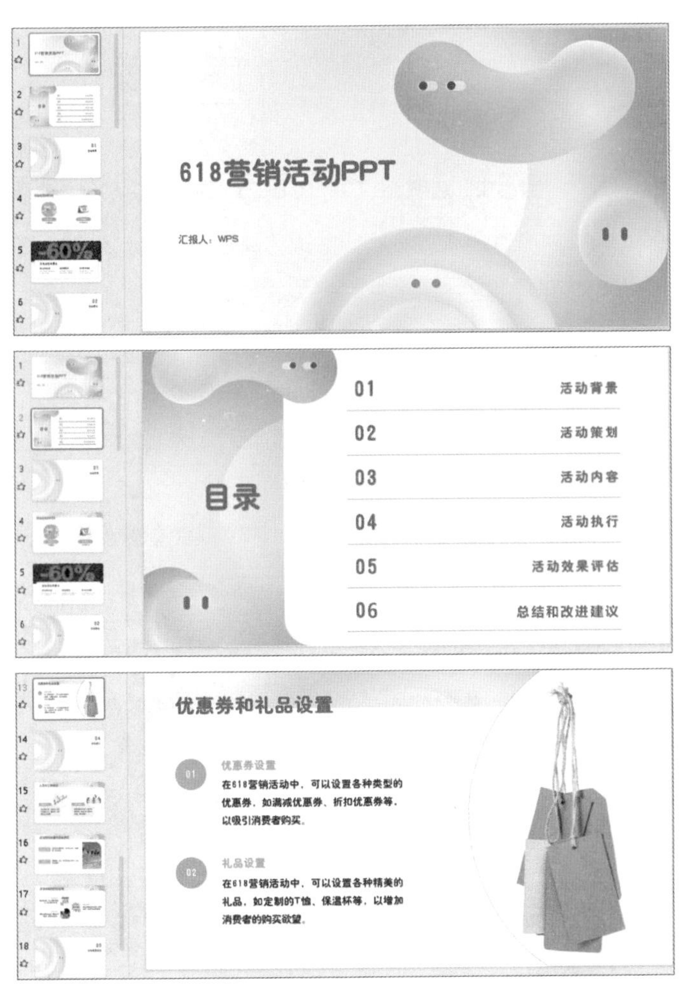

图 9-21　更换 PPT 主题效果

扫码看视频

9.2.3 通过 AI 添加演讲备注

在 WPS 演示文稿中，用户可以通过 AI 为 PPT 添加演讲备注，以便用户在演讲时可以更好地掌握进程和节奏，提高演讲的质量和效果，具体方法如下。

步骤 01 在菜单栏中单击 WPS AI 标签，在 WPS AI 面板中选择“一键生成”选项，如图 9–22 所示。

步骤 02 弹出“请选择你所需的操作项：”界面，选择“生成全文演讲备注”选项，如图 9–23 所示。

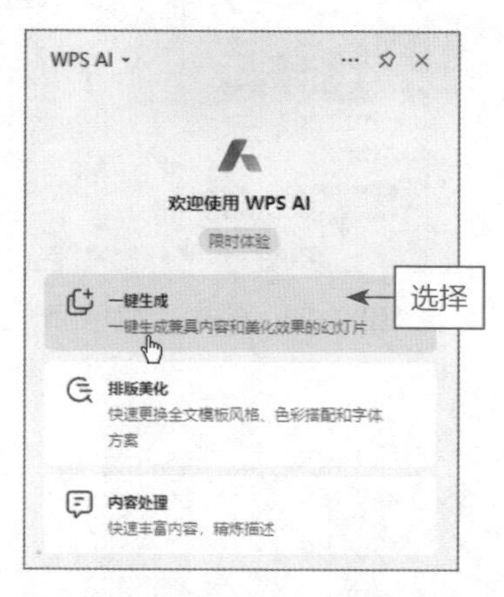

图 9–22 选择“一键生成”选项

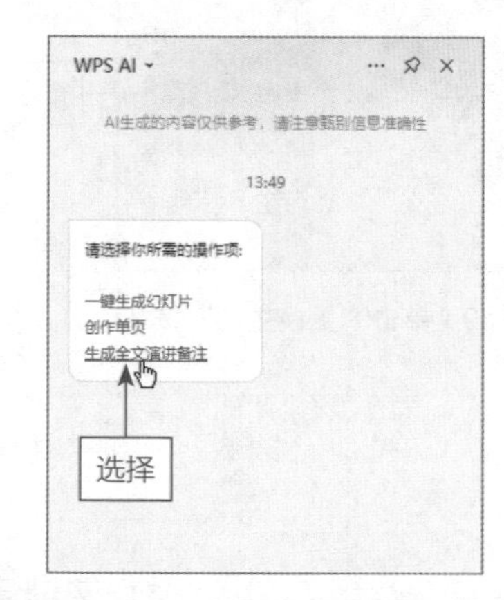

图 9–23 选择“生成全文演讲备注”选项

步骤 03 稍等片刻，即可生成演讲备注，单击“应用”按钮，如图 9–24 所示。

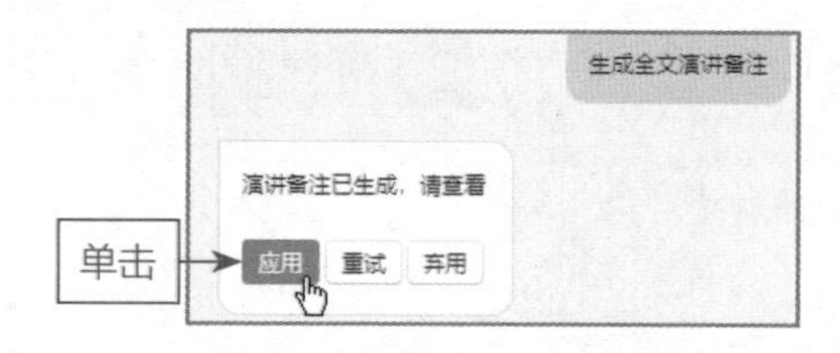

图 9–24 单击“应用”按钮

步骤 04 执行操作后，即可在每一页幻灯片的备注栏中查看生成的演讲备注内容，部分内容如图 9–25 所示。

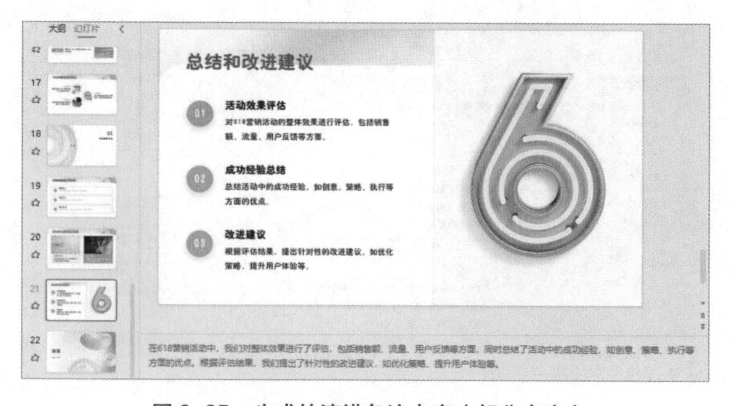

图 9–25 生成的演讲备注内容（部分内容）

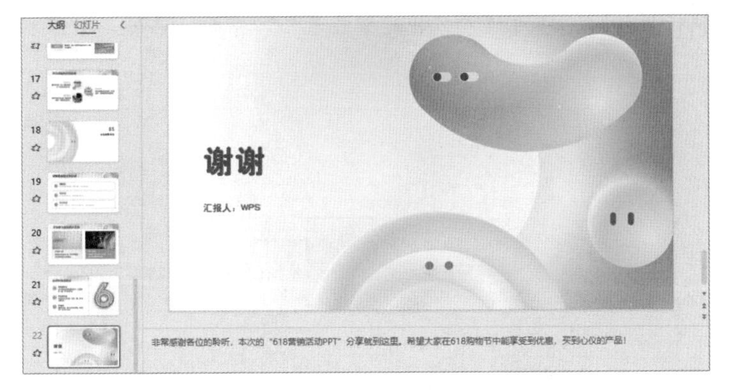

图 9-25（续）

9.3 综合实例：制作“员工返岗统计表”

“员工返岗统计表”是一份重要的文件，主要用于收集员工在假期结束后返岗工作的相关信息，并进行统计和分析。通过统计员工返岗的时间、人数等数据，企业管理层可以了解员工返岗的整体情况，包括返岗率、返岗及时性等，从而评估员工的工作态度，了解员工返岗后遇到的困难和挑战，及时采取措施，帮助员工解决问题，提高工作效率。

WPS AI 生成的“员工返岗统计表”可以清晰地展示员工返岗的各项数据，能够自动处理数据输入、计算和分析，减轻人工操作的负担；WPS AI 生成的“员工返岗统计表”还能够记录数据的来源和变化，方便对数据进行分析和追溯，有助于企业更好地管理员工返岗工作。

9.3.1 获取“员工返岗统计表”AI 模板

扫码看视频

在 WPS 的“新建智能表格”界面中，用户可以通过单击“AI 模板”缩略图获取“员工返岗统计表”AI 模板，省去创建、美化表格的操作过程，具体方法如下。

步骤 01 打开 WPS，❶ 单击“新建”按钮，❷ 在弹出的“新建”面板中单击“智能表格”按钮，如图 9-26 所示。

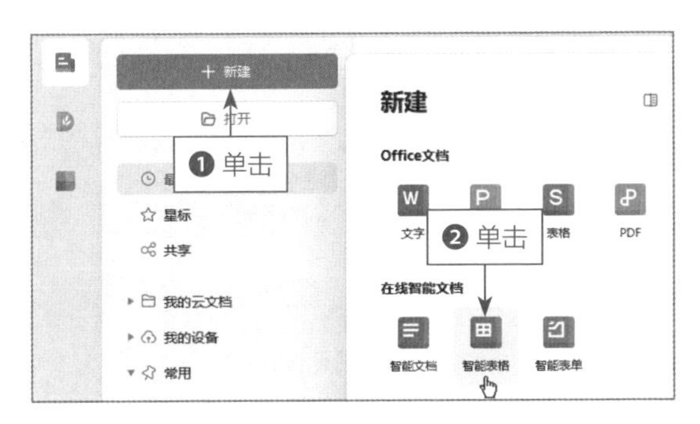

图 9-26 单击“智能表格”按钮

步骤 02 执行操作后，即可进入“新建智能表格”界面，单击“AI 模板”缩略图，如图 9–27 所示。

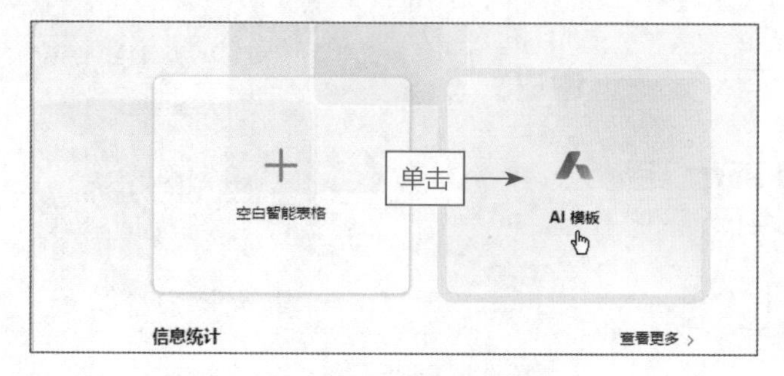

图 9–27　单击“AI 模板”缩略图

步骤 03 弹出“AI 模板”对话框，在下方的输入框中输入模板主题“员工返岗统计表”，如图 9–28 所示。

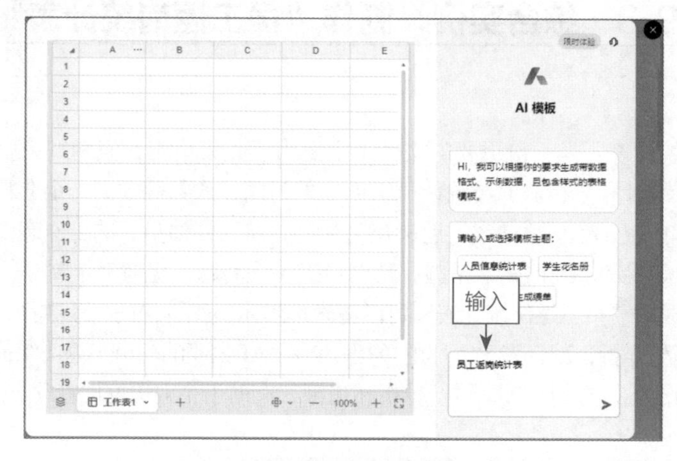

图 9–28　输入模板主题

步骤 04 单击➤按钮发送，AI 即可生成表格列，单击“序号”列右侧的⊖按钮，如图 9–29 所示。

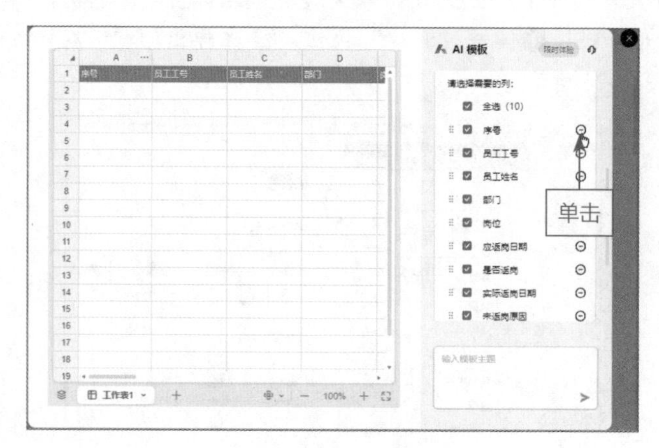

图 9–29　单击相应的按钮

步骤 05 执行操作后，即可将“序号”列删除，单击“添加列”按钮，如图 9-30 所示。

步骤 06 执行操作后，即可在下拉列表中新增一列，在文本框中输入“身份证号码”，如图 9-31 所示。

步骤 07 用相同的方法，增加“籍贯”“联系电话”和“现居住地址”3 列，如图 9-32 所示。

图 9-30 单击“添加列”按钮

图 9-31 输入“身份证号码”

图 9-32 再添加 3 列

步骤 08 拖曳列前面的⠿按钮，可以移动列的位置，按照员工工号、员工姓名、部门、岗位、身份证号码、籍贯、现居住地址、联系电话、应返岗日期、是否返岗、实际返岗日期、未返岗原因和交通工具的顺序重新进行排列，如图 9-33 所示，此时左边的工作表会同步产生变化。

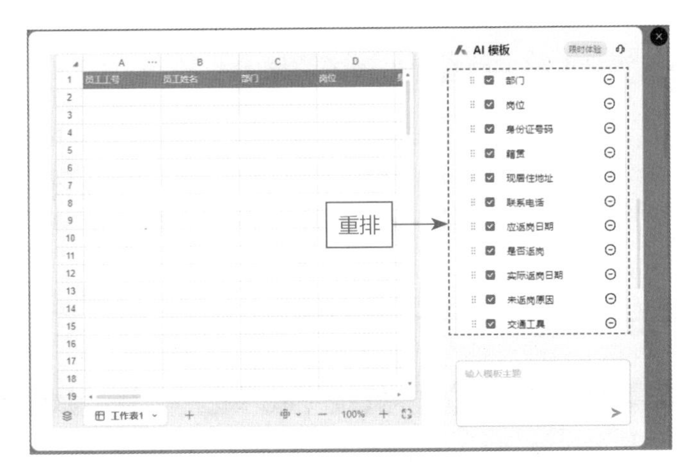

图 9-33 重新排列

步骤 09 单击“确定”按钮，即可生成表格和虚拟的数据内容，单击“立即使用”按钮，如图 9-34 所示。

步骤 10 执行操作后，即可使用 AI 生成的表格和虚拟的数据内容，效果如图 9-35 所示。

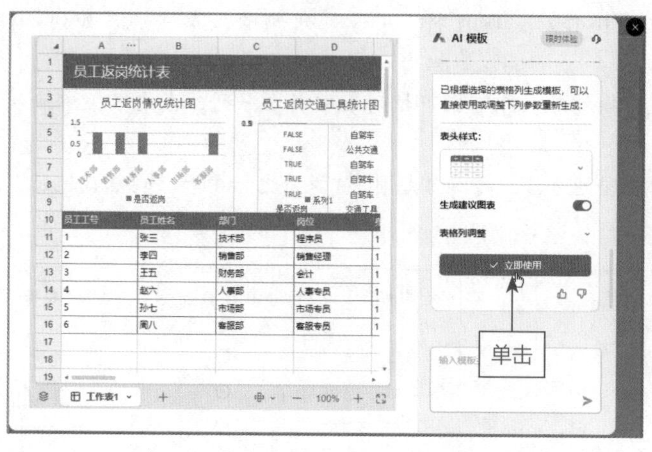

图 9-34　单击“立即使用”按钮

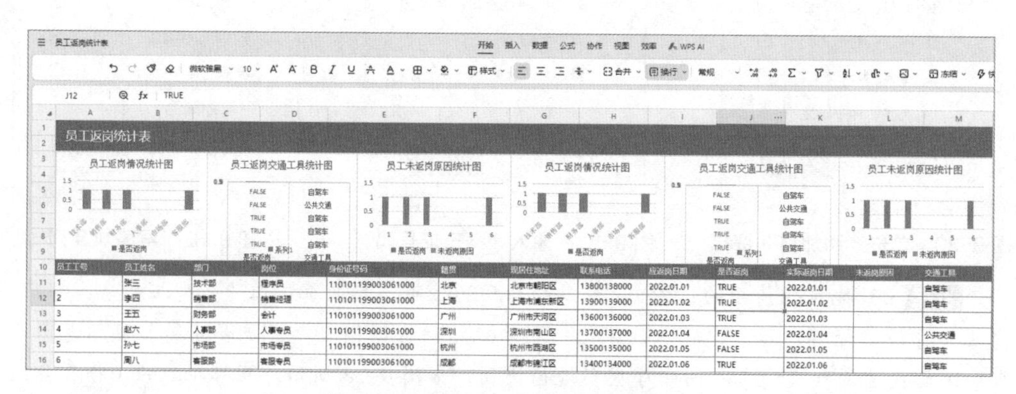

图 9-35　使用 AI 生成的表格和数据

扫码看视频

9.3.2　输入相关内容并设置表格格式

接下来，需要将 AI 生成的虚拟数据删除，重新在表格中输入相关的数据内容，并设置表格的行高、列宽和对齐方式等格式，具体方法如下。

步骤 01 在工作表中，选择 A11:M16 单元格区域，如图 9-36 所示，按 Delete 键将虚拟数据删除。

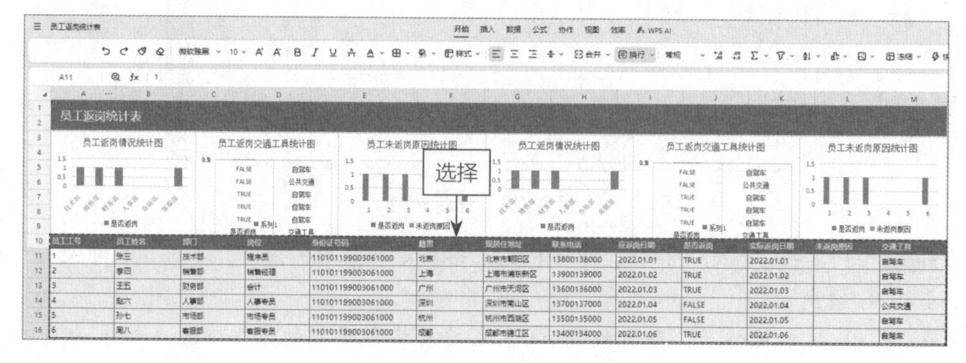

图 9-36　选择 A11:M16 单元格区域

步骤 02 在 A11:M16 单元格区域中，重新输入相关的数据内容，效果如图 9-37 所示。

员工工号	员工姓名	部门	岗位	身份证号码	籍贯	现居住地址	联系电话	应返岗日期	是否返岗	实际返岗日期	未返岗原因	交通工具
240001	张晓	销售部	销售专员	110223********1122		长沙市开福区	133****8000	2024.02.18	FALSE	2024.02.20	生病假期	高铁
240002	李崇光	销售部	销售经理	432503********1033		长沙市开福区	139****9010	2024.02.18	TRUE	2024.02.18		自驾车
240003	王安忆	财务部	会计	510122********1026		长沙市望城区	136****6035	2024.02.18	TRUE	2024.02.18		自驾车
240004	赵晓飞	人事部	人事专员	440101********1013		长沙市天心区	155****7022	2024.02.18	FALSE	2024.02.22	家里有事	火车
240005	苏妮	市场部	市场专员	110101********1062		长沙市开福区	135****5355	2024.02.18	TRUE	2024.02.18		自驾车
240006	周留	客服部	客服专员	430100********1075		长沙市岳麓区	134****3654	2024.02.18	TRUE	2024.02.18		高铁

图 9-37　重新输入相关的数据内容

步骤 03 在表格上方有 6 个图表，选择后面 3 个重复的图表，按 Delete 键删除，效果如图 9-38 所示。

员工工号	员工姓名	部门	岗位	身份证号码	籍贯	现居住地址	联系电话	应返岗日期	是否返岗	实际返岗日期	未返岗原因	交通工具
240001	张晓	销售部	销售专员	110223********1122		长沙市开福区	133****8000	2024.02.18	FALSE	2024.02.20	生病假期	高铁
240002	李崇光	销售部	销售经理	432503********1033		长沙市开福区	139****9010	2024.02.18	TRUE	2024.02.18		自驾车
240003	王安忆	财务部	会计	510122********1026		长沙市望城区	136****6035	2024.02.18	TRUE	2024.02.18		自驾车
240004	赵晓飞	人事部	人事专员	440101********1013		长沙市天心区	155****7022	2024.02.18	FALSE	2024.02.22	家里有事	火车
240005	苏妮	市场部	市场专员	110101********1062		长沙市开福区	135****5355	2024.02.18	TRUE	2024.02.18		自驾车
240006	周留	客服部	客服专员	430100********1075		长沙市岳麓区	134****3654	2024.02.18	TRUE	2024.02.18		高铁

图 9-38　删除 3 个重复的图表

步骤 04 ❶ 单击表格左上角的◢按钮，全选表格。❷ 在功能区中单击“水平居中”按钮☰，如图 9-39 所示，将表格中的内容全部居中。

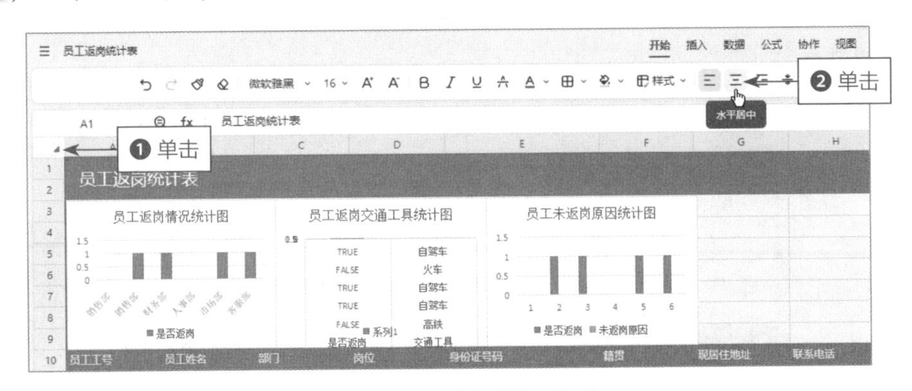

图 9-39　单击“水平居中”按钮

步骤 05 选择表格第 10 行至第 16 行，右击，在弹出的快捷菜单中设置“行高”为“25 磅”，如图 9-40 所示。

步骤 06 按 Enter 键确认，即可将行高调高，效果如图 9-41 所示。

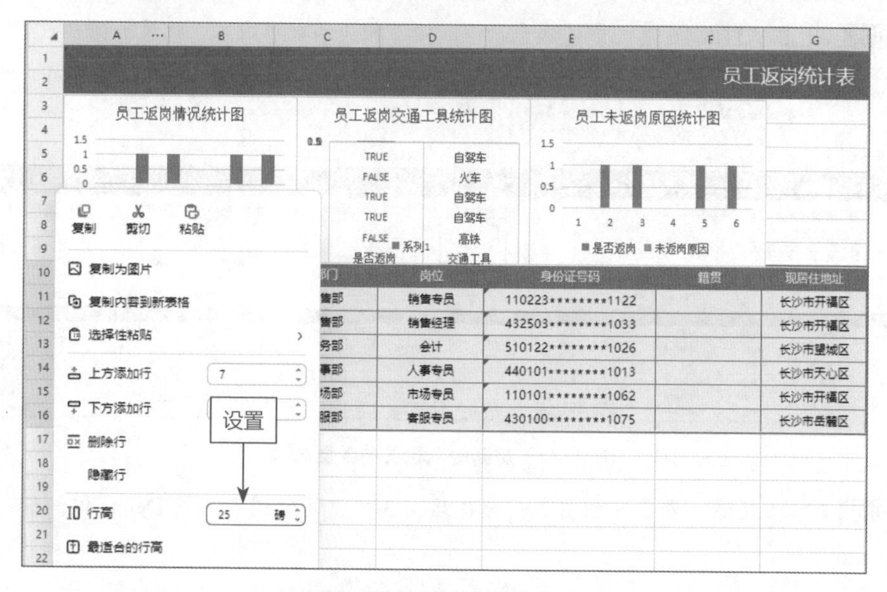

图 9-40　设置“行高”参数

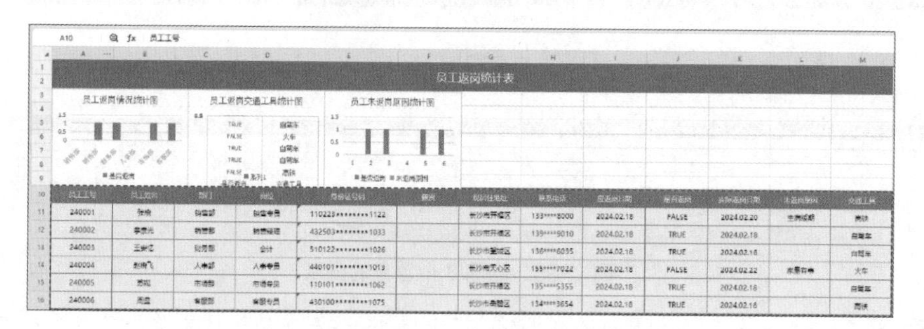

图 9-41　行高调高效果

步骤 07 选择表格 A:D 列，右击，在弹出的快捷菜单中设置“列宽”为“10 字符”，如图 9-42 所示。

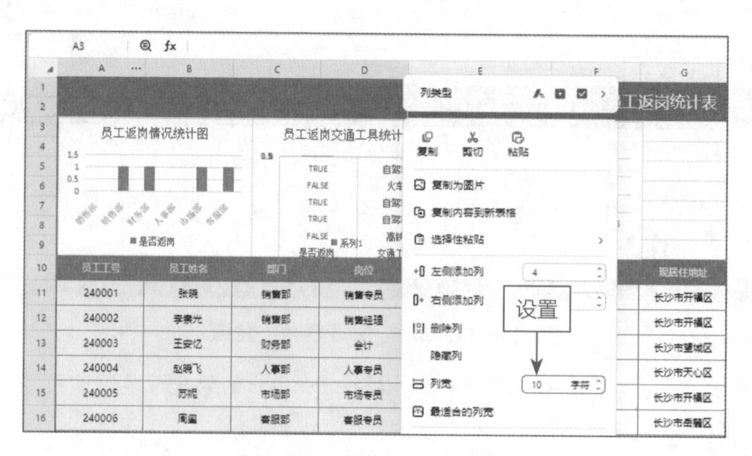

图 9-42　设置“列宽”参数

步骤 08 按 Enter 键确认，即可将 A:D 列的列宽调窄，效果如图 9-43 所示。

员工返岗统计表

员工返岗情况统计图　员工返岗交通工具统计图　员工未返岗原因统计图

员工工号	员工姓名	部门	岗位	身份证号码	籍贯	现居住地址	联系电话	应返岗日期	是否返岗	实际返岗日期	未返岗原因	交通工具
240001	张晓	销售部	销售专员	110223********1122		长沙市开福区	133****8000	2024.02.18	FALSE	2024.02.20	生病缓期	高铁
240002	李素光	销售部	销售经理	432503********1033		长沙市开福区	139****9010	2024.02.18	TRUE	2024.02.18		自驾车
240003	王安忆	财务部	会计	510122********1026		长沙市望城区	136****6035	2024.02.18	TRUE	2024.02.18		自驾车
240004	赵晓飞	人事部	人事专员	440101********1013		长沙市天心区	155****7022	2024.02.18	FALSE	2024.02.22	家里有事	火车
240005	苏妮	市场部	市场专员	110101********1062		长沙市开福区	135****5355	2024.02.18	TRUE	2024.02.18		自驾车
240006	周鑫	客服部	客服专员	430100********1075		长沙市岳麓区	134****3654	2024.02.18	TRUE	2024.02.18		高铁

图 9-43　A:D 列的列宽调窄效果

步骤 09 用相同的方法，设置表格 I:M 列的“列宽”为“10 字符”，效果如图 9-44 所示。

员工返岗统计表

员工返岗情况统计图　员工返岗交通工具统计图　员工未返岗原因统计图

员工工号	员工姓名	部门	岗位	身份证号码	籍贯	现居住地址	联系电话	应返岗日期	是否返岗	实际返岗日期	未返岗原因	交通工具
240001	张晓	销售部	销售专员	110223********1122		长沙市开福区	133****8000	2024.02.18	FALSE	2024.02.20	生病缓期	高铁
240002	李素光	销售部	销售经理	432503********1033		长沙市开福区	139****9010	2024.02.18	TRUE	2024.02.18		自驾车
240003	王安忆	财务部	会计	510122********1026		长沙市望城区	136****6035	2024.02.18	TRUE	2024.02.18		自驾车
240004	赵晓飞	人事部	人事专员	440101********1013		长沙市天心区	155****7022	2024.02.18	FALSE	2024.02.22	家里有事	火车
240005	苏妮	市场部	市场专员	110101********1062		长沙市开福区	135****5355	2024.02.18	TRUE	2024.02.18		自驾车
240006	周鑫	客服部	客服专员	430100********1075		长沙市岳麓区	134****3654	2024.02.18	TRUE	2024.02.18		高铁

图 9-44　设置 I:M 列的列宽效果

步骤 10 调整行高的列宽后，通过拖曳的方式调整表格上方图表的位置和大小，效果如图 9-45 所示。

员工返岗统计表

员工返岗情况统计图　员工返岗交通工具统计图　员工未返岗原因统计图

员工工号	员工姓名	部门	岗位	身份证号码	籍贯	现居住地址	联系电话	应返岗日期	是否返岗	实际返岗日期	未返岗原因	交通工具
240001	张晓	销售部	销售专员	110223********1122		长沙市开福区	133****8000	2024.02.18	FALSE	2024.02.20	生病缓期	高铁
240002	李素光	销售部	销售经理	432503********1033		长沙市开福区	139****9010	2024.02.18	TRUE	2024.02.18		自驾车
240003	王安忆	财务部	会计	510122********1026		长沙市望城区	136****6035	2024.02.18	TRUE	2024.02.18		自驾车
240004	赵晓飞	人事部	人事专员	440101********1013		长沙市天心区	155****7022	2024.02.18	FALSE	2024.02.22	家里有事	火车
240005	苏妮	市场部	市场专员	110101********1062		长沙市开福区	135****5355	2024.02.18	TRUE	2024.02.18		自驾车
240006	周鑫	客服部	客服专员	430100********1075		长沙市岳麓区	134****3654	2024.02.18	TRUE	2024.02.18		高铁

图 9-45　调整表格上方图表的位置和大小

专家提示

注意，J 列单元格中的 FALSE 表示“否”，TRUE 表示“是”。如果用户用不上表格上方的图表，可以将其与所占的行删除。

扫码看视频

9.3.3 通过快捷工具提取身份信息

用户可以使用智能表格提供的“快捷工具”功能，根据 E 列提供的身份证号码提取员工的籍贯身份信息，具体方法如下。

步骤 01 在工作表中，选择 E11:E16 单元格区域，如图 9-46 所示。

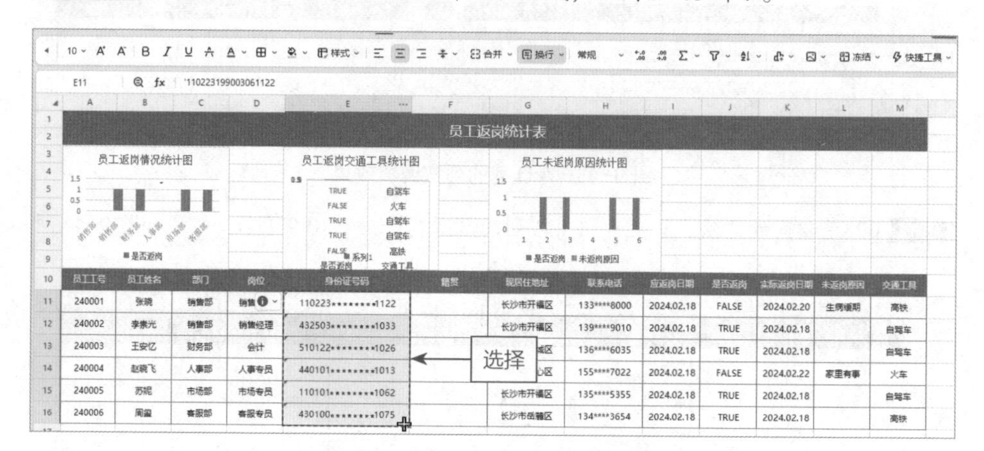

图 9-46 选择 E11:E16 单元格区域

步骤 02 在“开始”功能区中，❶ 单击“快捷工具”下拉按钮，❷ 在弹出的下拉列表中选择“身份证信息提取”→“籍贯”选项，如图 9-47 所示。

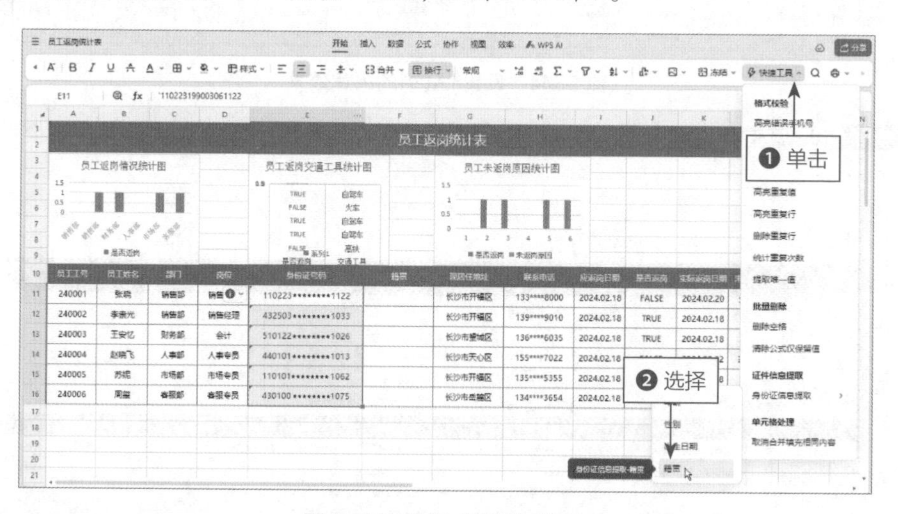

图 9-47 选择“籍贯”选项

技巧提示

身份证信息提取

用户也可以在“快捷工具”下拉列表框中选择“身份证信息提取”→“年龄”选项，提取员工的年龄。除此之外，还可以提取性别和出生日期。

步骤 03 执行上述操作后，即可在E列后面新增一列表格并提取籍贯信息，效果如图9-48所示。

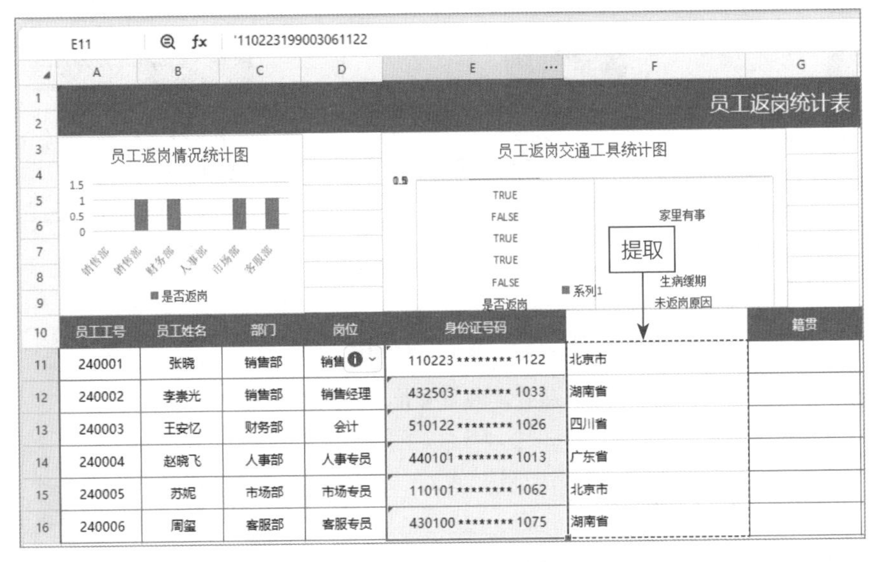

员工工号	员工姓名	部门	岗位	身份证号码		籍贯
240001	张晓	销售部	销售	110223 ******** 1122	北京市	
240002	李泰光	销售部	销售经理	432503 ******** 1033	湖南省	
240003	王安亿	财务部	会计	510122 ******** 1026	四川省	
240004	赵晓飞	人事部	人事专员	440101 ******** 1013	广东省	
240005	苏妮	市场部	市场专员	110101 ******** 1062	北京市	
240006	周玺	客服部	客服专员	430100 ******** 1075	湖南省	

图9-48 提取籍贯信息

步骤 04 选择提取出籍贯信息的单元格，如图9-49所示。

员工工号	员工姓名	部门	岗位	身份证号码	
240001	张晓	销售部	销售专员	110223 ******** 1122	北京市
240002	李泰光	销售部	销售经理	432503 ******** 1033	湖南省
240003	王安亿	财务部	会计	510122 ******** 1026	四川省
240004	赵晓飞	人事部	人事专员	440101 ******** 1013	广东省
240005	苏妮	市场部	市场专员	110101 ******** 1062	北京市
240006	周玺	客服部	客服专员	430100 ******** 1075	湖南省

选择

图9-49 选择提取出籍贯信息的单元格

步骤 05 右击，在弹出的快捷菜单中选择“复制”选项，如图9-50所示。

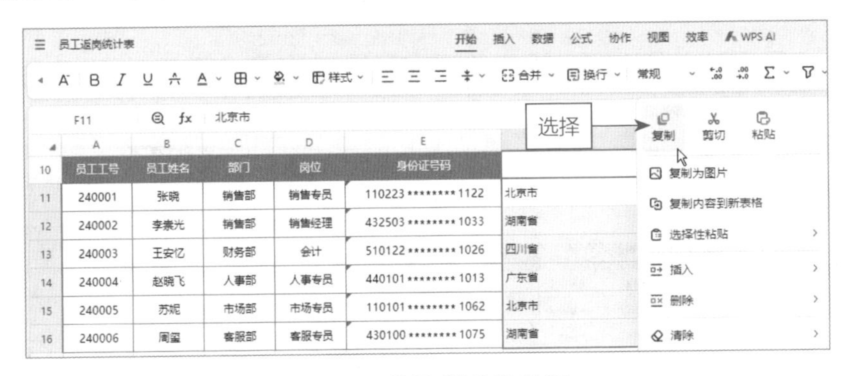

员工工号	员工姓名	部门	岗位	身份证号码	
240001	张晓	销售部	销售专员	110223 ******** 1122	北京市
240002	李泰光	销售部	销售经理	432503 ******** 1033	湖南省
240003	王安亿	财务部	会计	510122 ******** 1026	四川省
240004	赵晓飞	人事部	人事专员	440101 ******** 1013	广东省
240005	苏妮	市场部	市场专员	110101 ******** 1062	北京市
240006	周玺	客服部	客服专员	430100 ******** 1075	湖南省

图9-50 选择“复制”选项

步骤 06 ❶选择G11:G16单元格区域，右击，❷在弹出的快捷菜单中选择“选择性粘贴”→“粘贴值”选项，效果如图9-51所示。

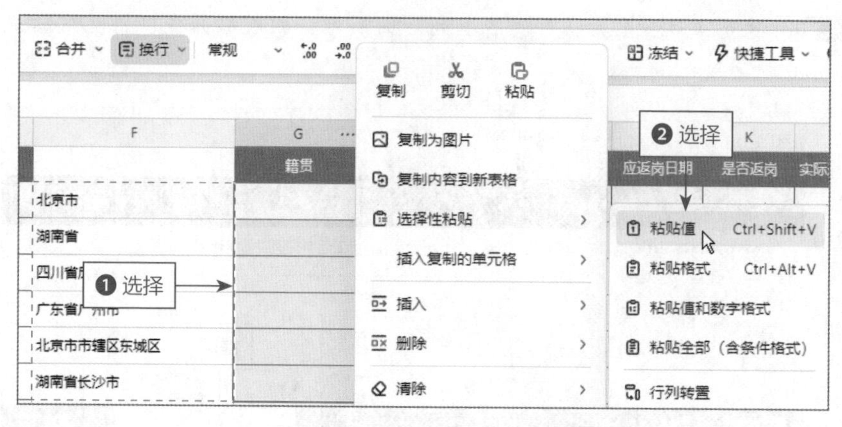

图 9-51　选择“粘贴值”选项

步骤 07 执行操作后，即可粘贴员工的籍贯信息，效果如图 9-52 所示。

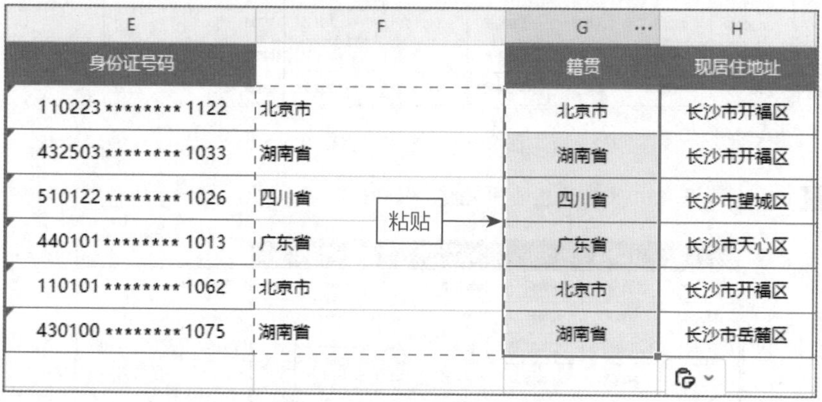

E	F	G	H
身份证号码		籍贯	现居住地址
110223 ******** 1122	北京市	北京市	长沙市开福区
432503 ******** 1033	湖南省	湖南省	长沙市开福区
510122 ******** 1026	四川省	四川省	长沙市望城区
440101 ******** 1013	广东省	广东省	长沙市天心区
110101 ******** 1062	北京市	北京市	长沙市开福区
430100 ******** 1075	湖南省	湖南省	长沙市岳麓区

粘贴

图 9-52　粘贴员工的籍贯信息

步骤 08 ❶选择插入的 F 列，右击，❷在弹出的快捷菜单中选择“删除列”选项，如图 9-53 所示。执行操作后，即可删除多余的列数据。

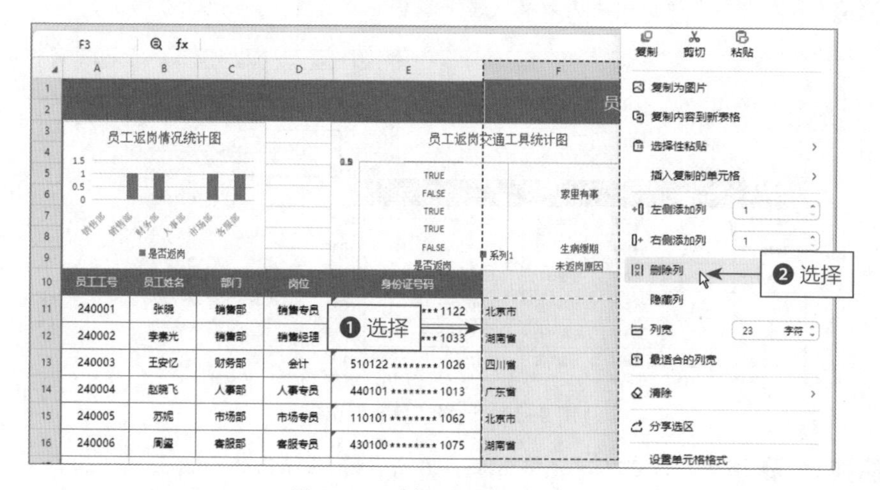

图 9-53　选择“删除列”选项

步骤 09 ❶选择 F15 单元格，❷在“开始”功能区中单击“减小字号”按钮A，使文字内容完整显示在单元格中，如图 9-54 所示。

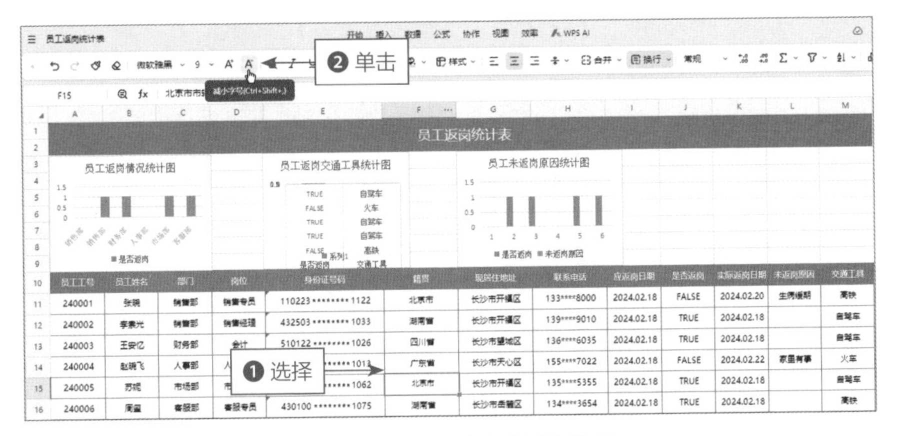

图 9-54　单击“减小字号”按钮

本章小结

本章主要介绍了 3 个综合案例，讲解了如何运用 WPS 办公软件和 AI 技术解决用户日常办公中遇到的问题。首先介绍了制作“员工工作证明”的操作方法，其次介绍了制作“618 营销活动 PPT”的操作方法，最后介绍了制作“员工返岗统计表”的操作方法。这些案例涵盖了文档制作、演示文稿制作和数据表格制作等多个方面，旨在为用户带来启示和帮助，让用户在工作中提高效率，成为办公高手。